Anton Escher / Sandra Petermann (Hg.)

# Raum und Ort

Bibliografische Information der Deutschen Nationalbibliothek:
Die Deutsche Nationalbibliothek verzeichnet diese Publikation in der Deutschen
Nationalbibliografie; detaillierte bibliografische Daten sind im Internet über
<http://dnb.d-nb.de> abrufbar.

Dieses Werk einschließlich aller seiner Teile ist urheberrechtlich geschützt.
Jede Verwertung außerhalb der engen Grenzen des Urheberrechtsgesetzes
ist unzulässig und strafbar.
© Franz Steiner Verlag, Stuttgart 2016
Satz: DTP + TEXT, Eva Burri
Druck: Hubert & Co, Göttingen
Gedruckt auf säurefreiem, alterungsbeständigem Papier.
Printed in Germany.
ISBN 978-3-515-09121-3

Anton Escher / Sandra Petermann (Hg.)
Raum und Ort

# Basistexte Geographie

Herausgegeben von
Martin Coy, Anton Escher
und Thomas Krings

Band 1

# INHALT

ANTON ESCHER/SANDRA PETERMANN
Einleitung .................................................................................... 7

## 1. Die deutschsprachige Diskussion über Raum von Raum zu Raum

GERHARD HARD/DIETRICH BARTELS
Eine »Raum«-Klärung für aufgeweckte Studenten ..................... 27

BENNO WERLEN
Gibt es eine Geographie ohne Raum? Zum Verhältnis von traditioneller Geographie und zeitgenössischen Gesellschaften ......................... 43

PETER WEICHHART
Die Räume zwischen den Welten und die Welt der Räume.
Zur Konzeption eines Schlüsselbegriffs der Geographie ............ 63

ANDREAS POTT
Systemtheoretische Raumkonzeption ......................................... 93

## 2. Die »French Theory«

PIERRE BOURDIEU
Ortseffekte ................................................................................. 115

MICHEL FOUCAULT
Andere Räume ........................................................................... 123

## 3. Die angelsächsische Diskussion: »Space and Place« und »Sense of Place«

YI-FU TUAN
Space and Place: Humanistic Perspective .................................. 133

DAVID HARVEY
Zwischen Raum und Zeit: Reflektionen zur
Geographischen Imagination ..................................................... 167

DOREEN MASSEY
A Global Sense Of Place ............................................................................. 191

Nachweis der Druckorte ............................................................................. 201
Bibliographie................................................................................................ 203
Register ........................................................................................................ 209

# EINLEITUNG[1]

*Anton Escher/Sandra Petermann*

Richtig, Sie halten einen Sammelband über »Raum und Ort« in der Hand. Vielleicht wundern Sie sich: ein weiteres Buch über die Thematik? Und das, wo doch seit dem *Spatial Turn*[2] eine unabsehbare Flut von Beiträgen in nahezu allen Fächern der Geistes-, Kultur- und Sozialwissenschaften über Räume und Orte entstanden sind. Ist es da noch sinnvoll, ein Sammelwerk mit bereits publizierten Artikeln zu diesem Thema zu veröffentlichen?

Wir sind aus mehreren Gründen zuversichtlich, dass dies angebracht ist. Wie Edward Soja (2008, 252) erachten wir den Begriff »Raum« als eine grundlegende Kategorie menschlicher Existenz und menschlichen Seins: »Alles, was existiert, jemals existiert hat, je existieren wird, hat eine wichtige räumliche Dimension, und eine kritische räumliche Perspektive auf alles, was als existent denkbar ist, kann uns eine wesentliche Hilfe sein, die Welt zu verstehen«. Und mit John A. Agnew (2011, 316) glauben wir, dass man die Begriffe »*Space and Place*« und damit »Raum und Ort«[3] gemeinsam diskutieren sollte, da sie sich gegenseitig ergänzen und bedingen. Die ausgewählten Aufsätze beleuchten die Spannweite unterschiedlicher geographischer Konzepte zu »Raum und Ort« und lenken den Blick insbesondere auf deutschsprachige Texte der Geographie, die in der Masse der disziplinübergreifen-

---

[1] Wir bedanken uns bei den Kolleginnen und Kollegen, die mit Hinweisen und Informationen zur Auswahl der Aufsätze beratend behilflich waren, wenn auch viele der Vorschläge nicht berücksichtigt werden konnten: Bernd Belina, Michael Bruse, Richard Dikau, Heike Egner, Thomas Krings, Tilman Rhode-Jüchtern, Ute Wardenga, Benno Werlen, Torsten Wissmann und Barbara Zahnen sowie bei allen anderen Gesprächspartnern und -partnerinnen, mit denen wir über unser Projekt diskutierten. Bei der Bearbeitung der einzelnen Aufsätze konnten wir dankenswerterweise auf Diskussionen und Beiträge unserer Mitarbeiterinnen und Mitarbeiter am Geographischen Institut, Mainz zurückgreifen: Katharina Alt, Gregor Arnold, Matthias Fleischer, Christina Kerz, Jonas Margraff, Stephan Platt, Helena Rapp, Marianne Schepers und Elisabeth Sommerlad. Ein herzlicher Dank geht an Herrn Matthias Gebauer für sein Engagement bei der Optimierung der Einleitung. Schließlich gebührt der größte Dank Frau Susanne Henkel, der Bereichsleiterin Geographie beim Steiner-Verlag Stuttgart, die nicht am Erscheinen des Bandes zweifelte.

[2] Unter dem Ausdruck *Spatial Turn* versteht Döring (2010, 90) »die theoretische bzw. forschungspraktische Revalorisierung von Raum und Räumlichkeit im Kategoriengefüge von Kultur- und Sozialwissenschaften seit Ende der 1980er Jahre sowie die (Wieder-)Entdeckung der Humangeographie als Impulsgeber für transdisziplinäre Debatten« (siehe auch Lossau und Lippuner 2004).

[3] Es ist zu beachten, dass die Übersetzung von *Space* nicht unbedingt »Raum« und die Übersetzung von *Place* nicht unbedingt »Ort« bedeutet, sondern oftmals umgekehrt verstanden wird.

den Publikationen im Rahmen des *Spatial Turn* relativ gesehen nur selten zitiert wurden. Doch kommt, so ist auch bald klar, unser Sammelband nicht ohne einen Blick in die angelsächsische Geographie und französische Sozialwissenschaft aus.

Die subjektive Auswahl der Basistexte kann weder vollständig noch repräsentativ sein. Sie umfasst jedoch theoretische Konzeptionen und anregende Ideen von »Raum und Ort«, welche für die deutsche Humangeographie von einschneidender Bedeutung waren und sind. Leider konnten nicht alle Artikel, die wir gerne abgedruckt hätten, berücksichtigt werden.[4] Die Beiträge von Gerhard Hard und Dietrich Bartels, Benno Werlen, Peter Weichhart, Andreas Pott, Pierre Bourdieu, Michel Foucault, Yi-Fu Tuan, David Harvey und Doreen B. Massey werden pragmatisch nach ihrem Entstehungskontext innerhalb der deutschsprachigen, französischen und angelsächsischen Diskussion präsentiert. Zunächst stellen wir die Aufsätze kurz inhaltlich vor und wagen einen Blick in die (bereits begonnene) Zukunft der Diskussion um »Raum und Ort«.

## 1 DIE DEUTSCHSPRACHIGE DISKUSSION ÜBER RAUM VON RAUM ZU RAUM

Man kann die Ausführungen zu den Grundlagen und Basisbegriffen der Geographie in deutscher Sprache in die Epoche vor dem »Kieler Geographentag«[5] von 1969 und in die Zeit danach einteilen. Die gängigen Konzeptionen von Raum und Ort »vor Kiel« werden durch drei Publikationen verdeutlicht, die heute noch in der Praxis empirischen Arbeitens und geographischen Denkens eine unübersehbare Rolle spielen.

Carl Ritter, der erste Inhaber eines Lehrstuhls für Geographie an einer deutschen Universität definiert in seinem im Jahr 1833 gehaltenen Vortrag *»Über das historische Element in der geographischen Wissenschaft«* mit der materiellen Totalität eines Ausschnittes der Erdoberfläche den Gegenstand der Geographie »als eine

---

4   Durch den Umfang eines Buches ist die Anzahl der Beiträge begrenzt. Aus diesem Grund verweisen wir zur Einführung auf Beiträge von Carl Ritter, Walter Christaller, Erich Otremba sowie Henri Lefebvre und Edward William Soja hin, die nicht abgedruckt werden konnten, aber, so meinen wir, für die geographische Auseinandersetzung mit »Raum und Ort« unverzichtbar sind. Die Zahl der englischsprachigen Artikel wurde vom Verlag auf zwei festgelegt. Dies bedeutet, dass ein englischer Aufsatz und die beiden französischen Beiträge in deutscher Übersetzung aufgenommen wurden.

5   Der »Kieler Geographentag« bezeichnet in der deutschsprachigen Diskussion der Geographie eine grundlegende Wende, die Gerhard Hard letztlich mit der Publikation seiner Habilitationsschrift im Jahr 1970 mit dem Titel *»Die ‚Landschaft' der Sprache und die ‚Landschaft' der Geographen«* (Hard 1970) forcierte (siehe Helbrecht 2014). Es gelingt dem Autor zu zeigen, dass der bislang verwendete Basisbegriff »Landschaft« im Kontext der geographischen Forschung in unreflektierten Bedeutungen verwendet wird. Anstatt eine offensive Auseinandersetzung mit Hard und eine theoretische Begründung des Gegenstandes »Landschaft« zu suchen, wurde der Begriff von der geographischen Wissenschafts-Community gestrichen und durch den ebenso unreflektierten Begriff »Raum« ersetzt. Es dauerte nicht lange bis Hard mit Bartels (Bartels und Hard 1975) auch die Verwendung des Begriffes »Raum« einer semantischen Analyse unterzog.

Wissenschaft des irdischerfüllten Raumes« (Ritter 1852, 154) und »des Nebeneinander der Örtlichkeiten« (Ritter 1952, 152). Sein Raumbegiff, später als »altgeographischer Raum« (Hard 2008, 268) charakterisiert, findet heute genauso noch Verwendung wie die zwei Folgenden von Christaller und Otremba. Walter Christaller, Autor der Studie über die zentralen Orte in Süddeutschland (Christaller 1933) breitet im Aufsatz »*Raumtheorie und Raumordnung*« (Christaller 1941) das Konzept des »abstrakt-geometrischen Raumes« aus, das zum *Spatial Approach* angelsächsicher Prägung anschlussfähig ist. Diesem Ansatz folgend, werden Gegenstände in einem homogenen und dreidimensionalen Raum gedacht. Zudem bemerkt Christaller, dass im 20. Jahrhundert die Epoche der »Entwicklung« (charakterisiert durch die Zeit) durch die Epoche der »Gestaltung« (geprägt durch den Raum) abgelöst wird. Schließlich ist der Beitrag des Wirtschaftsgeographen Erich Otremba (1962) mit dem Titel »*Das Spiel der Räume*« zu nennen, der ausgehend vom »funktionalen Raum« unterschiedliche Räume in dauernder Wechselwirkung zueinander sieht.

Die oben genannten (und viele weitere) Raumkonzeptionen will der im Sammelband abgedruckte Beitrag von Gerhard Hard (*1934), der auf eine Zusammenarbeit mit Dietrich Bartels (1931–1983) zurückgeht, benennen und analysieren. Hard hatte Geographie, Germanistik und Biologie studiert und im Verlauf seiner akademischen Karriere eine Professur für Geographie und ihre Didaktik sowie eine Professur für Physische Geographie inne. Bartels studierte Volkswirtschaftslehre und kann als ein Vertreter des *Spatial Approach* mit Trend zur handlungsorientierten Raumwissenschaft bezeichnet werden. Es ist unbestritten, dass Hard die grundlegenden Vorarbeiten zu der damals innovativen Perspektive auf die Grundkategorien der Geographie erarbeitet hat (Hard 1970). Hard und Bartels verfassen 1975 erstmals ihre »‚Raum'-Klärung für aufgeweckte Studenten«, die bis heute ungebrochen als aufklärendes und kritisches Standardwerk im Umgang mit dem Begriff Raum gilt. Bereits in der ersten Version ihrer Überlegungen, im fachintern bekannten »*Lotsenbuch für das Studium der Geographie als Lehrfach*«, schreiben sie: »Ein unser Fach scheinbar einigendes Schlüsselwort ist der Ausdruck ‚Raum', mit dem auch die neueren Strömungen in der deutschen Geographie (und Regionalwissenschaft) recht zwanglos umgehen. [...] [T]atsächlich aber verwendet der Geograph die Wörter ‚Raum' und ‚räumlich' jedoch in verschiedensten konkreten Problemzusammenhängen, ohne die Bedeutungselemente und ihre Differenzen zu reflektieren« (Bartels und Hard 1975, 76). An diesem Punkt knüpft Hard mit seinen 2003 überarbeiteten Aufsatz »*Eine ‚Raum'-Klärung für aufgeweckte Studenten*« an. Er geht von der faktischen Verwendung des Begriffes Raum aus und erfasst an 24 unterschiedlichen Textbeispielen die Verwendung von sieben differenten Raumkonzepten (H, 28–29)[6], die er als »Kondensate geographischer Forschungsperspektiven« (H, 33) erkennt. Die Kritik an essentialistischen und ontologischen Welt- und Raumbildern zieht sich ebenso durch die Publikation wie seine konstruktivistische Grundhaltung. Hard kommuniziert holistische Gedanken zur terminologischen

---

6   Die mit dem Anfangsbuchstaben des Autors und einer Seitenzahl (z.B. H, 17) markierten Zitate beziehen sich immer auf die im Buch abgedruckten Texte des/der entsprechenden Autors/in.

Problematik eines geographischen Schlüsselbegriffs unter Wahrung der Offenheit gegenüber neuen potentiellen Raumbegriffen. Er betont mehrfach, dass sich Raumbegriffe ähneln, aber keinen gemeinsamen Kern aufweisen – und die Suche nach ihm solle seiner Meinung nach auch eingestellt werden. Bedeutsam ist für Hard eine konstruktivistische Sicht auf die Welt, die kontextuell nach Relationen, Intentionen und Wechselwirkungen fragt und durch empirische Zugänge Antworten findet. Es bleibt festzuhalten, dass der zeitlose Mehrwert der »‚Raum'-Klärung« in Hards »Warnung vor dem wirklichen Raum« (H, 36) liegt, die im Verlauf der Geschichte mit den unterschiedlichsten Worten formuliert, aber nur selten nachhaltig reflektiert wurde.

Der Schweizer Benno Werlen (*1952) ist neben Hard eine weitere wichtige Stimme in der deutschsprachigen Auseinandersetzung zum Thema Raum und Ort. Er studierte Geographie, Ethnologie, Soziologie und Volkswirtschaft. Frühzeitig setzt er sich intensiv mit der Handlungs- und Strukturationstheorie von Anthony Giddens (1988) auseinander. Die theoretischen Arbeiten des Jenaer Professors für Geographie werden nicht nur im angelsächsischen Diskurs, sondern weltweit zu Kenntnis genommen. Werlen stellt im Titel seines 1993 veröffentlichten Beitrages eine für die theoretischen Grundlagen der Geographie höchst explosive Frage: *»Gibt es eine Geographie ohne Raum? Zum Verhältnis von traditioneller Geographie und zeitgenössischen Gesellschaften«*. Die provozierende These formuliert er ausgehend davon, dass »Menschen auch ihre eigene Geographie machen, und nicht nur ihre eigene Geschichte« (W, 44) leben. Werlen behauptet: »Nicht der Raum ist der Gegenstand geographischer Forschung, sondern die menschlichen Tätigkeiten unter bestimmten sozialen und räumlichen Bedingungen« (W, 44). Ziel ist die Forderung nach einem radikalen Umdenken innerhalb der Geographie. Die Erkenntnis, dass »Menschen auch ihre eigene Geographie machen«, führt dazu, die »Bedingungen und Formen dieses Geographie-Machens zu erforschen« (W, 44), argumentiert der Autor. Darüber hinaus zeigt er eine sozial-kulturell fundierte Forschungskonzeption auf, die ausgehend von ontologischen Fragen zu Raum und Gesellschaft immer auch in Hinblick auf eine empirisch überprüfbare Wirklichkeit Bestand hat und sowohl das »altgeographische Raumkonzept« als auch die »abstrakt-geometrische Raumvorstellung« überwindet. Ausgangspunkt seines Aufsatzes ist der ahistorische sowie schablonen- und skizzenhafte Vergleich von »traditionellen Gesellschaften« mit »zeitgenössischen Gesellschaften«, die Werlen als »spät-moderne Gesellschaften« charakterisiert. Anhand von Markern, wie Ausgestaltung von sozialen Beziehungen und Kommunikationsformen, Reichweite des Lebens- und Erfahrungskontextes sowie Art und Weise von sozialen Produktionszuweisungen arbeitet Werlen die Veränderung im alltäglichen Leben in zeitgenössischen Gesellschaften heraus und stellt eine zunehmende »Entankerung« des Menschen fest, die »eine äußerst vielfältige Differenzierung von Gesellschaften selbst innerhalb kleinster Territorien« (W, 56) zur Folge hat. Diese und vor allem die Transformation von räumlichen und zeitlichen Bedingungen erzwingt nach Werlen eine handlungszentrierte Neukonzeption geographischer Forschung, insbesondere der Regionalgeographie. Er erweitert den Raumbegriff der Wahrnehmung und Bedingung um die Dimension des handelnden Subjektes. Damit stehen Erfahrungsprozesse und die Körperlichkeit der Subjekte im Fokus der wissenschaftlichen Untersuchung. Problematisch wird dadurch nicht nur die Verräumlichung von immateriellen Gegebenheiten, sondern vor allem die daraus resultierenden sozialen Konsequenzen. Werlen zeichnet als Folgerung dieser Analyse das Konzept einer handlungsorientierten Sozialgeographie, das er später (z.B. Werlen 2002) weiter ausarbeitet. Die Bedeutung von Raum im Forschungsprozess wird durch Werlen anhand von ontologischen Überlegungen und der empirischen Überprüfbarkeit insbesondere in den sogenannten spät-modernen Gesellschaften neu definiert. Damit erfährt der Gegenstand der Geographie eine Verschiebung vom scheinbar objektiven Raum hin zur subjektzentrierten Handlung. Machtkomponenten wie die Form von Zugangsvoraussetzungen, aber auch normative Zugangs- und Ausschlussprozesse sowie das Aufdecken von (verborgenen) Machtmechanismen sind für den Autor ein wesentlicher Teil des geographischen Forschungsprozesses. Werlen postuliert ein, zumindest für die deutschsprachige Geographie zur Zeit der Veröffentlichung des Aufsatzes, in seiner Radikalität neuartiges Raumkonzept. Er fordert, »räumliche Aspekte der materiellen Medien des Handelns in ihrer sozialen Interpretation und deren Bedeutung für das gesellschaftliche Leben« (W, 60) in den Vordergrund zu stellen und schafft damit ein anschlussfähiges und ausbaufähiges human- und kulturgeographisches Forschungskonzept, dass auch neue und innovative Forschungsansätze innerhalb der Geographie wie z.B. eine Mediengeographie nicht nur zulässt, sondern auch verlangt.

Eine ausführliche Replik auf die Provokation von Werlen und eine philosophische Einbettung der Raumdiskussion liefert der inzwischen emeritierte österreichische Geographieprofessor Peter Weichhart (*1947) in seiner 1999 veröffentlichten Publikation »*Die Räume zwischen den Welten und die Welt der Räume. Zur Konzeption eines Schlüsselbegriffs der Geographie*«. Weichhart studierte Geographie, Philosophie und Germanistik, wodurch sein Interesse an der theoretischen Begründung des Faches Geographie verständlich wird. In seinem Aufsatz spricht Weichhart zunächst das theoretische Urproblem der Geographie an: Vertreter des klassischen Paradigmas der Geographie, der Landschafts- und Länderkunde, formulierten eine Brücke zwischen »Natur« und »Kultur«, sodass Räume als reale Dinge, als Substanz verstanden wurden. Unterschiedliche Geofaktoren wie Boden, Klima und Bevölkerung verschmolzen zu einem Gestaltkomplex und »Raum« und »Region« zu einem Begriff. Eine ontologische Unterscheidung zwischen Materie, Sinn und Sozialem wurde nicht getroffen. Um dieses Problem zu klären, führt Weichhart die Drei-Welten-Theorie des Wissenschaftsphilosophen Karl Popper an: Physis (die physisch-materielle Welt), Intelligibilia (die Welt des Logos) und Psyche (die Welt des subjektiven Bewusstseins) existieren als drei voneinander getrennte Welten mit jeweils eigener Sprache. Weichhart erachtet es mit Popper als zwingend notwendig, diese Welten als verschiedene Erscheinungsformen einer einzigen Realität mit Wechselwirkungen zu sehen und dabei die analytische Unterscheidung der drei Welten beizubehalten. In jeder menschlichen Handlung sieht der Autor alle drei Welten miteinander verknüpft. Die Verknüpfungen zu entschlüsseln und zu lokalisieren, wird nach Weichhart durch Raumkonzepte ermöglicht. Deshalb kann und darf die Geographie auf diese Raumkonzepte nicht verzichten, auch wenn sie verschiedene Bedeutungsvarianten besitzen und teilweise in starkem Widerspruch zueinander stehen. Weichhart versucht mögliche Raumkonzepte für die empirische Geographie zu erfassen und geht dabei von sechs Raum-Kategorien aus. Er präferiert ein Konzept für die Humangeographie, das die für die Geographie äußerst wichtige Betrachtung der physisch-materiellen Aspekte des Sozialen berücksichtigt. Die Relationalität der Dinge und Körper wird im Rahmen von Handlungsvollzügen erst durch die soziale Praxis definiert. Antrieb für Weichharts Überlegungen ist die Beschäftigung mit dem (unscharfen) Begriff Raum und seine philosophische Begründung. Weichhart verdeutlicht die spezifische Relevanz, die Gemeinsamkeiten und Unterschiede von Raumkonzepten und bietet Denkanstöße zu deren Gebrauch.

Einen völlig anderen Ansatz »Raum zu denken« verfolgt Andreas Pott (*1968) im Kapitel *»Systemtheoretische Raumkonzeption«* seines 2007 erschienenen Buches *»Orte des Tourismus. Eine Raum- und gesellschaftstheoretische Untersuchung«*. Der Professor für Sozialgeographie und Direktor des Instituts für Migrationsforschung und Interkulturelle Studien (IMIS) an der Universität Osnabrück studierte Geographie, Mathematik, Philosophie und Pädagogik; vermutlich seine Basis, um eine systemtheoretische Raumkonzeption auszuarbeiten. Pott schreibt: »Auch wenn Luhmann den Raum *nicht* als Grundbegriff der Theoriebildung verwendet und auch wenn er sich mit einem operativ konstruierten Systembegriff wiederholt von der ontologisch dominierten Behältermetaphorik der Teil/Ganzes-Schemas als Systemmodell distanziert hat, fällt doch auf, dass die räumlichen Unterscheidungen innen/außen, geschlossen/offen sowie marked space/unmarked space in höchstem Maße theorie- und in diesem Sinne strukturgenerierend sind […]« (P, 105–106). Basis von Potts systemtheoretischer Konzeptualisierung des Raumes ist ein beobachtungstheoretischer Ansatz, wobei Beobachten die gleichzeitige Operation von Unterscheiden und Bezeichnen umfasst und demnach die Beobachtung abhängig davon ist, welche Unterscheidung der Beobachter verwendet. Der Ansatz geht davon aus, dass »durch die Operation erkennender Systeme eine eigene ‚Objektivität' und eine eigene ‚objektive', also beobachtungsabhängige, Wirklichkeit hergestellt wird« (P, 94). Es ist, so interpretiert Pott die Systemtheorie, ausreichend, anstelle einer Dualität des Raumes[7] nur einen Raum, den »Raum als Medium der Wahrnehmung und der Kommunikation«, anzunehmen, was als postsubjektivistische, radikalstrukturalistische Perspektive humangeographischen Denkens interpretiert werden kann. Mit der Deklaration des Raumes als ein spezifisches Medium wird eine für die Systemtheorie konstitutive Unterscheidung relevant: die Unterscheidung zwischen Medium und Form. Das Medium Raum kann diesem Denken folgend durch die Differenz von Stellen und Objekten (Formen) bestimmt werden. Eine solche Form wäre beispielsweise die Erdoberfläche – wobei sie »ihrerseits als Medium dienen [kann], das aus Stellen besteht […], die durch Objektbesetzung bzw. Bezeichnung zu weiteren räumlichen Formen gekoppelt werden können (P, 100). Weiter können auch Orte als im Medium des Raums gebildete

---

[7] Hiermit ist die Dualität von gesellschaftsinternem, kommunikativ erzeugtem Raum auf der einen Seite und einem gesellschaftsexternen Raum auf der anderen Seite gemeint.

Formen begriffen werden (P, 101), die durch Verortung und Lokalisierung, also durch Stellenbesetzung und Stellenbezeichnung und die damit einhergehende Stellenunterscheidung entstehen (P, 101). Die Medium-/Form-Unterscheidung ersetzt den ontologischen Raum, der mit dem Begriff der Materie und der Substanz begründet wird. Mit dieser Annahme folgt die Systemtheorie dem erkenntnistheoretischen Konstruktivismus[8], der einen wie auch immer gearteten objektiv existierenden Raum negiert (P, 103). Pott zieht aus der Systemtheorie von Luhmann drei forschungspraktische Konsequenzen für die Geographie bzw. für die Raumforschung (P, 106ff.): (1) Die entscheidende Art des Beobachtens hat das Wie der Konstruktion räumlicher Formen im Blick und nicht die räumliche Form selbst. Bestimmend ist die Frage, durch wen, warum und wozu das Raummedium verwendet wird, nicht was es konkret darstellt. (2) Die sozialwissenschaftliche Beobachtung von Raumkonstruktionen kann nur sprachlich (oder auch bildlich) kommunizierte räumliche Formen beobachten, da Kommunikation den Raum erst zu dem macht, was er sozial ist. (3) Die Kontextualisierung der beobachteten Raumformen ist entscheidend, da für eine angemessene Interpretation der beobachteten Raumkonstruktion das Kommunikationssystem die Grundlage darstellt.

Mit seiner systembezogenen Definition von »Raum und Ort« hebt sich Pott erfrischend, wenn auch aufgrund der hohen Abstraktion anfangs schwer verständlich, von der geographischen Raumdiskussion ab. Die forschungspraktischen Konsequenzen seiner theoretischen Überlegungen ermöglichen einen höchst reflektierten Zugriff auf den geographischen Gegenstand.

## 2 DIE »FRENCH THEORY«

Der Beitrag der französischen Sozialphilosophie zur deutschsprachigen Geographie kommt über Umwege aus den USA, deshalb präsentieren wir die im Original in französischer Sprache verfassten Aufsätze unter der aus den USA importierten Bezeichnung *French Theory*: »Much of what we think of as being »French Theory« today is the result of the kind of literary criticism that was carried out in prestigious universities like Yale during the 1980s« (Pérez 2005, 1). Johannes Angermüller (2004, 77) spricht sogar von einer »hegemoniale[n] Bedeutung der französischen Theorien für die amerikanischen Geisteswissenschaften«. Sie befruchteten auch die *New Cultural Geography* und damit die Diskussion um *Space and Place*. Wichtige Autoren der *French Theory* sind unter anderem Roland Barthes (1915–1980), Jacques Derrida (1930–2004), Gilles Deleuze (1925–1995), Félix Guattari (1930–1992), Jean-Francois Lyotard (1924–1998), Jean Baudrillard (1929–2007), Henri Lefebvre (1901–1991), Michel de Certeau (1925–1986), Michel Foucault (1926–1984), Pierre Bourdieu (1930–2002) sowie Bruno Latour (*1947) und Michel Ser-

---

[8] Der erkenntnistheoretische Konstruktivismus erkennt eine objektive Wirklichkeit an, erachtet ihre Existenz jedoch als methodisch für den menschlichen Beobachter unzugänglich, da er davon ausgeht, dass »durch die Operation erkennender Systeme eine eigene ‚Objektivität' und eine eigene ‚objektive', also beobachtungsabhängige, Wirklichkeit hergestellt wird« (P, 78).

res (*1930). Anders als im angelsächsischen und deutschen Sprachraum wird die Philosophie der postmodernen und dekonstruktivistischen Denker in Frankreich nicht als theoretische und methodische Revolution für die Kulturgeographie wahrgenommen (Germes und Petermann 2010, 3).

Insbesondere der Neomarxist Henri Lefebvre hat mit seinen Arbeiten zur »Produktion des Raumes«[9] und dem Konzept »Recht auf Stadt« die Kapitalismuskritik der US-amerikanischen Geographie geprägt. Mit dem kurzen, aber aufschlussreichen Artikel *Die Produktion des städtischen Raums* (Lefebvre 1977) in der Architekturzeitschrift ARCH+ tritt er erstmals im deutschen Sprachraum in Erscheinung. In Kürze kann man seine Argumente (nicht völlig befriedigend) wie folgt zusammenfassen: Der gesellschaftlich produzierte Raum lässt sich in dreidimensionaler Dialektik als wahrgenommener (*perçu*), entworfener (*conçu*) und gelebter (*vécu*) Raum verstehen. Der durch die Wechselwirkungen der drei Kategorien produzierte Raum ist Ausdruck und Medium zugleich; er wiederum steht in Wechselwirkung mit den gesellschaftlichen Zuständen und den ökonomischen Produktionsverhältnissen. Dies stabilisiert konsequenterweise den Prozess der Produktion des Raumes (vgl. Schmid 2005). Die Arbeiten von Lefebvre erleben seit geraumer Zeit nicht nur im angelsächsischen Sprachraum, sondern auch in Deutschland eine außerordentliche Renaissance und Rezeption.

Neben Lefebvre hat auch Pierre Bourdieu (1930–2002) die geographische Diskussion um Raum und Ort stark bereichert. Bourdieu erwarb seinen Abschluss an der elitären École Normale Supérieure (ENA) im Fach Philosophie und erhielt später in Paris eine Professur im Fach der Soziologie. Er führte zahlreiche Feldforschungen in Algerien und Frankreich durch und prägte mit seiner Kulturtheorie grundlegende Begriffe wie Habitus, Feld, Kapitalsorten und Sozialraum *(Espace Social)* (Bourdieu 1976, 1982, 1998), um nur wenige anzusprechen. Bourdieu setzt sich im 1997 publizierten Artikel *»Ortseffekte«*, welcher bereits 1991 unter dem Titel *»Physischer, sozialer und angeeigneter Raum«* erschienen ist, mit der Qualität des Raumes auseinander und thematisiert die Wechselwirkung zwischen den Kategorien Sozialraum und physischer Raum. Er postuliert, dass beide Kategorien nur in einer relationalen Interdependenz zu denken sind. Die Strukturen des Sozialraums realisieren bzw. objektivieren sich im physischen Raum und werden gleichsam durch ihn reproduziert und manifestiert. Hierbei kommt es zu einer Korrespondenz zwischen sozialen Positionierungen räumlicher Akteure und ihrer Positionierungen im physischen Raum sowie der räumlichen Verteilung von Gütern und Dienstleistungen. Nach Bourdieu lassen sich lebensweltliche Orte nur dann verstehen, wenn die Wechselbeziehungen zwischen Strukturen des Sozialraums und denen des physischen Raums stringent analysiert werden. Ort wird als Punkt im physischen Raum verstanden, der von einem Akteur oder Ding besetzt wird. Und Ort lässt sich relational als eine Position bzw. als Rang innerhalb einer Ordnung, also der Ordnung im Feld denken. Folglich spiegeln sich im physischen Raum soziale Strukturen, Distanzen und Hier-

---

9   2006 ist eine deutsche Aufsatzversion des Buches *»La Production de l'Espace«* von Henri Lefebvre (1974) im Sammelband »Raumtheorie. Grundlagentexte aus Philosophie und Kulturwissenschaften« (Dünne und Günzel 2006, 330-342) erschienen.

archien wider. Damit einher geht die Annahme, dass sich im physischen Raum Machtstrukturen des Sozialraums äußern, wobei sich diese Macht über den Raum qua unterschiedlicher Varianten des Kapitalbesitzes vermittelt. Bourdieu macht deutlich, dass Strukturen des Sozialraums gerade deshalb so stabil sind, da sie sich in den physischen Raum einschreiben und somit »doppelt« manifestieren. Güter, Dienste und physisch platzierte Akteure und Gruppen sind dabei nicht gleichmäßig verteilt. Daraus resultiert, dass es Orte gibt, an denen sich höchst positive oder höchst negative Eigenschaften konzentrieren. Wichtig in diesem Verständnis ist, dass diese Konzentrationen nicht einfach gegeben, sondern konstruiert sind. Soziale Gegensätze werden im physischen Raum objektiviert und erhalten dadurch Eingang in gesellschaftliches Denken und Reden, sie äußern sich in Wahrnehmungs- und Unterscheidungskriterien. Somit werden sie selbst zu »Kategorien der Wahrnehmung und Bewertung«. Dies hat zur Folge, dass sich soziale Strukturen schrittweise in Denkstrukturen und Prädispositionen wandeln. Dabei kommt dem physischen Raum (bzw. seinen eingeschriebenen Geboten und Regeln) eine wichtige Vermittlerrolle zu, denn die »unmerkliche Einverleibung der Strukturen der Gesellschaftsordnung« (B, 118) vollzieht sich mittels der stetig wiederholten Erfahrungen räumlicher Distanzen. In der konzeptionellen Erweiterung des Begriffes der Distanz in ihrer Interdependenz zwischen sozialer und räumlicher Realität und Realisierung liegt eine für die Raum-Ort-Debatte der Geographie besondere Perspektive. Durch soziale Distanzerfahrungen konvertieren die »*Bewegungen und Ortswechsel des Körpers* zu räumlichen Strukturen« (B, 118) und die im physischen Raum »naturalisierten sozialen Strukturen« werden zu gesellschaftlichen Organisations- und Qualifikationselementen. Strukturen manifestieren sich hierbei sowohl im physischen Raum als auch rückwirkend im Sozialraum. Durch die komplexe Verzahnung von Sozialraum, seinen räumlich objektivierten Strukturen und Denkstrukturen wird der physische Raum »der Ort, wo Macht sich behauptet und manifestiert« (B, 118). Die Fähigkeit zur Aneignung oder Beherrschung des Raums bzw. zur Macht über Raum basiert auf der materiellen und symbolischen Aneignung von Gütern. Diese wiederum hängt vom Kapitalbesitz[10] eines Akteurs ab. Somit wird Kapitalbesitz zum dominierenden Faktor hinsichtlich der Möglichkeit, Macht über Raum zu erlangen und zu halten sowie Strukturen symbolisch und ökonomisch zu beherrschen. Wer über kein oder mangelndes Kapital verfügt, wird auf Distanz gehalten.

Zwischen den struktur- oder handlungstheoretisch geprägten Verständnissen der deutschsprachigen Autoren und der als »Theorie der Praxis« bekannt gewordenen Perspektive von Bourdieu liegt ein feiner und doch entscheidender Unterschied: Seine Orte und ihre Effekte sind weder Realitäten, noch Benennungen oder gar Beschreibungen, jedoch *Wahrscheinlichkeiten* im Gefüge machtgeprägter wie Macht prägender Sozialrelationen.

Michel Foucault (1926–1984) setzt sich aus anderer Perspektive mit der Qualität von Räumen auseinander. Er studierte Philosophie und Psychologie ebenfalls an der École Normale Supérieure (ENA) in Paris, erwarb einen Abschluss in Psychologie

---

10  Gemeint ist hiermit nicht lediglich ökonomisches Kapital, sondern auch soziales, kulturelles und symbolisches Kapital.

an der nicht weniger elitären Universität Sorbonne und erhielt 1970 eine Professur am Collège de France in Paris. Seine Beiträge zur Qualität von Räumen haben und hatten wirkmächtigen Einfluss auf die englisch- und deutschsprachige Geographie.[11] Der Aufsatz »*Andere Räume*« (1967) wurde theoretische Basis für zahlreiche geographische Überlegungen, wenn man sich auch nicht des Eindrucks erwehren kann, dass die postmoderne Gesellschaft des 21. Jahrhunderts geradezu in manischer Weise »fast überall« Heterotopien und heterotope Orte produziert. Foucault beginnt seinen Aufsatz mit den Eigenheiten des 19. und 20. Jahrhunderts. Das 19. Jahrhundert war seines Erachtens gekennzeichnet von der Geschichte und deren Gegensätzen, das 20. Jahrhundert, die »aktuelle Epoche« ist für Foucault eine »Epoche des Raumes«, in der sich »die Welt als ein Netz erfährt, dass seine Punkte verknüpft und sein Gewirr durchkreuzt« (F, 123). Raum ist für Foucault gegliedert und vielfach unterteilt. Dies macht er durch seine strukturalistische Betrachtungsweise deutlich, welche für ihn ein Versuch ist ein »Ensemble von Relationen« zwischen in der Zeit verteilten Elementen zu etablieren. Dabei hat Raum selbst eine Geschichte, die unabdingbar mit der Zeit verbunden bzw. von dieser durchkreuzt ist. Raum stellt sich in der heutigen Perspektive von Foucault »in der Form von Lagerungsbeziehungen« dar. Unter Lagerung versteht er die Beziehungen zwischen Punkten und Elementen in einer Art Reihe, Bäume oder Gitter. Probleme, die die Lagerung mit sich bringen sieht Foucault in deren Speicherung, Zirkulation und Strukturierung, d.h. in welcher Beziehung die einzelnen Elemente der Gesellschaft zueinander stehen, welche Codes sie tragen, welchem Zweck sie dienen, wie sie sich verteilen. Raum ist in der zweiten Hälfte des 20. Jahrhunderts in der Form (noch) nicht entsakralisiert, als dass er von Entgegensetzungen geleitet ist, die als Gegebenheiten akzeptiert sind (z.B. privater versus öffentlicher Raum; familiärer versus gesellschaftlicher Raum). Anknüpfend an die Beschäftigung mit dem »Raum des Innen« (dem Raum der Gedanken), stellt Foucault den »Raum des Außen« in den Mittelpunkt. Kennzeichen des Raumes in dem wir leben, ist ein *Ensemble de Relations* welches sich durch Lagerungen/Standorte definiert, die schwierig auf einander zurückführbar sind, ja sogar nicht vereinbar sind. Diese Heterogenität des Raumes und insbesondere deren Orte, welche in Verbindung zu allen anderen stehen, aber ihnen widersprechen sind von Foucaults Interesse. Das sind auf der einen Seite die Utopien, Orte, die nicht lokalisierbar sind und »unwirkliche Räume« bilden. Auf der anderen Seite gibt es sogenannte Gegenräume, »tatsächlich realisierte Utopien«, »wirkliche Orte«, die sich als Widerlager repräsentieren, die auslöschen, negieren, umkehren, neutralisieren: Heterotopien. Hierunter sind Orte zu verstehen, die außerhalb aller Orte aber im Gegensatz zu Utopien lokalisierbar sind. Jede kulturelle (gesellschaftliche) Gruppe bildet Heterotopien aus, die unterschiedlich ausgeformt sind. Keine Heterotopie ist universal, es können aber zwei Typen identifiziert werden. Das sind zum einen Krisenheterotopien, Orte von und für Menschen, die sich im Verhältnis zur Gesellschaft in einer

---

11 Die Auswirkungen des Denkens von Foucault auf die Geographie wird beispielsweise anhand der Sammelbände »*Space, Knowledge and Power. Foucault and Geography*« (Crampton und Elden 2007) und »*Die Ordnung der Räume. Geographische Forschung im Anschluss an Michel Foucault*« (Füller und Michel 2012) offensichtlich.

Krise oder einer Übergangsphase befinden. Die Krisenheterotopien werden zum anderen von den Abweichungsheterotopien abgelöst, in welche Menschen abgeschoben werden, deren Verhalten nicht der Normvorstellung der Gesellschaft entspricht.

Die Herangehensweise und Betrachtung des Raumes von Foucault lassen eine strukturalistische Fragestellung erkennen, zumal er selbst den Begriff des Strukturalismus in seinem Aufsatz problematisiert. Die Beobachtung des »Raumes des Außen« stellt damit eine neue Kategorie dar. Die Betrachtung des Außen von außen ermöglicht erst das Aufdecken der Heterotopien. Für die heutige Betrachtung des Artikels ist zu beachten, dass der Aufsatz ein Produkt der Moderne ist und an einigen Stellen unklar bleibt: z. B. in Bezug auf die Abgrenzungen und Definition von Raum und Ort. Foucault bezeichnet Schiffe als »die Heterotopien schlechthin« (F, 130). Er schreibt, dass »das Schiff ein schaukelndes Stück Raum ist, ein Ort ohne Ort« und sich als »das größte Imaginationsarsenal« (F, 130) auf dem Weg von einer Kolonie zur anderen Kolonie befindet. Es wäre spannend zu erfahren, was Foucault über die Kreuzfahrtschiffe des 21. Jahrhunderts denkt.

## 3 DIE ANGELSÄCHSISCHE DISKUSSION: »*SPACE AND PLACE*« UND »*SENSE OF PLACE*«

Die deutschsprachige Rezeption angelsächsischer Geographie[12] setzt hinsichtlich raumtheoretischer Konzeptionen insbesondere mit der Revolution des *Spatial Approach* ein, der ausgezeichnet im Lehrbuch »*Spatial Organization. The Geographer's View of the World*« von Abler, Adams und Gold (1971) ausgeführt ist. Die angelsächsischen Beiträge zu *Space and Place* suchen nach der Überwindung des reduktionistisch-geometrischen Zugriffs auf Raum und benutzen Raumkonzepte zur fundamentalen Gesellschaftskritik. Hier ist an erster Stelle der postmoderne und innovative Stadtgeograph Edward William Soja (*1940), der an der University of California, Los Angeles lehrt, zu nennen. Der Schöpfer des *Thirdspace* entwickelt seine Sicht auf Raum und Ort explizit auf der Basis der Überlegungen von Henri Lefebvre und Michel Foucault: »I define Thirdspace as an-Other way of understanding and acting to change the spatiality of human life, a distinct mode of critical spatial awareness that is appropriate to the new scope and significance being brought about in the rebalanced trialectices of spatiality–historicality–sociality« (Soja 1996, 57). Zur Trialektik des Seins konzipiert er die Trialektik der *Spatiality* (Räumlichkeit), die sich aus den Komponenten gelebt (*lived*), wahrgenommen (*perceived*) und vorgestellt (*conceived*) gestaltet. Seine Überlegungen sind im Beitrag »*Thirdspace – Die Erweiterung des Geographischen Blicks*« (Soja 2003) ausgebreitet. Außerdem nimmt Soja für sich in Anspruch, den *Spatial Turn* für die Humanwissenschaften ausgerufen zu haben. Allerdings ist dies umstritten, da ihm unterstellt wird, dass er zwar den Begriff als erster

---

12   An dieser Stelle ist die »Heidelberger Hettner-Lecture« zu erwähnen, welche um die Jahrtausendwende in hohem Maße zum Import der angelsächsischen Geographie in den deutschen Sprachraum beitrug (siehe auch die Publikationen in der Schriftenreihe »Hettner-Lectures« im Franz Steiner-Verlag).

benutzt, aber damit nicht das Konzept des S*patial Turn*, so wie er sich in den Kulturwissenschaften vollzogen hat, gemeint habe (vgl. Döring und Thielmann 2008).

Bahnbrechende Erkenntnisse zur Konstruktion von »Raum und Ort« gehen vom US-amerikanischen Geographen Yi-Fu Tuan (*1930) aus. Er studierte Geographie am University College, London und an der University of Oxford, promovierte an der University of California, Berkeley und hatte anschließend Professuren an der University of Minnesota und University of Wisconsin-Madison inne. Der in physischer Geographie ausgebildete, kulturgeographische Philosoph revolutioniert mit seinem humanistischen Ansatz die grundlegenden Positionen der Geographie. In seinem 1974 erstmals publizierten Beitrag »*Space and place: humanistic perspective*« geht er von einer körperlich-subjektiven Erfahrung des Raums aus und begründet »Raum und Ort« mit »räumlichen Gefühle(n) und Ideen der Menschen im Strom ihrer Erfahrungen«. Raumverständnis qua menschlicher Körperlichkeit erweitert Tuan in seinen Ausführungen zum (persönlich wie geteilt) erfahrenen Raum um die Dimension der Sinnlichkeit des Raumes, verstanden als seine sensorische Übertragung. Tuan strebt so die Überwindung eines geometrisch-analytischen Raumverständnisses an und stellt das menschliche Subjekt als physikalisch-organische Einheit in den Mittelpunkt seiner Ausführungen. Unter Bezugnahme auf das Grundgerüst von Subjekt, Objekt, Raum und Distanz stellt er Fragen nach sinnhafter Bewegung zwischen den Distanzen im Sinne einer menschgewordenen Strukturerfahrung. Sein Fokus liegt auf alltäglichem Raum-Machen, Raum-Fühlen und geteiltem Raum-Erfahren. Das Leitfrage von Tuan lautet: Wenn der geometrische Raum als kulturelles Konstrukt gleich dem kulturellen Raum ist, worin liegt dann die Ursprünglichkeit des Mensch-Raum Verhältnisses im Sinne eines »man's original space« (vgl. T, 135) begründet? Dabei wird *Original Space* als prä-diskursiver Kontakt mit der Welt, also einem Raum, bevor Raum gedacht wird, verstanden, welchem Tuan sich vermittels mehrerer Dekonstruktionen subjektivierter und sozialisierter Sinneswahrnehmungen (Sehen, Berühren, Bewegen, Denken) nähert und damit die Frage des *Sense of Place* stellt. Im Mittelpunkt steht dabei der (physisch) menschliche Körper in seiner Distanz zur räumlichen Struktur: »The self is a persisting object, which is able to relate to other selves and objects [...]« (T, 135). Tuan geht vom reziproken Charakter von Raum und Zeit aus. Seine dialogische Gegenüberstellung reflektiert dabei den Kern des Gedankenspiels zum *Sense of Place*: Er fragt nach den Bedingungen der Strukturiertheit von Raum und Zeit, der Sinnhaftigkeit ihres Seins, sowie der Bewegung im Sinne einer konstituierten Raum-Zeit-Distanz. Zeit, hier durchweg linear gedacht, kann im Gegensatz zu räumlichem Wissen nicht gleichzeitig erfahren werden, da jedes zeitliche Ereignis im Moment seines Beginns bereits verloren ist, denn wir können nicht zum Beginn des Ereignisses zurückkehren. Sprache, so führt Tuan aus, verstanden als Kern sozialer Realitäten, verräumlicht Zeit, macht sie »lang«, »kurz«, sowie »davor« und »danach« geschehen. Darauf aufbauend verlässt Tuan auch mit seinem Ortsbegriff den Moment einfacher »Ver-ortung«. Er versteht Raum grundsätzlich nicht als funktionalen Fixpunkt gesellschaftlichen Handelns im Raum, sondern als jeweils einzigartiges und komplexes Ensemble und zugleich Symbol, welches seine Wurzeln in der Vergangenheit hat und in die Zukunft erwächst. Ausgehend von seiner Hinwendung zu einer humanistischen Geographie verlässt er damit die raumanalytische Perspektive und stellt stattdessen die folgenden Fragen in den Mittelpunkt: Wie wird ein Standort zu einem Ort? Was meinen wir, wenn wir von der Persönlichkeit oder dem Geiste eines Ortes sprechen? Was ist der *Sense of Place*? (T, 134). Die Bedeutung von Ort definiert sich seiner Meinung nach durch die Einzigartigkeit seines Erfahren-werdens. Der Geist oder die Persönlichkeit eines Ortes erschließt sich insbesondere durch die affektive Zuschreibung, welche nicht unmittelbar im Hier und Jetzt vollzogenen werden muss. In gleichem Maße, wie ein Ort erst durch seine visuelle oder ästhetische Zuschreibung Sinn hat, muss dieser Ort zugleich als Struktur diese Ästhetik kreieren, was das relationale Wechselspiel zwischen subjektivierter Zuschreibung und objektivierter Struktur unterstreicht. Tuan eröffnet das Argument der emotional-identifikatorischen Dynamik ortsstiftender Prozesse. Demnach sind nicht alleine die Faktoren des Raum-Machens, Raum-Erfahrens oder Raum-Fühlens konstitutiv für den Ort, sondern insbesondere die emotionalen Zuschreibungen von Zugehörigkeit und Gegensätzlichkeit zu einem Ort im physischen Raum. Er lässt damit die Vermutung zu, dass es der *Ort* ist, der im Mittelpunkt geographischer Fragestellungen stehen soll. Ganz im Sinne der Einzigartigkeit, Komplexität und Symbolik des Ortes.[13]

Einen ideologischen Zugang zu »Raum und Ort« beschreibt der neomarxistische Denker David Harvey (*1935). Er studierte Geographie am St John's College in Cambridge und ging nach seiner Promotion an die Universität Uppsala in Schweden. Er gilt als einer der meist zitierten lebenden Geographen. Kapital ist für ihn der heute die Welt prägende Faktor. Er stellt im abgedruckten Beitrag »*Zwischen Raum und Zeit: Reflektionen zur Geographischen Imagination*« (2007), den er bereits 1990 in englischer Sprache publizierte, die sich dynamisch verändernde Raum- und Zeit-Beziehung in den Mittelpunkt seiner Kapitalismuskritik.[14] Harvey setzt sich mit dem »doppelten Spiel« der Begriffe Raum und Zeit auseinander, die sich gegenseitig beeinflussen und voneinander abhängig sind – was in der Verkürzung der Zeit durch Schrumpfung des Raumes sichtbar wird. Zeit spielt eine entscheidende Rolle und so ist es Ziel des Kapitalismus, den Raum in immer weniger Zeit zu überwinden, den Raum durch die Zeit zu verdichten, ihn gar zu vernichten. Aber auch die Abschaffung von Barrieren und Grenzen kann wiederum Zeit einsparen und gleichzeitig neue Absatzmärkte öffnen und verhilft so folglich zur Akkumulation von Kapital. Durch den Prozess der »Raum-Zeit-Verdichtung« erfährt der konkrete Ort eine zunehmende Bedeutung. Orte stehen im 21. Jahrhundert in Wettbewerb zu weltweit scheinbar nebeneinander liegenden Orten, auf die der globalisierte Kapitalismus zu jeder Zeit zugreifen kann. Da Zeithorizonte verkürzt, Raumhorizonte überwunden und Barrieren abgebaut werden, müssen Orte eigene Images produzieren, wobei sich jeder Ort mit seinen Qualitäten und individuellen Besonderheiten präsentieren und gegenüber anderen behaupten muss, um für das kapitalistische

---

13  Interessante Interpretationen zum Denken von Tuan sind im Sammelband *»Textures of Place. Exploring Humanist Geographies«* (Adams, Hoelscher und Till 2001) abgedruckt.
14  Hervorragende Ausführungen zu Raum und marxistischer Kapitalismuskritik sowie zu den Raumdefinitionen von Harvey findet man bei Belina (2013), der sich mit Raum und den Grundlagen eines historisch-geographischen Materialismus beschäftigt.

System konkurrenzfähig und interessant zu bleiben. Indem der Kapitalismus sich täglich neuer Technologien bedient und sich neue Organisationsformen aneignet, ändert er die objektiven Qualitäten von Raum und Zeit immer schneller. Der Kapitalismus schafft Raum und Zeit quasi ab, wobei der Widerspruch in der Vernichtung dergleichen und im Entstehen von Wettbewerb liegt, in neuen Spannungen und aufkommenden geopolitischen Strategien und Konkurrenzen um die besten Qualitäten des konkreten Ortes. Harveys grundlegenden Argumente lauten: Erstens sind »Raum und Zeit soziale Konstrukte« (H, 167), zweitens werden sie durch soziale Praktiken zu einer »objektiven Tatsache« (H, 167) und damit durch die Verankerung in der Gesellschaft im alltäglichen Leben reproduziert. Gesellschaften sind nicht statisch sondern transformativ, sie ändern sich von innen oder sie müssen sich äußeren Einflüssen anpassen (H, 169), sodass die soziale Konstruktion und in der Folge auch die Objektivierung von Raum und Zeit stetig einem Wandel unterliegen. Bei diesen Prozessen spielt für den Marxisten das kapitalistische System eine entscheidende Rolle: Nicht nur, weil die meisten Gesellschaften dieses Modell gewählt haben und anerkennen, sondern ferner, weil dem Kapitalismus selbst bestimmte Praktiken und Regeln zugrunde liegen und sein Charakter intensiv Einfluss auf die Organisation unseres Alltags nimmt.

Mit Hilfe geschichtlicher und gesellschaftsrelevanter Beispiele veranschaulicht Harvey die Konstruktion einer historischen Geographie von Raum und Zeit, wobei er Einfluss und Macht kapitalistischer Denkweisen in den Vordergrund stellt. Die Vermessung der Welt und die Herstellung geographischen Wissens erzeugen militärische und ökonomische Macht. Da der Kapitalismus selbst eine »revolutionäre Produktionsweise« (H, 177) ist, weil er sich stets neue Felder der Investition aneignet, schreibt Harvey ihm auch eine zentrale Position bei der »Konstruktion neuer mentaler Konzeptionen und materieller Praktiken in Bezug auf Raum und Zeit« (H, 177) zu. Diese Prozesse enthalten immer eine »schöpferische Zerstörung« (H, 178), da das Erzwingen neuer objektiver Raum- und Zeitqualitäten mit dem Verlust »veralteter« sozialer Praktiken und »veralteter« physisch-materieller, gebauter Umwelt einhergeht. Durch den Abbau räumlicher Entfernungen und der Abnahme von Barrieren gewinnen Zuschreibungen und Kategorien wie Nation, Religion, ethnische Zugehörigkeit und besonders der Ort bzw. der Wettbewerb zwischen den Orten an Bedeutung: »Auf diese Weise bringt die vermeintlich egalisierende Globalisierung ihr genaues Gegenteil hervor, nämlich geopolitische Konkurrenz in einer feindseligen Welt« (H, 182). Diese Überlegungen führen dazu, dass für Harvey »der konkrete Ort zentral für unsere Disziplin ist« (H, 187) und dass wir mit der zwischen Raum und Zeit positionierten Geographie »einen klareren Sinn unseres Tuns entdecken, ein Gebiet ernstzunehmender wissenschaftlicher Debatte und Untersuchung begründen und dabei wichtige intellektuelle und politische Beiträge einer zutiefst problembelasteten Welt leisten« (H, 189).

Doreen B. Massey (*1944) versucht im 1991 erstmals publizierten Beitrag »*A Global Sense of Place*«[15] eine Definition von »Raum und Ort« aufzuzeigen, die das

---

15 Eine ausgezeichnete Lesestrategie für den Aufsatz liefert Cresswell (2014, 88-114) in seinem Buch »*Place. An introduction*«.

reduktionistische Denken der Raumverdichtung durch Geschwindigkeit und Digitalisierung, wie es unter anderem von Harvey formuliert wurde, aufbricht. Sie studierte Geographie in Oxford/UK und an der University of Pennsylvania/USA. Bis ins Jahr 2009 hatte sie eine Professur an der Open University/UK inne. Aufgrund der globalen und gesellschaftlichen Entwicklungen schlägt Massey (1991) ein dynamisches Raum- bzw. Ortskonzept vor. Es geht von einer prozessualen Bedeutungszuschreibung aus, wobei *Place* über keine klaren Grenzen und über multiple Identitäten verfügt sowie dennoch eine Einzigartigkeit besitzt, die sich historisch verfestigt. Massey kritisiert, dass die Ursache der immer weiter fortschreitenden Zeit-Raum-Verdichtung lediglich in der kapitalistischen Ökonomisierung der Gesellschaft gesucht und darauf reduziert wird. Ebenso verweist sie darauf, dass die gestiegene Mobilität und die Partizipation an globalisierten Prozessen auf individuellem Maßstab sehr unterschiedlich ausgeprägt sein können. Die Zeit-Raum-Verdichtung muss deshalb um eine soziale Dimension erweitert werden, nicht nur auf Grundlage einer moralischen bzw. politischen Verpflichtung, sondern vor allem aufgrund konzeptioneller Aspekte. Denn die Zeit-Raum-Verdichtung ist von einer Machtgeometrie gekennzeichnet, in der unterschiedliche soziale Gruppen und Individuen in ganz bestimmten machtvollen Netzwerken organisiert sind. Der Grad und die Ausdifferenzierung von Teilnahme bzw. Nutzung der Mobilitäts- und Kommunikationsformen, die Kontrolle bzw. deren aktive Gestaltung spiegeln in hohem Maße komplexe Machtbeziehungen wider. Deshalb hat möglicherweise unser Mobilitätsverhalten negativen Einfluss auf die Partizipationsmöglichkeiten von Individuen und Gruppen in anderen gesellschaftlichen Kontexten. Die soziokulturellen Zeit-Raum-Veränderungen wiederum haben einen Einfluss auf die Bedeutungszuschreibungen von konkreten Orten. Vordergründig wird argumentiert, dass in unserer schnelllebigen und unüberschaubaren globalisierten Welt der Wunsch nach Stabilität und Sicherheit besonders groß ist und daher die Bedeutungen von lokalen Orten als Zuflucht romantisiert werden. Massey merkt an, dass oftmals Bedeutungszuschreibungen von Orten durch Nationalismen und reaktionären Konflikten bestimmt werden. Sie plädiert dafür, einen angemessenen, progressiven Umgang mit dem *Sense of Place* unter globalisierten Bedingungen zu finden, der nicht davon bestimmt ist, dass Orte in (historisch) fixierten Identitäten gefangen sind, die von vermeintlich klaren Grenzziehungen bestimmt werden. Genauso wie Individuen besitzen auch die Sinnzuschreibungen von Orten verschiedene Identitätsbestandteile, die sowohl die Ursache von Konflikten, als auch eine Bereicherung sein können. Ein grundlegendes Problem scheint dabei zu sein, dass die Identität von Orten oftmals mit der Identität einer einzelnen Gemeinschaft gleichgesetzt wird, obwohl Gemeinschaften durchaus an unterschiedlichen Orten existieren können und auch Orte, die von singulären sozialen Gruppen bestimmt werden, in der Regel differenzierte Sinnzuweisungen beinhalten (M, 195 ff.). Gegenwärtig ändert sich die Geographie der sozialen Beziehungen: Politische, sozio-ökonomische und sozio-kulturelle Beziehungen bewegen sich auf unterschiedlichen Ebenen in unterschiedlich machtvollen Strukturen. Demnach wird die Einzigartigkeit eines Ortes nicht von einer internalisierten Genealogie, sondern von einer individuellen Konstellation von sozialen Beziehungen bestimmt, die sich an einer bestimmten Lokalität treffen und ineinander verwoben sind. Ein *Sense of Place* ist also ein Treffpunkt, an dem bewegliche Punkte von Netzwerken und ihre sozialen Beziehungen und Bedeutungen zusammenfallen und interagieren. Es muss ein Bewusstsein dafür geschaffen werden, dass diese lokalisierten Verbindungen in einen weltweiten Kontext eingebunden sind. Ein progressives Raum- bzw. Ortskonzept beinhaltet für Massey (M, 198 f.) vier unterschiedliche Punkte. (1) Die Bedeutungszuschreibungen von *Place* sind nicht statisch, sondern prozessual. (2) *Places* besitzen keine klar definierbaren Grenzen, die bestimmte Gebiete trennscharf charakterisieren. Solche Grenzen sind zwar für bestimmte Operationalisierungen sinnvoll, für eine allgemeine Konzeptualisierung aber nicht notwendig. (3) *Places* zeichnen sich nicht durch einzige, bestimmte Identitäten aus. (4) Keiner der vorangegangenen Punkte verneint die Bedeutung der Einzigartigkeit von *Places*. Die Besonderheiten von *Places* werden kontinuierlich reproduziert und sind nicht historisch festgeschrieben. Gerade die Mischung unterschiedlicher gegenwärtiger und geschichtlicher Bedeutungen in lokalen und globalen Kontexten macht die Einzigartigkeit eines Ortes aus. Aufgabe der Geographie sollte es sein, die sinnhafte Aufladung, den Charakter von Orten und ihre Verbindung zu anderen Orten unvoreingenommen zu erkennen und zu verstehen, um ein umfassendes Gefühl für das Lokale, einen *Global Sense of Place* zu entwickeln.

## Basistexte ohne gemeinsame Basis?

Nach der Lektüre der Texte mit ihren sehr unterschiedlichen Ansätzen und ihrem differierenden Verständnis von Ort und Raum bleiben womöglich bei den Leserinnen und Lesern einige Fragezeichen zurück. Wie sind die Inhalte der Aufsätze in Beziehung zueinander zu setzen, welche Gemeinsamkeiten können herauskristallisiert werden? Worin liegen jeweils ihr Innovationspotenzial und ihr Mehrwert begründet?

Jenseits ihrer epistemologischen Unterschiede weisen die abgedruckten Texte zahlreiche Nähen und Entsprechungen auf. Die Texte eint die progressive Überwindung des Konzepts des »altgeographischen Raums« und des geometrisch-analytischen Raumverständnisses. So haben die Forderungen eines konstruktiven, relationalen und handlungszentrierten Verständnisses von Raum, wie sie von Hard, Werlen und Weichhart erhoben wurden, in Bourdieus sozialrelationalen »Mensch-Raum-Mensch-Ort«-Beziehungen durch die Diskussion der Wechselwirkungen des physischen, sozialen und angeeigneten Raums eine befriedigende, obgleich wohl nicht abgeschlossene Antwort gefunden. Vor allem Bourdieu, Werlen und Harvey teilen den Wunsch nach Aufdeckung verborgener gesellschaftlicher Machtverhältnisse als Kern raumwissenschaftlicher empirischer Studien. Bourdieu lässt hinsichtlich des Ortsverständnisses als sozialräumliche Differenzbeziehung von Stelle und Distanz Nähe zu den Überlegungen von Pott erkennen. Eine weitere Gemeinsamkeit kann bei der Betonung von Wandel und Dynamik festgestellt werden: insbesondere Foucault, Tuan, Harvey und Massey betonen, dass etwas vermeintlich Stabiles wie »Raum und Ort« durch veränderte Perspektiven in ständige Bewegung versetzt, immer nach neuen Fixierungsversuchen und gangbaren Analysestrategien fragt. Gewinnbringende Ansatzpunkte für die empirische Geographie können in unseren Augen in vielen Aufsätzen identifiziert werden. Beispielsweise sorgen Hard und Weichhart vor allem durch ihre terminologischen und kategorialen Ausführungen im Umgang mit dem Raumverständnis für das notwendige kritische Bewusstsein vor, während und nach dem empirischen Forschen. Sowohl Werlen (durch die Fokussierung auf handelnde Subjekte) als auch Tuan (durch die Betonung von Körperlichkeit und Sinnlichkeit), Bourdieu (durch die soziale Positionierung von Personen und Objekten im Raum) und Harvey (durch Praktiken und Regeln des Kapitalismus) verdeutlichen durch unterschiedliche Schwerpunktsetzung den Zugang zum Geographie- und Raum-Machen für empirische Forschungen. Pott liefert einen völlig anderen empirischen Zugang. Zwar ist die Frage nicht neu, von wem, warum und wozu ein Raummedium verwendet wird, allerdings kann laut Pott der empirische Zugang nur über sprachlich (oder auch bildlich) kommunizierte räumliche Formen erfolgen – und nicht wie bei den zuvor Genannten durch Praktik oder Handlung. Unterschiedlich ist auch der Maßstab der Betrachtungsweise beim Zugang zur Thematik von »Raum und Ort« in den ausgewählten Aufsätzen. Massey beispielsweise erscheint mit ihrem Plädoyer nach der Suche eines *Global Sense of Place* unter neokapitalistischen Bedingungen als eine Art Bindeglied zwischen den mikromaßstäblichen Zugängen zu »Raum und Ort« à la Tuan oder Werlen und makromaßstäblichen Ausführungen wie bei Harvey. Die vorliegenden Texte lassen sich jedoch auch in anderer Weise diskutieren: Die Schriftstücke von Hard, Weichhart sowie in Teilen von Massey und Werlen proklamieren neue Raum-Ort-Verständnisse im Sinne einer innerdisziplinären Debatte. Die Beiträge von Harvey und Massey versuchen die politische Analyse gesellschaftlicher Verhältnisse über die Raumdiskussion zu erfassen, während Tuan, Pott, Bourdieu und Foucault neue philosophische und wissenschaftstheoretische Wege des Begreifens und Rahmens von Raum und Ort in das Zentrum ihrer Agenda stellen. Darin begründet ist der grundlegende Einfluss der Autoren und Autorinnen im vergangenen Jahrhundert auf humangeographische Fragen im Zusammenspiel von Wissenschaft und Gesellschaft zu sehen.

Im Sinne einer ständig sich in Bewegung befindenden Diskussion um »Raum und Ort« möchten wir abschließend interessierte Leser und Leserinnen auf zukünftige Erörterungen jenseits dieser Seiten hinweisen. Wir wagen einen Blick in die (bereits begonnene) Zukunft und erweitern das Ringen um »Raum und Ort« um Eckpunkte, die nicht unbedingt »neu« sind, jedoch unseres Erachtens bisher zu wenig konzeptionelle Beachtung fanden. Anknüpfend an subjektzentrierte Perspektiven der hier vorgelegten Texte und in kritischer Erweiterung des Verhältnis »Medien-Mensch-Materie« sehen wir in den Dimensionen »Körperlichkeit«, »Technik« und »Virtualität« zukünftige Herausforderungen für kreatives humangeographisches Denken von »Raum und Ort«, welches auch die Reformulierung theoretischer Konzepte und empirischer Zugänge einfordert. Marc Boeckler (2014, 10) weist in seinem Artikel »*Neogeographie, Ortsmedien und der Ort der Geographie im digitalen Zeitalter*« auf diese Problematik hin, indem er schreibt: »Die Verbreitung und Anwendung mobiler Geomedien ist im Begriff Ort und Raum als geographische Gegenstände grundlegend zu rekonfigurieren«. Im Sammelband »*The Ashgate Research Companion to Media Geography*« (Adams, Craine und Dittmer 2014) finden sich zahlreiche durch Medien inspirierte Beiträge zu *Place and Space*. Im angelsächsischen Raum zirkuliert die Denkbewegung des *New Materialism* (Jackson 2000, Bennett and Joyce 2010, Coole and Frost 2010), welche hinsichtlich des Verhältnisses von Mensch und Materie ein progressives »Grenzgängertum« mit der für die Humangeographie in den letzten Jahren immer prominenter werdenden Akteur-Netzwerk-Theorie von Bruno Latour (2002) teilt. Virtualität wiederum trägt die epistemologische Überwindung des geometrischen Raum-Ortes weiter und fragt nach dem Geographie-Machen in solchen Bereichen, welche bisher höchst unzutreffend als »künstliche Räume« virtueller Realitäten gefasst wurden. Die Herstellung raumwirksamer Alltagserfahrungen gespeist durch Informationen im *Cyberspace* und vermittelt durch orts- bzw. stellengebundene Körperlichkeit als *Cyborg* sowie deren Auswirkungen auf unsere Lebenswelt sollte im Forschungsprogramm der Humangeographie in Zukunft mehr Beachtung finden.

Die hier ausgewählten Basistexte dürfen also als Einladung zur gedanklichen (Un)Ordnung und zum denkenden (Un)Ordnen verstanden werden, wobei deren Lektüre zu einem dynamisierten Blick auf Raum und Ort, und so zu einem theoretisch fundierten Einstieg in die Wissenschaftsdisziplin Geographie als *Basic Human Concern* (vgl. Tuan 1991, 99) beitragen soll. In diesem Sinne: viel Spaß und Erkenntnis beim Lesen, beim eigenen Ordnen der (Un)Ordnung unterschiedlicher Räume und Orte, beim Verstehen unserer Lebenswelt.

# 1.
# DIE DEUTSCHSPRACHIGE DISKUSSION ÜBER RAUM VON RAUM ZU RAUM

# EINE »RAUM«-KLÄRUNG FÜR AUFGEWECKTE STUDENTEN

*Gerhard Hard (1977, gemeinsam mit Dietrich Bartels)*

Dieser Text ist eine Erinnerung und Widmung an Dietrich Bartels (1931–1983): Ein paar Seiten, die wir 1975 und 1977 gemeinsam für »aufgeweckte (Anfänger)Studenten« geschrieben haben. Die folgende (nicht veröffentlichte) Fassung war für eine nicht mehr zustandegekommene 3. Auflage des »Lotsenbuchs« gedacht; es handelt sich um eine veränderte und erweiterte Fassung des einschlägigen Kapitelchens der zweiten Auflage (BARTELS und HARD 1975, S. 76–80). Die beiden »Raum«-Texte von 1975 und 1977 entstanden – erfahrene Leser mit Stilgefühl werden es bemerken – indem Dietrich Bartels meine plakativen Vorzeichnungen in Richtung auf eine seriöse und luzide didaktische Prosa hin veränderte. Wenn einigen erwachsenen Geographen von heute die apodiktischen Töne und die didaktischen Reduktionen des Textes mißfallen sollten, mögen sie sich an den Entstehungszusammenhang erinnern. Im übrigen beweist allein schon der geballte Nonsense des Artikels »Raum« im neuesten Lexikon der Geographie (Bd. 3, 2002, S. 106), daß die alte »Klärung für aufgeweckte Geographiestudenten« noch heute auch manchem Geographieprofessor nützlich sein könnte. – Die Übungssätze in Kapitel 3 sind von mir später ein wenig ergänzt worden, und das Schlußkapitel ist neu.

## 1. DIE VIELEN BEDEUTUNGEN EINES GEOGRAPHISCHEN FACHWORTES

Viele Druckpunkte geographischer Diskussionen haben ihre Ursache auf sprachlicher Ebene. Die Gesprächspartner bezeichnen (a) gleiches mit verschiedenen Ausdrücken und können sich hierüber nicht einigen, da der Verzicht auf einen Fachterminus (mit seinen Nebenassoziationen) unter Umständen dem Erlebnis eines Weltuntergangs gleicht – oder sie einigen sich (b) auf vage mehrdeutige Konferenz-Formulierungen, deren Dissens-Ermittlung sich dann oft lange hinschleppt.

Beispiele für den Fall (a) sind Nomenklatur-Streitigkeiten um die Bezeichnungen der Fachzweige der geographischen Wissenschaft; Beispiele für den Fall (b) liefern Vokabeln wie »funktionale Beziehungen«, »Ökosystem«, »Geofaktoren«, »Landschaft« – und eben »Raum«.

Wie geht man mit solchen terminologischen Problemen um? Es folgt ein verallgemeinerungsfähiger Vorschlag, und zwar an einem entscheidend wichtigen Beispiel, an dem (die Geographie und die Geographen scheinbar einenden) Schlüsselwort »Raum«. Mit diesem Schlüsselwort gehen auch die neueren Strömungen in der deutschen Geographie (und den Regionalwissenschaften) recht zwanglos um, und auch bei Soziologen und anderen Sozialwissenschaftlern »räumelt es schillernd und schillert es räumlich«.

Der Terminus »Raum« könnte ja zunächst ein rein formaler Beschreibungsbegriff der mathematischen Logik sein; tatsächlich verwendet der Geograph die Wörter »Raum« und »räumlich« jedoch in den verschiedensten konkreten Problemzusammen- [I16] hängen, durchweg ohne die unterschiedlichen Bedeutungen und ihre Differenzen zu bemerken, geschweige denn zu reflektieren.

Damit das nicht auch Ihnen passiert und Sie sich nicht überhaupt in den Räumen der Geographie, d.h. im Dschungel der geographischen Raumbegriffe verirren, prägen Sie sich am besten gleich am Anfang folgende alternative Bedeutungen des einen Fachwortes »Raum« ein:

| | |
|---|---|
| *Raum 1: Wahrnehmungsgesamtheit, »Landschaft«* | Klassische Formulierung für die komplexe Gesamtheit der wahrnehmbaren bzw. sichtbaren Gegenstände einer Erdstelle (Dinge, Lebewesen, Menschen) mit allen ihren räumlichen und anderen Relationen; Raum als Container |
| *Raum 1a: »alles, was es da gibt«* | ähnlich wie 1, aber Verzicht auf die »Wahrnehmbarkeit/Sichtbarkeit«: Komplexbegriff für »alles, was es da gibt« in seiner Gesamtheit und mit allen seinen Relationen – wozu dann neben den materiellen u.U. sogar alle sozialen und anderen eher immateriellen Phänomene gehören können (»Raum« als prall gefüllter Container) |
| *Raum 2: »Chora«* | Zweidimensionales Modell der Erdoberfläche, in dem Standorte sowie Distanzen zwischen ihnen beschrieben werden können; »Verteilungs-, Verknüpfungs- und Ausbreitungsmuster an der Erdoberfläche«, »Distanzrelationenraum«, »ordo coexistendi« |
| *Raum 2a: Region* | besonderer Aspekt dieser »Chora« als klassenlogische Zusammenfassung von Standorten/Erdstellen mit gleichen Sacheigenschaften |
| *Raum 3: Natur(raum) als Gegenspieler des Menschen* | die eine Seite eines gedachten Gegensatzpaares Mensch-Natur (als Gegenspieler und Ressource des Menschen) – oder, wenn auch die gebaute Umwelt einbezogen wird: |
| *Raum 3a: Umwelt* | die eine Seite eines gedachten Gegensatzpaares Mensch-Umwelt bzw. Mensch-Sachzwang |
| *Raum 4: (Geo) Ökosystem* | Modell des strukturell-funktionalen Gefüges verschiedenster Naturelemente (Geofaktoren) wie Relief, Klima, Boden, Vegetation usw. mit ihren Beziehungen untereinander – wozu dann auch »der Mensch als ökologischer Faktor« gehören kann |
| *Raum 5: »mental map«* | gedachter Raum; Raum bzw. Raumbilder als Bestandteile des Bewußtseins von Individuen |
| *Raum 6: »communicated map«* | kommunizierter Raum, Raum bzw. Raumbilder/Raumkonstrukte als Bestandteile der sozialen Kommunikation |

| | |
|---|---|
| *Raum 7:* | z. B. Raum als Metapher zur Bezeichnung von sozialen |
| *»Raum« als Metapher* | Beziehungsnetzen mit ihren »sozialen Distanzen« (7a) |
| *für Soziales, »sozialer* | – oder »Raum« im Sinne eines mehrdimensionalen |
| *Raum«* | Merkmalsraumes, in dem »soziale Positionen« und |
| | deren »Distanzen« beschrieben werden können (7b)[1] |

Damit haben wir, von Varianten abgesehen, wohl alle wichtigen geographischen Raumkonzepte angesprochen, wahrscheinlich sogar fast alle, die in den Sozial-, Kultur- und Geisteswissenschaften sowie in ökologischen, »planungs-« und »umweltwissenschaftlichen« Texten überhaupt präsent sind. Wie »Raum«, so schillert auch »räumlich«. Bemerken Sie auch, daß nur die ersten vier Raumkonzepte auf etwas Physisch-Materielles [117] zielen, das man (kilo)metrisch vermessen kann, die letzten drei aber gerade nicht. – Vergleichen Sie dazu auch BARTELS, D.: Schwierigkeiten mit dem Raumbegriff in der Geographie, in: Geographica Helvetica, Beiheft zu Nr. 2/3, 1974 (»Zur Theorie der Geographie«). In diesem Lotsenbuch wird »Raum« fast nur in Bedeutung 2 verwendet, weshalb sich eine – sonst unbedingt erforderliche – spezielle Bedeutungskennzeichnung durchweg erübrigt.

Unsere Liste ist trotz ihrer Länge nicht nur unvollständig, sondern auch unabschließbar. Wenn sich z.B. die geographischen Forschungsprogramme verändern (überhaupt immer, wenn sich die Geographie verändert), werden vermutlich auch neue Raumkonzepte auftauchen und andere verblassen.

Diese höchst heterogenen geographischen Raumbegriffe haben zwar teilweise gewisse Ähnlichkeiten bzw. Überschneidungen; man findet unter ihnen zuweilen gewisse »Familienähnlichkeiten«, aber keinen »gemeinsamen Kern«. So etwas ist, wie Sprachwissenschaftler wissen, ein häufiges Phänomen; und auch im Fall von »Raum« ist es verlorene Liebesmüh, nach einem solchen »(Bedeutungs-)Kern« zu suchen. Folglich ist es auch abwegig, sich vorzustellen, es gebe so etwas wie »den« Raum, von dem die aufgeführten Bedeutungen von »Raum« (Raum l bis Raum n) bloß einzelne Eigenschaften, Strukturen oder Aspekte wären.

Bemerken Sie auch, daß diese geographischen Raumbegriffe kaum mehr etwas mit den alltags- oder umgangssprachlichen (außerwissenschaftlichen) Gebrauchsweisen des Wortes »Raum« zu tun haben; in der Alltags- und Umgangssprache sind mit »Raum« oder »Räumen« ja fast ausschließlich begrenzte Teile von Gebäuden oder Ähnliches gemeint (Prototypen: Wohnraum, Schlafraum, Geschäftsraum …). *Raum 1* und vor allem *Raum 1a* steht den umgangssprachlichen Raumkonzepten noch am nächsten. Wenn Sie in eine Wissenschaft eintreten, dann treten Sie eben auch in einen neuen Sprachraum und Denkraum ein (Achtung, »Raum« als Metapher!); und das gilt sogar für ein so alltagssprachliches und alltagsweltliches Fach wie die Geographie. Außerdem sehen Sie, daß die Termini der Wissenschaftler zuweilen sehr vieldeutig sein, ja gelegentlich sogar vieldeutiger sein können als die Wörter der Alltagssprache.

---

16  Selbstverständlich kann »Raum« noch in vielen anderen Hinsichten als Metapher gebraucht werden. *So z.B., wenn »Knotenpunkte sozialer Kommunikation im Internet«, etwa »Chatrooms« oder »E-Mail-Diskussionsforen«, als »Orte« oder »Räume« (*Raum 7!*) im »virtuellen Raum« (*Raum 5? Raum 6? Raum 7?*) bezeichnet werden.*

Schon jetzt sehen Sie aber auch: Wenn jemand sagt, etwas geographisch zu betrachten, das heiße, etwas räumlich zu betrachten, (oder gar: Gegenstand der Geographie sei der Raum, die Geographie eine Raumwissenschaft usw.), dann sagt er damit wenig, wenn überhaupt etwas.

Viele der Begriffsinhalte, die von *Raum* abgedeckt werden, können in deutscher Sprache auch z.B. durch *Landschaft* abgedeckt werden. Der Terminus *Landschaft* ist nach seiner großen Karriere in- und außerhalb der Geographie etwas verblaßt, erlebt aber immer wieder eine Renaissance. Sie sollten dann *Landschaft* so ähnlich behandeln, wie das hier mit dem *Raum* geschieht.

*Beachten sie auch: Geographen sind so an einem nicht-metaphorischen Gebrauch des Wortes *Raum* im Sinne von *Raum 1* bis *Raum 4* gewohnt, daß sie metaphorische Verwendungen oft gar nicht wahrnehmen und die Raummetaphern sozusagen für bare Münze nehmen. Das geschieht z.B. ziemlich regelmäßig, wenn Geographen Bourdieu und (vor allem) Foucault lesen. Besonders unsensibel sind geographische Leser zuweilen gegenüber einem Sprachstil, der (wie nicht selten bei Foucault) auf literarische Weise mit Metaphern mehrdeutig spielt.* [ I 18]

Schließlich aber: Was hier über die Bedeutung(en) von *Raum* gesagt wird, können Sie nicht ohne weiteres auf andere Sprachen, nicht einmal auf die Sprachen anderer Wissenschaften übertragen.

## 2. EINE SEMANTISCHE ÜBUNG

Folgende kleine Übung soll Sie davon überzeugen, daß man sich im Dschungel der geographischen Raumbegriffe nicht verirren muß. Sie werden sehen, daß sich Ihnen die jeweilige Bedeutung des Wortes »Raum« oft schon aus einem sehr knappen Kontext erschließt, nämlich aus einem einzigen Satz.

Beachten Sie auch, daß folgende Übung sogar unter erschwerten Bedingungen stattfindet: Erstens haben Sie als Kontext fast immer nur einen einzigen Satz (während Ihnen sonst meist ein größerer Kontext zur Verfügung steht); zweitens sind alle Raumkonzepte immer nur durch das eine Wort »Raum« wiedergegeben (während in anderen geographischen Texten das jeweilige Raumkonzept oft auch durch weniger vieldeutige Ausdrücke bezeichnet wird).

Versuchen Sie also, die Raumbegriffe der folgenden Beispielsätze (jede Ähnlichkeit mit Formulierungen lebender Autoren wäre rein zufällig!) je einem der oben aufgelisteten Raumbegriffe zuzuordnen. Wir haben mit Absicht auch Sätze ausgesucht, die ziemlich hochgestochen und nicht leicht verständlich sind, und es kam uns auch nicht darauf an, ob die Sätze richtig oder falsch sind: Meistens werden Sie das jeweilige Raumkonzept (oder die betreffenden Raumkonzepte) trotzdem identifizieren können. Es ist übrigens durchaus nicht selten, daß sich bei geographischen Autoren (nicht nur im gleichen Text, sondern sogar im gleichen Satz!) zwei bis mehrere, fundamental verschiedene Raumbegriffe ein Stelldichein geben; zuweilen ist der Wortgebrauch auch so vage, daß mehrere bis viele Bedeutungen von »Raum« einen mehr oder weniger guten Sinn ergeben, und manchmal kann man auch nur noch kühn erraten, was vielleicht gemeint sein könnte. Solche Sätze finden Sie im folgenden nur ganz vereinzelt, aber in anderen geographischen Texten sollten Sie mit dergleichen immer wieder rechnen.[17]

Am Ende des letzten Kapitels stehen unsere eigenen (hypothetischen) Auslegungen, an denen Sie sich immerhin orientieren können, aber (wie gesagt): Geographische Sätze mit »Raum« sind nicht selten unklar und unsere eigenen Auslegungen nicht unfehlbar. In einigen Fällen haben wir sogar ziemlich lang diskutiert. Treten Sie nun also in die Diskussion ein!

1. *Die Kulturlandschaften rund um das Mittelmeer sind ein Spiegelbild der jahrtausendelangen Auseinandersetzung menschlicher Gruppen mit ihrem Raum.*
2. *Es ist zu empfehlen, auf geographischen Exkursionen zunächst einmal davon auszugehen, was den Exkursionsteilnehmern in dem von ihnen besuchten Raum unmittelbar auffällt.*
3. *Die Biozönosen sind wie die Vegetation zwar nur ein Element des Raumes; sie stehen aber in vielen direkten und indirekten Wechselbeziehungen zu fast allen* [| 19] *anderen Elementen des Raumes, z.B. mit Klima, Relief und Boden, aber auch mit den Wirtschaftsweisen des Menschen.*
4. *Hier setzt sich seit einem Jahrhundert ein neuerungsbereiter Raum gegen einen konservativ akzentuierten Raum, ein Aktivraum gegen einen Beharrungsraum ab, jeder Raum mit in sich gleichartigen ökonomischen und sozialen Verhältnissen und Verhaltensweisen seiner Bewohner.*
5. *Was den Geographen von jeher besonders interessiert hat, das sind die individuell geprägten Erdräume in ihrer ganz dinglichen Erfüllung.*
6. *Organisationen tendieren dazu, stereotype Räume zu produzieren, die dem Vorwissen weiter Verbraucherschichten entgegenkommen, etwa Hollywoods Wilder Westen oder Konsaliks Rußland.*
7. *Kinder, Jugendliche und Erwachsene, Männer und Frauen, Süd- und Nordstadtbewohner, Einheimische und Fremde – jede dieser Gruppen denkt sich die Bonner Innenstadt als einen anderen Raum mit ganz anderen Grenzen und mit ganz anderem Inhalt.*
8. *Durch diese Entwaldungsprozesse wurde das ökologische Gleichgewicht des Raumes nachhaltig gestört.*
9. *Gibt es determinierende Beziehungen zwischen dem Raum und dem Sozialverhalten? Zweifellos: Jede Veränderung im Wege- und Verkehrsnetz, jede neu gebaute Straße, jedes neue Bauvorhaben kann soziale Kommunikation bündeln, kanalisieren, begünstigen und restringieren, verstärken und unterbrechen.*
10. *Alle Daseinsgrundfunktionen (vom Wohnen und Arbeiten bis zur Versorgung, Bildung und Verkehrsteilnahme) sind im Raum verortbar, und ihre räumlichen Muster sind ein zentrales Thema der Sozialgeographie.*
11. *Was den Geographen besonders interessiert, ist die Wirkung sozialer Prozesse auf den Raum, d.h. die Raumwirksamkeit dynamischer Sozialgebilde – denn oft*

---

17 Vor allem auch deshalb, weil manche Geographen mit dem Wort »Raum« auf so etwas wie einen »Raum an sich« zielen, der chamäleonartig in allen möglichen Bedeutungen schillern darf und nicht selten schon im Jenseits aller Begriffe liegt.

werden komplizierte soziale Vorgänge im Raum sichtbar, z.B. durch Brachfallen, Aufforstung, Vergrünlandung usw.
12. Diese Menschen und ihre Kultur sind von ihrem Raum tief geprägt, so wie sich auch ihre Siedlungen vorbildlich in die räumlichen Gegebenheiten einfügen.
13. Es folgt nun die eigentliche Raumanalyse, d.h. die räumliche Analyse der Einrichtungen des tertiären Sektors nach ihrer Dispersion, ihren Verdichtungen und ihren Vernetzungen.
14. Thema dieses Buches ist der Einfluß des Raumes auf Physiologie und Psyche des Menschen.
15. Es gehört zum Image von Großorganisationen (vom Staat über die Deutsche Bahn und die Deutsche Post bis hin zu den vielen Zweckverbänden), daß sie nicht nur einen je eigenen Raum, sondern oft sogar einen ganzen Set von unterschiedlichen Räumen kreieren.
16. Der Raum ist eine knappe Ressource; um jeden Standort im räumlichen Gefüge einer Stadt konkurrieren die Raumnutzungsansprüche zahlreicher Individuen, Gruppen und Institutionen. [120]
17. Die Aussagen der Schüler über ihre Präferenzen und Ablehnungen, d.h. ihre bevorzugten und abgelehnten Mitschüler, können wir als einen zwei- oder mehrdimensionalen Raum darstellen, in dem soziale Distanzen sichtbar werden.
18. Welche Veränderungen in den Standortmustern ergeben sich durch die Globalisierungsprozesse, welche dieser Veränderungen des Raumes lassen sich durch politische Gegensteuerung kontrollieren?
19. Here we regard space not as made up of distances, we define space as a provider of room.
20. Gesellschaftsgrenzen, überhaupt soziale Grenzen funktionieren weithin latent und bleiben unsichtbar; in Bewußtsein und Kommunikation schieben sich deshalb räumliche Grenzen und Räume an ihre Stelle, weil diese konkret und suggestiv definiert werden können. (latent: vorhanden und wirksam, aber nicht in Erscheinung tretend; Anm. G.H.)
21. Das agrarwissenschaftliche Potential des Raumes wird künftig noch intensiver erschlossen werden; man muß deshalb frühzeitig die Frage stellen, welche ökologischen Auswirkungen auf den Raum diese wirtschaftlichen Aktivitäten haben werden.
22. Die Position eines jeden gesellschaftlichen Akteurs ist bestimmt durch seinen Ort im Raum; in diesem mehrdimensionalen sozialen Raum verteilen sich die Akteure nach ihren Werten auf den einzelnen Raumdimensionen, d.h., nach ihrem jeweiligen ökonomischen, sozialen, kulturellen und symbolischen Kapital.
23. Wenn man sich nur endlich von dem Gedanken frei machen könnte, daß die Geographie die Sachen im Raum zu erforschen habe. Nein, auf den Raum selber kommt es an! In der Beachtung des Wertes der Räume als Persönlichkeiten in der Gesellschaft der Räume liegt eine unendliche Aufgabe. Sie reicht vom Zusammenspiel der Stadtteile bis in das säkulare Spiel der Großräume und den Kampf der Kontinente.
24. Machen wir nie den Fehler, die erdverbundenen Mächte des Raumes (hard power: Geopolitik, Militär, Waffentechnik) zu vergessen, die allein in der Lage

*sind, Infrastrukturen zu zerstören, Räume zu erobern und zu besetzen und mit Macheten, Nachtsichtgewehren und Special Forces unerwünschte Körper daraus zu vertreiben. Vergessen wir auch nicht, wie kürzlich die Mächte des Raumes – die Kräfte des Körpers, des Territoriums und der Wüste – zurückgeschlagen haben, mit Low Tech, mit Teppichmessern, zivilem Fluggerät und mit zum Letzten entschlossenen Körpern.*

## 3. DIE GEOGRAPHISCHEN RAUMKONZEPTE ALS KONDENSATE GEOGRAPHISCHER FORSCHUNGSPERSPEKTIVEN

Wenn es Ihnen gelingt, die aufgeführten Raumkonzepte zu verstehen und auseinanderzuhalten, dann bringt Ihnen das noch einen Zusatz-Gewinn: Mit jedem begriffenen Raumbegriff haben Sie in gewissem Sinne gleich auch eine wichtige Teilgeographie, d.h. (mindestens) eine wichtige geographische Forschungsperspektive (mit)verstanden. Die Raumkonzepte der Geographie sind sozusagen Kondensate geographischer For- [121] schungsperspektiven (die man auch »Paradigmen« genannt hat). Die aufgelisteten Raumkonzepte erschließen Ihnen deshalb, recht verstanden, gewissermaßen fast die ganze Geographie.

*Raum 1* ist z.B. der konstitutive Begriff der Landschaftsgeographie und jeder (kultur)geographischen Landschaftskunde; er liegt aber auch jeder Sozialgeographie zugrunde, die von den »landschaftlichen Indikatoren« sozialer Prozesse ausgeht (»Sozialgeographie von den landschaftlichen Indikatoren her«). *Raum 1a* hingegen ist der Basisbegriff der Länderkunde, der in den geographischen Texten aber oft latent bleibt.

*Raum 2* steht im Zentrum einer raumwissenschaftlichen Sozial- und Wirtschaftsgeographie, auch »spatial approach« genannt, deren Gegenstand oft so beschrieben wird: »Die Verteilungs-, Verknüpfungs- und Ausbreitungsmuster der räumlichen Manifestationen menschlicher Aktivitäten an der Erdoberfläche«, z.B. deren Verteilungen, Areale, Regionen, Felder, Netze, Diffusions- und Kontraktionserscheinungen... *Raum 2a* ist darüber hinaus Grundbegriff und Leitstern, all derer, die die Erdoberfläche »räumlich gliedern« wollen, gleich, ob sie (z.B.) eine »naturräumliche«, eine »sozialräumliche« oder eine »wirtschaftsräumliche Gliederung« im Auge haben.

*Raum 3* ist seit dem 18. Jahrhundert ein zentraler Raumbegriff der Geographie, zumindest dessen, was man heute oft »die klassische Geographie« nennt. Dieses zentrale und einigende – nicht das einzige! – Thema oder Forschungsprogramm der klassischen Geographie kann man etwa so umschreiben: »die Auseinandersetzung von Mensch und (Erd)Natur«, wobei die Erdnatur bzw. der (Natur)Raum der Erde als eine Vielzahl von sehr unterschiedlichen (Natur)Räumen gedacht wurde. Heute scheint das Thema in der Schulgeographie wichtiger zu sein als in der Universitätsgeographie.

*Raum 3* und *Raum 3a* sind aber bis heute auch der Ausgangspunkt von zahlreichen kultur- und humanökologischen, aber auch von umweltökologischen und ressourcenanalytischen Fragestellungen in vielen Wissenschaften; überall geht es dabei um »Wechselwirkungen« von »Mensch« und »Umwelt« – in allen Maßstäben und Fazetten, in natürlichen und/oder in künstlichen Umwelten. Der Schwerpunkt all dieser Forschungsansätze liegt heute allerdings eher außerhalb der Geographie. Dieses Raumkonzept kommt – vor allem als *Raum 3a* – z.B. auch bei Architekten, Stadtforschern, Stadt-, Umwelt- und Raumplanern vor.[18]

*Raum 4* hat seinen häufigsten Auftritt im Bereich der Landschafts- bzw. Geoökologie, *Raum 5* in der Wahrnehmungs- oder Perzeptionsgeographie (»environmental perception approach«), wo man die handlungsbedeutsamen »mental maps« oder »kognitiven Landkarten« (»Landkarten« im weitesten Sinne!) erforschen will, die sich die Menschen von der Welt (ein)bilden.* Man findet dieses Konzept der »mentalen Räume«, »Raumbilder« oder »maps in minds« aber auch z.B. bei denjenigen Geographen, die – [122] im ganzen wenig erfolgreich – nach der »räumlichen« bzw. »raumbezogenen Identität« der Leute fahnden, z.B. danach, welchen Räumen die Leute sich »zugehörig fühlen«.

*Raum 6* ist Schlüsselbegriff einer modernen Sozialgeographie, die sich nicht so (wie die Perzeptionsgeographen) für die Räume in den Köpfen bzw. im Bewußtsein von Individuen interessiert, sondern vor allem für die Raumbilder und Raumkonzepte (»Raumabstraktionen«) in der sozialen Kommunikation. Eine der Leitfragen lautet dann z.B.: Wer – und vor allem: welche Großorganisationen – produzieren welche Raumabstraktionen/Raumbilder/Karten zu welchen Zwecken, für welche Adressaten, mit welchen Wirkungen? Räume bzw. Bilder vom Raum werden hier nicht mehr als etwas Psychisches, sondern vor allem als etwas Soziales (oder Kulturelles) betrachtet. Dieser *Raum 6* dürfte heute dasjenige Raumkonzept sein, das am ehesten mit einer wirklich sozialwissenschaftlichen Sozialgeographie oder einer wirklich kulturwissenschaftlichen Kulturgeographie verträglich ist.[19]*

Das waren alles nur erste, schlagwortartige Andeutungen; Näheres sowohl zum Begriff »Forschungsperspektive« sowie zu den einzelnen Forschungsperspektiven der Geographie (samt Beispielen aus der geographischen Literatur) finden Sie im Kapitel IV des Lotsenbuches (vgl. 2. Auflage 1975, S. 90–125!).

Man formuliert sicher ein interessantes, auch für Geographen interessantes Thema, wenn man so fragt: Welche Raumbegriffe kursieren *außerhalb* der Geogra-

---

18 Vom kulturökologischen Ansatz spricht man eher, wenn es um die Beziehung ganzer Kulturen, Gesellschaften und Großgruppen zu ihrer natürlichen Umwelt geht, von einem humanökologischen Ansatz eher, wenn die Bedeutung *bestimmter* Umweltaspekte für Physiologie und Psyche des Menschen untersucht wird; bei der »Ressourcenanalyse« interessiert man sich für die Naturgrundlagen wirtschaftlicher Tätigkeiten, und unter der Überschrift »Umweltökologie« geht es meist um die Umweltfolgen und Umweltgrenzen menschlichen Wirtschaftens. Sie können sich leicht ausmalen, daß die Bedeutung von »Raum« (wie von »Umwelt«) schon hier ganz beträchtlich changiert.

19 *Wenn heute (2003) alle geographischen Spatzen es von allen Dächern (nach)pfeifen, Räume, Orte, (Kultur)Landschaften usw. seien ebenso soziale »Konstrukte« wie z.B. die Geschlechter, Altersstufen, Rassen, Völker und Nationen, auch dann muß man unabweisbar auf *Raum 6* als zentrales wissenschaftliches Raumkonzept zurückgreifen. Das gilt auch für eine Kulturgeographie, die so etwas wie eine »Semiotik des Raumes« (oder der Landschaft) sein will, d.h. Raum und (Kultur)Landschaft als ein Zeichensystem liest oder die »Symbolik von Raum oder Landschaft entziffern« will (usw.): Denn Zeichen(bedeutung)en, Symbole usw. sind primär soziale Phänomene, d.h. Bestandteile der sozialen Kommunikation.*

phie, »in der Gesellschaft«, und wer produziert(e) und verwendet(e) sie wann, wo, wozu, und mit welchen Folgen …? Welche dieser Raumkonzepte sind wann und aus welchen Gründen in die Geographie eingesickert oder haben dort sogar (wie z. B. das Raumkonzept »Landschaft«) eine große Karriere gemacht? Die Geographen befanden sich ja nie außerhalb der Gesellschaft, und man kann durch die ganze Geographiegeschichte hindurch viele interessante, auch politisch brisante Querverbindungen beobachten.

## 4. EINE VIELSEITIG VERWENDBARE DENKFIGUR

Wenn Sie dieser Raum-Recherche bis hierher gefolgt sind, dann haben Sie nicht nur vieles über den »Raum« und Wesentliches über die Geographie erfahren. Sie haben auch etwas Übertragbar-Allgemeines, eine auf viele Wissenschaftsgebiete transferierbare Denkfigur mitgelernt, deren künftige Anwendung wir Ihnen sehr empfehlen. Die Pointe dieser Denkfigur kann man wie folgt formulieren.

Wenn es um bestimmte Begriffe, und vor allem, wenn es um Grund- und Schlüsselbegriffe wie »Raum« geht, sollte man nicht fragen: »Was ist (eigentlich) X?« – oder auch: »Was bedeutet (eigentlich) der Ausdruck »X«?«. Solche unbedarften Fragen sind höchstens dann einigermaßen sinnvoll und sinnvoll zu beantworten, wenn sie in sehr konkreten und alltäglich-praxisnahen Situationen gestellt werden. Überall sonst verbau- [123] en solche Fragen alle sinnvollen Antworten, weil sie allzu Fragwürdiges voraussetzen – so auch im Fall von »Was ist (eigentlich) der Raum« oder »Was bedeutet (eigentlich der Ausdruck) »Raum««. Entsprechend enden auch direkte Antworten auf solche Fragen, z.B. Sätze, die mit »Der Raum ist (also) …« oder ähnlich beginnen, ziemlich sicher im Unsinn, so plausibel sie zunächst auch klingen mögen.

Die erste Frage (was ist Raum?) setzt voraus, daß es so etwas wie *den* Raum, das Wesen des Raumes, eine (eine!) Wirklichkeit, ein Ding an sich, eine Substanz oder eine Seinsstruktur namens »Raum« gebe – was eher zweifelhaft, zumindest eine gewagte, weder beweis- noch widerlegbare ontologische oder metaphysische These ist.[20]

Die zweite Frage (was bedeutet eigentlich »Raum«?) setzt gemeinhin voraus, daß das betreffende Wort im Gegensatz zu fast allen anderen Wörtern der Sprache nur *eine* Bedeutung oder wenigstens eine allen Gebrauchsweisen gemeinsame Kernbedeutung habe: was eine ganz unwahrscheinliche und im Fall »Raum« eine nachweislich falsche linguistische Hypothese wäre.

Die Frage sollte vielmehr so lauten: Was bedeutet »X« in Kontext 1, was in Kontext 2, was in Kontext 3 – usw. In der Wissenschaft sind die wichtigsten Kontexte ihre Theorien und ihre (umfassenderen) Theorie-und-Empirie-Komplexe, die man auch Forschungsprogramme oder Forschungsperspektiven (und in bestimmten

---

20 »Ontologisch« werden Behauptungen genannt, die beanspruchen, etwas über das Sein als solches (lockerer gesagt: etwas über das wirkliche Wesen der Dinge, über die wirkliche Wirklichkeit) zu sagen; die Ontologie gilt als Teil der Metaphysik.

Fällen auch »Paradigmen«) nennt. Auch »Raum« macht nur Sinn, wenn man ihn in einem bestimmten Kontext dieser Art versteht. Deshalb sind wir bei der Frage nach den Bedeutungen von »Raum« ja (sinnvollerweise) wie von selber in fast alle geographischen Forschungsperspektiven hineingeschlittert.

Begriffe – und so auch die Raumbegriffe – sind für sich allein nicht richtig oder falsch, sondern fruchtbar oder unfruchtbar. »Fruchtbar« wiederum ist keine Eigenschaft (kein einstelliges Merkmal), sondern eine Relation (also ein mehrstelliges Merkmal). D.h.: Nichts ist an sich fruchtbar; etwas ist immer nur fruchtbar in Bezug auf etwas anderes, und ein wissenschaftlicher Begriff ist vor allem fruchtbar in dem Maße, wie er erfolgreiche Forschung animiert, d.h., wie er eine bestimmte Empirie und/oder Theorie, und vor allem: wie er ein bestimmtes Forschungsprogramm voranbringt. Es gibt also z.B. soviele sinnvolle geographische Raumkonzepte, wie es geographische Forschungsprogramme gibt, die mittels dieser Raumkonzepte erfolgreich arbeiten. Kurz, an ihren Früchten sollt ihr sie erkennen.

Wenn Sie wissen wollen, was ein Raumkonzept wert ist, sollten Sie also weder den Vorworten, Lexikonartikeln und Lehrbüchern, noch den Sonntags-, Fest-, Propaganda- und (Selbst)Erbauungsreden der Geographen glauben. Beobachten Sie die Geographen und anderen Wissenschaftler besser direkt beim Forschen, z.B. in ihren Forschungstexten und in ihren Diskussionen über konkrete Forschungsprobleme. Dort sieht man am ehesten, ob und wozu und in welcher Bedeutung die Vokabel »Raum« (oder überhaupt ein Raumkonzept) gebraucht wird – oder ob man nicht sehr gut auch ohne »Raum« und Raumkonzept auskommt, zumindest auskommen könnte. Bedenken Sie auch, daß bestimmte Konzepte das Denken und Forschen auch behindern, und irreführen [124] können, besonders, wenn sie so diffus bedeutungsschwanger und wertgeladen daherkommen, wie gemeinhin das Wort »Raum« und die Raumkonzepte.

Ähnliches wie für die analysierten Was-ist- und Was-bedeutet-Fragen gilt übrigens auch für Fragen folgender Art: »Ist der Raum so oder so?«; »Beschreibt dieses Raumkonzept die Wirklichkeit richtig« (usw.)? Um solche Fragen zu beantworten, müßte man das betreffende Raumkonzept (bzw. den jeweiligen Begriff vom wirklichen Raum) ja neben »die« Wirklichkeit bzw. neben den wirklichen Raum halten und beide unmittelbar miteinander vergleichen können – was eine abstruse Vorstellung ist. Sie setzt einen Blick voraus, den schon die alten Philosophen für ein Privileg Gottes (oder wenigstens eines Weltgeistes) hielten. Sterbliche können z.B. einen Begriff mit anderen Begriffen vergleichen, aber nicht Begriffe direkt mit »der Wirklichkeit«.

## 5. WARNUNG VOR DEM WIRKLICHEN RAUM

Normalgeographen sind oft darauf programmiert worden, die fundamentalen Unterschiede in den geographischen u.a. Raumkonzepten nicht oder nur unzureichend wahrzunehmen. Diese Wahrnehmungsverweigerung glauben sie der Geographie und ihrer geographischen Identität schuldig zu sein, meistens wohl, weil sie fürchten, ohne »den« Raum sei »die« Geographie (die Existenzberechtigung der Geographie) verloren, zumindest aber ihre Einheit, ihr direkter Wirklichkeitsbezug und ihre Weltbedeutung. Aber ohne diese Idee von *dem* Raum als *dem* Gegenstand der Geographie wäre nicht die Geographie, sondern nur eine in der Geographie (zeitweilig) endemisch gewordene Wahnidee verloren.

Dahinter steckt oft auch eine viel zu primitive Sprachphilosophie etwa dieser Art: Ein (Ding)Wort ist der Name eines Dinges und sagt uns, was für eine Art von Ding dieses Ding ist. Deshalb neigt man leicht zu dem Aberglauben, »Raum« sei der Name eines Dinges namens »Raum« und sage uns, was der Raum für ein Ding ist. Das hat man uns schon als Kindern einprogrammiert: Wir fragten, was das sei – und man nannte uns einen Namen; daraufhin glaubten wir erfahren zu haben, was für ein Ding das ist.[21]

Das setzt sich fort bis in den naiv-realistischen Aberglauben sogar vieler Wissenschaftler, eine Idee, die sich in der Forschung bewährt oder bewähren könnte, müsse es auch »in der Wirklichkeit« geben. Stattdessen sollte man in solchen Ideen (wie z.B. einem Raumkonzept) besser eine Imagination der produktiven Einbildungskraft sehen, die immer fehlbar ist und über deren Realitätstauglichkeit und Wirklichkeitskontakt uns nur ein konkreter Forschungskontext informieren kann.

Zwar kann jemand, der bei Sinnen ist, die fundamentale Verschiedenheit der geographischen und anderen Raumkonzepte nicht abstreiten. Mancher Geograph neigt aber dazu anzunehmen, hinter diesen disparaten Raumbegriffen stünde doch ein gemeinsamer Bedeutungskern, und hinter diesem Bedeutungskern *ein* Wesenskern, *eine* Substanz – so etwas wie der wirkliche, der substantielle Raum oder gar der Raum an sich. Dieser [|25] »gemeinsame Bedeutungskern« ist aber nicht auffindbar, und selbst wenn er es wäre, bliebe seine Verwandlung in eine Substanz, ein Stück Wirklichkeit, eine Wirklichkeitsstruktur oder ein Ding an sich, ein unkontrollierbarer, willkürlicher Gedankensprung. Diesen Gedankensprung kann man eine Ontologisierung, Hypostasierung, Substantialisierung oder Reifizierung nennen; in besonders gewichtigen Fällen (wie bei »Landschaft« und »Raum« der Geographen) kann man sogar von Ideologie- und Mythenbildung sprechen. In der Tat war und ist der »Raum« (neben »Landschaft«) wohl der wirkungsvollste Mythos in der Geschichte der Geographie, der seine Höhepunkte heute wie früher immer dann erreicht, wenn »der Raum« oder »die Räume« als reale Akteure, Mächte, Wirkungszentren usw. imaginiert werden. Neben der geographischen Literatur liefert auch die alte und neue geopolitische Literatur viele Beispiele.

Häufiger noch hält ein Geograph den Raumbegriff, den er gerade bevorzugt, fälschlicherweise für *den* Raumbegriff schlechthin, und wenn er dergestalt die Alternativen (und die Tatsache, daß er eine Wahl getroffen hat) abdunkelt, hält er *seinen* Raum-Begriff fast zwangsläufig für die (oder wenigstens für die beste) Bezeichnung der Sache selber. Auch so ontologisiert er seinen Raumbegriff und paralysiert sein Denken.

---

21 Noch in den jüngsten Lexika der Geographie weiß man fast nie, ob einem eine Wort(gebrauchs)- oder eine Sachklärung, eine Begriffsklärung oder eine Sach(struktur)beschreibung (oder beides) geboten werden soll – und wenn beides, wo was? Die Dunkelheit über solchen Texten geht im wesentlichen darauf zurück, daß geographische Autoren so oft in eine unverwechselbare Gewohnheit des wilden Denkens zurückfallen: In die Verwechslung bzw. Nichtunterscheidung von Sprach- und Gegenstandsstrukturen.

*Ins gleiche Kapitel gehören gewisse Grundsatz- und Lexikonartikel von Geographen, wo die disparaten geographischen und anderen Raumbegriffe ex- oder implizit als unterschiedliche Aspekte oder »Betrachtungsweisen« »des« Raumes mißverstanden und folglich auch noch die heterogensten Forschungsansätze, in denen ein Raumkonzept vorkommt, als Geographie, Raumforschung oder etwas ähnliches reklamiert werden. Ein langjähriger Meister solcher verworrenen additiven Texte (die sich vor allem durch Trivialitäten plausibilisieren) ist z.B. H.H. Blotevogel. Auf solche oder ähnliche Weisen vom Raum bzw. von »dem« Raum zu reden, sollte man Geographen überlassen, die, z.B. wegen irgendwelchen (an sich vielleicht respektablen) wissenschaftspolitischen Sorgen und Zielen, klares Denken und besseres Wissen bereits ausgeschaltet haben.

Nicht selten hat man bei Geographen und Nichtgeographen, die so gern so emphatisch von »Raum« reden, auch den Eindruck, sie wollten mit diesem metaphysischen Phantom und Phantasma eine Art Seins-, Wirklichkeits- und Relevanzhunger stillen, dessen Befriedigung (wie sie glauben) ihnen das Leben, zumindest die Wissenschaft, sonst vorenthält. Eine Künstlerin mit viel Sinn für die Sinnlichkeit der Zeichen schließlich vermutet: »Raum ist ein Wort, das umreißt: künftige Vorhaben, große Projekte – es gibt dem Sprecher eine Aura«, und schon das emphatische Aussprechen des Wortes bereite eine Lust, der schwer zu widerstehen sei: vor allem wegen »der Vokal/Konsonant-Verbindung »Aom« als einem sekundenlangen Partizipieren an den geistigen Räumen, die sich eröffnen, wenn, wie z.B. im Sprechgesang der buddhistischen Mönche, die Silbe »Om« über Stunden hinweg wiederholt wird«. (ULRIKE GROSSARTH, in: PRIGGE, W., Hg., Peripherie ist überall, Frankfurt a.M. 1998, S. 372)*

Resümieren wir: So unsinnig die Frage ist, wer »die« Wolke, die wirkliche Wolke oder auch die Wolke an sich sehe – der Landwirt oder der Dichter, der Melancholiker oder der Meteorologe, der Phänomenologe oder der Physiker: So unsinnig ist auch der Gedanke oder Hintergedanke an den oder einen wirklichen Raum. Dagegen kann und sollte man durchaus fragen, was die jeweilige »Wolke« oder der jeweilige »Raum« im jeweiligen Begriffs- und Praxisfeld meinen und was das jeweils Gemeinte (das jeweilige Konzept oder Perzept, die jeweilige Denk- oder Wahrnehmungsfigur) im Rahmen [126] der jeweiligen Vorhaben, Probleme und Theorien leistet. Wie gesagt, an ihren Früchten sollt ihr sie erkennen.

Sie werden es vielleicht schon bemerkt haben: Ein Streit um Wörter ist auch in der Geographie nur selten nur ein Streit um Wörter; und zweitens: Auch die Denkfiguren dieses letzten Kapitels können sie vielfach anwenden.

*6. RAUM-DINOSAURIERINNEN

Die Geographie hat – von *Raum 1* und *Raum 3* her – einen langen Weg durch alternative Räume genommen; dabei hat sie die Raumintuitionen und Raumkonzepte, von denen sie ausgegangen war, mit einiger Konsequenz umgebaut und pluralisiert, bis hin zu der Erkenntnis des Human- oder Sozialgeographen, daß er als Sozialwissenschaftler diese geographischen »Urräume« am besten als populäre Kürzel für

Soziales versteht. Die Dinosaurier der geographischen Diszplin-, Paradigmen- und Reflexionsgeschichte (vor allem *Raum 1* und *3*) findet man natürlich auch heute noch – innerhalb, aber mehr noch außerhalb der Geographie, z. B. *Raum 1* bzw. *1a* bei zwei Soziologieprofessorinnen:

> [Um zu begreifen, was Raum ist] braucht man sich tatsächlich [!] nur ein einfaches [!] Beispiel wie eine Party, zu der man als neuer Gast hinzukommt, zu vergegenwärtigen. Der Raum der Party wird zwar auch durch die (An-)Ordnungen des Zimmers, die Platzierung der Getränke und Speisen, der Sitzgelegenheiten etc. gebildet, ebenso sind die (An-)Ordnungen der Menschen und Menschengruppen, die man beim Eintreten erblickt [!], prägend [!]. Die (An-)Ordnung von Menschen zueinander ist ebenso raumkonstituierend wie die (An-)Ordnung der Dinge zueinander. Sie [Menschen und Dinge] produzieren nicht zwei verschiedene Räume, sondern ein und denselben Raum, der sich sowohl aus Menschen in ihrer Körperlichkeit als auch aus Dingen bzw., soziologischer formuliert, sozialen Gütern zusammensetzt. Auf eine Formel gebracht, kann man sagen: Raum ist eine relationale (An)Ordnung von Lebewesen und sozialen Gütern (vgl. Löw, Raumsoziologie, 2001). Räume [...] sind ein gemischtes Ensemble aus Natur und Kultur, aus Ding und Mensch. (FUNKEN, CHR. und LÖW, M.: Ego-Shooters Container. In: MARESCH, R. und WEBER, N. (Hg.): Raum Wissen Macht. Frankfurt a. M. 2002, S. 69–91; Zitat S. 87; normale Klammern Orig., eckige Klammern G. H.)

Die beiden Soziologieprofessorinnen legen mit ihre Urintuition offen und den Prototyp dessen vor, was sie selber ihre »Raumtheorie« bzw. ihr »theoretisches Nachdenken über Raum« nennen, und sie halten ihre Raumtheorie des universalisierten Partyraums für umso bahnbrechender, weil (wie sie gleich eingangs feststellen) »selbst die Geographen es vermeiden, theoretisch über den Raum nachzudenken« (S. 69). Ihre soziologische »Raumtheorie« besitzt neben manchem anderen einen so überwältigenden Naivitätscharme, daß sie sich als Lerngegenstand für Anfangsstudenten geradezu aufdrängt; schon das kurze Zitat präsentiert fast das ganze in Kapitel 1–5 erläuterte Gruselkabinett des Was-ist-Raum- und Raum-ist-Denkens samt seiner einschlägigen Ergebnisse.

Dieser am Partyraum abgelesene Raum von F&L ist sichtlich *Raum 1*, sogar *Raum 1a* unserer Liste, nämlich »die komplexe Gesamtheit der wahrnehmbaren bzw. sichtbaren Gegenstände (Dinge, Lebewesen, Menschen) einer Erdstelle in ihrer gegebenen Anordnung«, und zwar das alles mit seinem gesamten materiellen und sozialen Inhalt. Allerdings hätten die alten Geographen nie so (körper)obsessiv, zeitgeistgerecht [|27] und tautologisch darauf bestanden, daß zum (Party)Raum auch »Menschen *in ihrer Körperlichkeit* gehören«.

Im Vergleich zu *Raum 1* und *Raum 1a* der Geographiegeschichte liegt die Basisintuition von F&L allerdings noch viel näher beim alltagssprachlich inspirierten common sense von Hinz und Kunz: am Leitfaden der deutschen Alltagssemantik denken sie »Raum« nach dem Modell eines gebauten (Wohn)Raumes bzw. eines Wohncontainers, wo alles (»Soziales und Materielles«, F&H) drin ist – natürlich immer (wie sonst?) in einer bestimmten Anordnung: Phänomene ohne »relationale Anordnung«, zumindest Lagerelationen, würden schon Hinz und Kunz nie und nimmer »Körper« oder auch »Dinge« bzw. »Gegenstände« nennen. Gegenüber diesem SoziologInnen-Raum war schon die klassisch-geographische Landschaft ein weitaus raffinierteres Gebilde mit einem weitaus anspruchsvolleren semantischen und historischen Hintergrund.

Eigenartigerweise scheinen die beiden Soziologieprofessorinnen sich selbst dermaßen mißzuverstehen, daß sie glauben, mit ihrer (Party)Raum-Intuition den »Behälter-« oder »Containerraum« zugunsten eines »relationalen Raumes« überwunden zu haben; tatsächlich formulieren sie genau das, was in der geographischen Literatur seit Jahrzehnten (mit negativen Konnotationen) zu Recht eben als »Containerraum« bezeichnet wird.

Kurz, der »Raum« von F&L ist nach Struktur und Inhalt eine Primitivversion des urgeographischen *Raum 1a*. So wie die modernen Soziologieprofessorinnen in den Partyraum, so trat der alte Geograph »als neuer Gast« vor und in den Landschaftsraum, und auch hier war alles »(raum)prägend«, was er dabei »erblickte«. Und wie für F&L auf der Party, so gab es auch für den klassischen Geographen in seiner Landschaft »nicht zwei verschiedene Räume«, sondern nur »ein und denselben Raum« (F&L) aus Dingen *und* aus Menschen; ganz wie die Party von F&L, so war, wie unzählige Literaturstellen (nicht nur bei den geographischen Klassikern) für das 19. Jahrhundert belegen, auch die Landschaft, d.h. *der* Raum der Geographen, »ein gemischtes Ensemble aus Natur und Kultur, aus Ding und Mensch«, aus »Materiellem und Sozialem« (wie es bei den beiden Soziologieprofessorinnen heißt). Und auch die Geographen sahen, wo immer sie gingen und standen, genau wie F&L fast immer ein unauflösbares »Verstrickungsverhältnis« von Natur und Kultur, von Menschen und Dingen, von Materie und Gesellschaft, von Materie und Nicht-Materie (vgl. F&L 2002, S. 86–89). Diese primitivtheoretischen »Verstrickungen« wurden allerdings schon in der deutschsprachigen Kulturgeographie der Zwischenkriegszeit kulturtheoretisch aufgelöst (vgl. dazu z.B. Hard, Noch einmal: »Landschaft als objektivierter Geist«. In: Die Erde 101, 1970, 171–197).

Nach der Lektüre solcher und zahlreicher verwandten Raumsoziologien dürfte fast jeden Geographen das bestimmte Gefühl beschleichen, mindestens ein Jahrhundert mehr Reflexion hinter sich zu haben.

In empirischen Wissenschaften können natürlich immer wieder auch ein vortheoretischer Wortgebrauch und eine alltagsweltliche Semantik nützlich werden. Wissenschaftler sollten, zumal in empirischer und anwendender Forschung, bei Bedarf immer auf die unterschiedlichsten Raumkonzepte und Raumdiskurse zurückgreifen können: Niemand kann und soll dem Ochsen, der da drischt, das Maul verbinden, und Sprachverbote sind entweder unwirksam oder schädlich. Aber es ist eine Sache, sich in einem Normalverständnis der Welt zu bewegen, alltagssprachliche Konzepte alltagsweltlich oder (grob)-empirisch einzusetzen sowie damit zu rechnen, daß das in vielen praktischen Kontexten, [|28] z.B. auf Partys oder z.B. in empirischer Forschung, auch funktioniert. Eine Sache ist es, dergleichen zur »Theorie«, gar zu einem Fundament der Sozialtheorie aufzudonnern und mit Metaphern aus trivialen metaphysischen Märchen über die »Verstrickung« und »Vermischung« von »Kultur« und »Natur«, »Materiellem« und »Sozialem« zu untermalen. In einer Wissenschaft sollte so etwas nicht »Theoretisieren« und »Theorie«, sondern eher »Reflexionsverweigerung« heißen.*

Auflösung der Übung in Kapitel 2:

| | | |
|---|---|---|
| 1. Raum 3 | 9. Raum 3a | 17. Raum 7a |
| 2. Raum 1 | 10. Raum 2 | 18. Raum 2 |
| 3. Raum 4 | 11. Raum 1 | 19. erst Raum 2 |
| 4. Raum 2a | 12. Raum 3 |     dann Raum 3 |
| 5. Raum 2 | 13. Raum 2 | 20. Raum 6 |
| 6. Raum 6 | 14. Raum 3a | 21. erst Raum 3 |
| 7. Raum 5 | 15. Raum 6 |     dann Raum 4 |
| 8. Raum 4 | 16. Raum 3 | 22. Raum 7b |
| | | 23. und 24.: ???; s.u. |

*Hinweise: Zu 16: auch reine Flächenreserven können als Handlungsressource betrachtet werden. Zu 17: dieser Raum 7 ist ein soziales Relationsgefüge und natürlich etwas völlig anderes als der Klassenraum (Raum 1) oder dessen metrisches Distanzrelationsgefüge (Raum 2). Zu 19 und 21: Die Autoren dieser Sätze wechseln sozusagen im gleichen Atemzug die Wortbedeutung. Bei 19 handelt es sich eher um die bewußte Wahl eines alternativen Raumkonzeptes, bei 21 eher um ein unbemerktes Wechseln des Wortsinns bzw. des Raumkonzepts; der Autor glaubt wahrscheinlich, in beiden Fällen vom gleichen »Raum« zu reden, weil er das Wort bzw. den Begriff »Raum« zu einem substantiellen Raum ontologisiert hat, d.h. für eine Substanz hält, über die man so oder so reden könne, weil sie so und so in Erscheinung trete.*

*Zu 23: Hier imaginiert der geographische Autor Raum 1, also einen Begriff bzw. eine der vielen Bedeutungen des Wortes »Raum«, als einen mythischen Akteur (oder eine ganze Korona von spielenden und kämpfenden mythischen Figuren). Vor allem im 20. Jahrhundert gab es zahlreiche politische Raum-Mythen dieses Stils. Zu 24: Hier wird ein Abstraktum bzw. ein Begriff zu einer (geradezu dämonischen) Wesenheit, die überwältigende Mächte und Kräfte – erdgebundene Mächte des Raumes usw. – gebiert (oder zeugt?), welche sich dann ihrerseits den Raum/die Räume unterwerfen; jedenfalls überläßt sich der nicht-geographische Autor geradezu wollüstig einer altgeographischen mythopoetischen Tagträumerei von erd- und raumgeborenen Mächten als den ewigen Herren des Raumes und der Erde; vgl. MARESCH, R. in MARESCH, R. und WEBER, N., Hg., Raum Wissen Macht, Frankfurt a.M. 2002, 253 ff. Sabine Thabe hat (in: Raum(de)Konstruktionen, Opladen 2002) dergleichen und verwandte Schöpfungsmythen als »gynÖkologische Erzählungen« charakterisiert. In verwandter, aber bewußt mythenbildender Weise hat bekanntlich schon Plato den Raum (Chora) zum universalen »Mutterschoß« stilisiert.*

# GIBT ES EINE GEOGRAPHIE OHNE RAUM?
# ZUM VERHÄLTNIS VON TRADITIONELLER GEOGRAPHIE UND ZEITGENÖSSISCHEN GESELLSCHAFTEN[1]

*Benno Werlen*

## SUMMARY

Human geographies without space? The relationship between traditional geography and late-modern societies

The idea of human geography as a spatial science may be valuable in the context of pre-modern societies. Because of the „embeddedness" of these societies, spatial categories allow an approximate description of social and cultural facts, even if they have no spatial existence. Late-modern societies, however, are „disembedded". Due to this fact, there is no homogeneous attribution of meaning to spatial facts guided by tradition. Social and cultural universes have no fixed spatial existence. By this, we now discover the real ontology of the social and the cultural: meanings are not rooted in territories or material objects. They are attributed and their attribution may be different for every agent and even for every action.

Any so-called spatial argument for the explanation of social action is first subject to the pitfall of the reductionism of vulgar materialism, and second to a misconception: that of the reification of space as a material object. Instead of 'space', geographers should choose 'action' as the key concept. Human geographers, therefore, should no longer try to define their discipline only by stressing the so-called spatial facts. 'Space' is a grammalogue for something else, and because of this we should concentrate on what the grammalogue stands for: materiality as a medium for social processes and social differentiation, a conceptual tool for orientation in the material world, and as grammalogue for forms of absence and presence in direct or anonymous interactions.

Zeitgenössische Gesellschaften und Kulturen weisen kein insulares Dasein auf. Deshalb ist es nicht angemessen, diese als räumliche Gestalten begreifen zu wollen. Regionale und räumliche Bedingungen sozial-kultureller Verhältnisse und Prozesse sind zwar in hohem Maße bedeutsam. Daraus kann jedoch nicht abgeleitet werden, zeitgenössische Gesellschaften wären in räumlichen Kategorien zu erforschen. Länder, Regionen und „Raum" *per se* sind deshalb auch nicht angemessene Forschungsobjekte wissenschaftlicher Humangeographie. Gäbe es den Raum als gegenständliches Forschungsobjekt, dann müßte man in der Lage sein, den Ort des Raumes im Raum zu bestimmen. Dies ist aber nicht möglich. Deshalb sollte man auch der Vorstellung von raumforschenden GeographInnen mit Skepsis begegnen.

---

[1] Dieser Artikel ist eine überarbeitete Fassung des Vortrages, den ich am 16.11.1992 an der Universität Bonn gehalten habe. Gelegentliche Vereinfachungen und (zu) knappe Begründungen der Argumentation haben mit diesem ursprünglichen Kommunikationskontext zu tun.

Wissenschaftliche Geographie ist auch ohne Forschungsobjekt „Raum" denk- und praktizierbar, ohne daß man in eine Legitimationskrise gerät. Verlangt ist allerdings ein Umdenken. Den Ausgangspunkt dazu bildet die Einsicht, daß die Menschen auch ihre eigene Geographie machen, und nicht nur ihre eigene Geschichte. Auch diese allerdings unter nicht selbst gewählten Umständen. Die Bedingungen und Formen dieses Geographie-Machens zu erforschen, bildet die Zielsetzung der alternativen Konzeption. Jene Geographien sind zu erforschen, die täglich von den handelnden Subjekten von unterschiedlichen Machtpositionen aus gemacht und reproduziert werden. Nicht der Raum ist der Gegenstand geographischer Forschung, sondern die menschlichen Tätigkeiten unter bestimmten sozialen und räumlichen Bedingungen.

Die Argumentation zum Entwurf dieser Alternative baut auf der übergeordneten These auf, daß jede wissenschaftliche Forschungskonzeption nur dann empirisch wahre Aussagen formulieren kann, wenn sie der Ontologie des Forschungsgegenstandes gerecht wird. In den ersten zwei Abschnitten geht es um die kritische Auseinandersetzung mit diesem Verhältnis in bezug auf traditionelle Gesellschaften und traditionelle Geographie. Im dritten steht die Ontologie von „Raum" im Zentrum. Die Auseinandersetzung mit den Raumauffassungen von KANT und HETTNER zeigt wichtige Unterschiede zwischen prä-moderner und aufgeklärter Raumkonzeption auf. Die entsprechenden Konsequenzen werden anschließend hinsichtlich der raumwissenschaftlichen Geographie diskutiert. In den zwei letzten Abschnitten geht es wieder um die Frage des Verhältnisses von sozial-/kulturgeographischer Forschungskonzeption und sozial-kultureller Wirklichkeit, diesmal aller- [1242] dings hinsichtlich zeitgenössischer Bedingungen gesellschaftlichen Lebens.

Freilich können diese Themenbereiche in so knapp bemessenem Rahmen nicht ausführlich vertieft und unter Berücksichtigung der verschiedensten philosophischen, sozialtheoretischen und fachhistorischen Kontexte abgehandelt werden. Es kann nur darum gehen, aktuelle Probleme der Forschung in einem anderen Licht erscheinen zu lassen. Zudem sollen die Besonderheiten handlungsorientierter Forschung und Praxis auf diesem Hintergrund rekonstruiert und präzisiert werden.

| | |
|---|---|
| 1 | Die lokale Gemeinschaft bildet den vertrauten Lebenskontext |
| 2 | Kommunikation ist weitgehend an face-to-face Situationen gebunden |
| 3 | Traditionen verknüpfen Vergangenheit und Zukunft |
| 4 | Verwandtschaftsbeziehungen bilden ein organisatorisches Prinzip zur Stabilisierung sozialer Bande in zeitlicher und räumlicher Hinsicht |
| 5 | Soziale Positionszuweisungen erfolgen primär über Herkunft, Alter und Geschlecht |
| 6 | Geringe inter-regionale Kommunikationsmöglichkeiten |
| Traditionelle Gesellschaften sind räumlich und zeitlich «verankert» | |

*Abb. 1: Merkmale traditioneller Gesellschaften*
  *Characterisics of traditional societies*

## 1 TRADITIONELLE GESELLSCHAFTEN

Traditionelle und raumwissenschaftliche Geographie sind als Programme wissenschaftlicher Raumforschung konzipiert. Dieses disziplinäre Selbstverständnis weist für viele GeographInnen bis heute eine hohe Plausibilität auf. Wenn man davon ausgeht, daß weder Gesellschaft noch Kultur räumliche Phänomene sind, dann muß man sich fragen, weshalb dann diese Geographieauffassung so lange erhalten blieb. Die Antwort lautet: Weil traditionelle Gesellschaften eine hohe räumlich-zeitliche Stabilität aufweisen und die traditionelle Geographie genau auf diese Verhältnisse abgestimmt ist. Sonst wären die Schwächen raumzentrierter Geographie von Anfang an offensichtlich gewesen. Zur Illustration dieser These sei kurz auf einige allgemeine raumzeitliche Merkmale prä-moderner Gesellschaften hingewiesen.

Bedingt durch den Stand der Kommunikations-, Transport- usw. technologie blieben in *traditionellen Gesellschaften*[2] kulturelle und soziale Ausdrucksformen weitgehend auf den lokalen und regionalen Maßstab beschränkt. Die vorherrschende Kommunikationsform war weitgehend auf die sogenannten face-to-face Interaktionen beschränkt. Soziales und Kulturelles war wie die Wirtschaft auch in räumlicher Hinsicht sehr begrenzt und in zeitlicher Hinsicht äußerst stabil (vgl. Abb. 1).

Die Stabilität in zeitlicher Hinsicht ergab sich aus der Dominanz der meist religiös begründeten Traditionen, die beinahe jeden Lebensbereich strikt regelten. So war individuellen Entscheidungen ein enger Rahmen gesetzt. Soziale Beziehungen waren vorwiegend durch Verwandtschafts- oder Standesverhältnisse geregelt. Je nach Herkunft, Alter und Geschlecht wurden den einzelnen Personen [|243] klare Positionen zugewiesen, die weder über individuelle Entscheidungen noch durch besondere Leistungen maßgeblich verändert werden konnten. Demgemäß fand sozial-kultureller Wandel nur in gemächlichem Tempo statt.

Die räumliche Abgegrenztheit ist das Ergebnis des technischen Standes der Fortbewegungs- und Kommunikationsmittel. Der größte Teil der Bevölkerung traditioneller Gesellschaften war für die Fortbewegung auf den Fußmarsch angewiesen. Einige bessergestellte Personen konnten sich der Tierkraft bedienen und so ihre Aktionsräume ausdehnen. Da die Kommunikation weitgehend an die Unmittelbarkeit der Kopräsenz gebunden war, waren diese Bedingungen auch in kommunikativer Hinsicht mit wichtigen Konsequenzen verbunden. Denn vor der Einführung der Schrift bestanden kaum Möglichkeiten, mit nicht-anwesenden Personen zu kommunizieren. Reichweite und Differenzierungsmaß kommunizierter Inhalte blieben bei den verfügbaren Kommunikationsmedien sehr beschränkt. Die Bedeutungskonstitution der sozial-kulturellen Welt fand somit primär im Rahmen der körperlichen Kopräsenz statt. Die körperliche Anwesenheit stellte somit die zentrale Kommunikationsbedingung dar.

In den Alltagsroutinen der Mitglieder traditioneller Gesellschaften gab es kaum eine Trennung von räumlicher und zeitlicher Dimension der Handlungsorientie-

---

2   Vgl. GIDDENS (1981, 1991, 1993); CIPOLLA (1972); CARLSTEIN (1982); BRAUDEL (1990).

rung. Räumliche und zeitliche Aspekte waren über symbolische Aufladungen in den Sinngehalten der Handlungen „verankert". Das „Wann", „Wo", „Was" und „Wie" des Handelns waren eng miteinander verbunden, wie dies LEEMANN (1976) in seiner kulturgeographischen Studie über den Zusammenhang zwischen balinesischem Weltbild und Alltagspraxis rekonstruiert. Gemäß „Adat"[3] war es nicht nur wichtig, daß bestimmte Handlungen zu einer bestimmten Jahreszeit, einem bestimmten Tag oder zu einer bestimmten Tageszeit verrichtet wurden, sondern auch, daß man sie an einem ganz bestimmten Ort des Dorfes, des Hofes oder des Zimmers verrichtete.

Freilich ist dies nicht für alle Handlungen in gleichem Maße festgeschrieben und wird nicht in allen traditionellen Gesellschaften gleich strikt gehandhabt. Doch in der Tendenz kann man sagen, daß in traditionellen Gesellschaften räumliche und zeitliche Komponenten über soziale Regelungen auf festgefügte Weise verkoppelt waren. Aufgrund dieser Bedingungen erscheinen uns heute traditionelle Gesellschaften räumlich und zeitlich *verankert* („embedded"), wie sich GIDDENS (1990) ausdrückt.

Zudem waren die Mitglieder traditioneller Gesellschaften in stärkerem Maße gezwungen, sich den natürlichen Bedingungen anzupassen. Denn der technische Stand der Energieumwandlung und jener der Transformation von materiellen sowie biologischen Bedingungen erlaubte keine so umfassenden Eingriffe in die natürlichen Grundlagen, wie dies über die Aufklärung seit der Industrialisierung der Fall ist.

## 2 TRADITIONELLE GEOGRAPHIE

Unter diesen Bedingungen konnte eine räumliche Darstellung sozialer und kultureller Verhältnisse auf den ersten Blick plausibel erscheinen. Die relative Gleichförmigkeit von Gesellschaften und Kulturen über längere Zeit hinweg, die enge Kammerung der Aktionsreichweiten der meisten Gesellschaftsmitglieder, die körperliche Anwesenheit als notwendige Kommunikationsbedingung sowie die raum-zeitliche „Einheit" der Handlungsorientierung legten dies nahe. Mit anderen Worten: Die Idee der humangeographischen Raumforschung, wie sie auch in HETTNERS länderkundlichem Schema zum Ausdruck kommt, konnte als plausibles Organisationsmodell geographischer Forschung erscheinen (vgl. Abb. 2). Die relative Plausibilität dürfte vor allem damit zu tun haben, daß die „Verankerung" der Traditionen und Handlungsroutinen über räumliche und zeitliche Festschreibungen bzw. raumzeitlich kodiert stattfand. Die strategische Einsetzung raum-zeitlicher Bedingungen zur Regulation sozial-kultureller Verhältnisse führte, oberflächlich betrachtet, zu räumlich differenzierbaren sozialen Gliederungen.

Für die Forschungsmethodologie der Sozialgeographie ist es nun aber von entscheidender Bedeutung, daß man die Verwendung raumzeitlicher Kategorien zur

---

3 „Adat is the customary basis of local institutions, the powerful framework of meaning and social action" (WARREN 1990, S. 2).

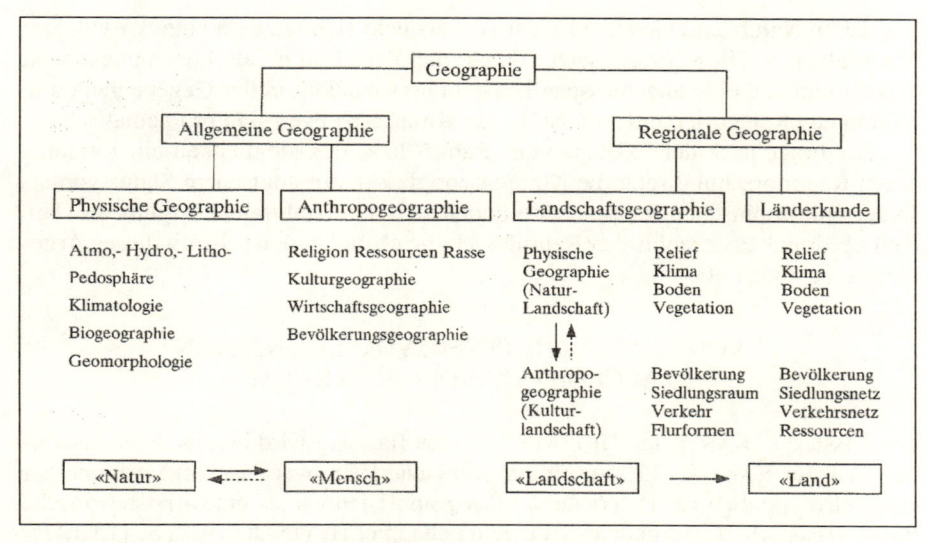

## Abb. 2: System der traditionellen Geographie
## System of traditional geography

```
                                    Geographie
                    ┌───────────────────┴───────────────────┐
            Allgemeine Geographie                  Regionale Geographie
            ┌───────┴────────┐                   ┌──────────┴──────────┐
    Physische Geographie  Anthropogeographie  Landschaftsgeographie  Länderkunde

    Atmo,- Hydro,- Litho-  Religion Ressourcen Rasse  Physische        Relief       Relief
    Pedosphäre             Kulturgeographie           Geographie       Klima        Klima
    Klimatologie           Wirtschaftsgeographie      (Natur-          Boden        Boden
    Biogeographie          Bevölkerungsgeographie     Landschaft)      Vegetation   Vegetation
    Geomorphologie                                        ↕
                                                      Anthropo-        Bevölkerung  Bevölkerung
                                                      geographie       Siedlungsraum Siedlungsnetz
                                                      (Kultur-         Verkehr      Verkehrsnetz
                                                      landschaft)      Flurformen   Ressourcen

        «Natur»  ←----→  «Mensch»              «Landschaft»  ──→  «Land»
```

sozial-kulturellen Differenzierung in der sozialen Praxis nicht mit der räumlichen Existenz des Sozial-Kulturellen verwechselt. Zudem gibt es keine guten Gründe, den traditionell größeren Anpassungszwang an natürliche Bedingungen als kausalistische Natur- oder gar Geodetermination zu interpretieren.

Demgegenüber wird aber im Rahmen des länderkundlichen Schemas der Zusammenhang von „natürlichen" Grundlagen (Klima, Boden, Vegetation usw.), Kultur und Gesellschaft beschworen. [1244] „Länder" und „Landschaften" erscheinen als „Raumgestalten", in denen „Natur", „Kultur" und „Gesellschaft" zu einer Einheit zusammenwachsen. Diese suggerierte Einheit von Gesellschaft, Kultur und Natur wird zum identitätsstiftenden Vehikel für die Entstehung von Nationalstaaten. In jenem historischen Moment, in dem über die Industrialisierung die traditionelle durch eine moderne Ordnung ersetzt wird, bietet die Geographie eine beruhigende und damals allgemein befriedigende Darstellung der „nationalstaatlichen Gesellschaften": als Raumgebilde, die durch „natürliche" Grenzen zusammengehalten werden, wie HARTKE (1948, S. 174) kritisch feststellt. Was dabei ist, sich aus der traditionellen Verankerung zu lösen, wird als räumlich verankert repräsentiert.

Die wissenschaftslogische Rechtfertigung bringt HETTNER (1927, S. 267) wie folgt auf den Punkt: „Mit der Übergehung der menschlichen Willensentschlüsse führen wir die geographischen Tatsachen des Menschen auf ihre durch die Landesnatur gegebenen Bedingungen zurück." In der Übergehung subjekt-, sozial- und kulturspezifischer Interpretationen „natürlicher" Bedingungen ist der Naturdeterminismus traditioneller Geographie (mindestens implizit) aufgehoben. Dies äußert sich dann sowohl in der Bestimmung des Verhältnisses von Physischer Geographie und Anthropogeographie als auch zwischen „Natur" und „Mensch". Hinter diesem impliziten Natur- und Geodeterminismus versteckt sich letztlich eine Art vulgärer Materialismus. Diese Logik setzt voraus, daß der „Raum" als Forschungsobjekt besteht und daß eine angemessene Darstellung sozialkultureller Gegebenheiten in räumlichen Kategorien möglich ist. Beide Voraussetzungen sind problematisch.

Die Frage nach der Existenz von „Raum" bzw. der Möglichkeit einer empirischen Raumforschung setzt die Klärung von dessen ontologischem Status voraus. In der philosophischen Raumdebatte finden sich dafür zahlreiche Argumente. Um die Legitimität geographischer Raumforschung abzuklären, ist sie mit diesen Argumenten zu konfrontieren.

## 3 VON KANT ZU HETTNER: VOM KOGNITIVEN ZUM GEGENSTÄNDLICHEN RAUM

Der Dissens in KANTS und HETTNERS Raumauffassung wird bereits daran ersichtlich, daß für KANT [1245] nur eine a priorische Raumwissenschaft im Sinne der Geometrie möglich ist, HETTNER die Geographie jedoch als eine a posteriorische Raumwissenschaft begründete. Trotzdem behauptet HETTNER (1927, S. 115 ff.), er knüpfe bei der Entwicklung der Geographie als chorologischer Wissenschaft an die Methode KANTs an. Zur differenzierteren Abklärung dieses Widerspruchs ist nun auf den philosophischen Kontext Bezug zu nehmen.

Nachdem KANT über längere Zeit zwischen substantivistischer (KANT 1905a) und relationaler (KANT 1905b) Position in der damals äußerst heftig geführten Raumdebatte geschwankt hatte und für beide Positionen Argumente vorbrachte, löste er diesen Streit schließlich durch die epistemologische Konzeption in der „Kritik der reinen Vernunft" auf. Worin bestand dieser Streit?

Vertreter *substantivistischer* bzw. *absoluter Raumkonzeptionen* haben behauptet, daß der Raum ein Ding sei. Oder wie es BUROKER (1981, S. 3) ausdrückt: „Space is an entity which exists independently of the objects located in it. Space can exist even if no spatial objects ever existed at all". „To understand space as a thing (...) is to understand it as a thing that has its shape" (NERLICH 1976, S. 1). Demgemäß gehen die Eigenschaften von „Raum" über das hinaus, was aufgrund der Bezugnahme auf die Eigenschaften einzelner materieller Gegebenheiten erklärt werden kann. Gleichzeitig wird behauptet, daß es selbst auch dann einen Raum geben würde, wenn keine materiellen Objekte vorhanden wären. Da man dem Raum auch eine Wirkkraft beimißt, wird ihm auch eine erklärende Kraft zugewiesen. Diese Thesen wurden von DESCARTES Mitte des 17. Jhs. und NEWTON Anfang des 18. Jhs. wie folgt vertreten:

> „Die Ausdehnung in Länge, Breite und Tiefe, welche den Raum ausmacht, ist dieselbe, welche den Körper ausmacht." (DESCARTES 1922, S. 32) „Die Idee der Ausdehnung, die wir bei irgendeinem Raum uns denken, ist dieselbe wie die Idee der körperlichen Substanz" (DESCARTES 1922, S. 41) „Absolute space, in its own nature, without relation to anything external, remains similar and immovable" (NEWTON 1872, S. 191). „Absolute space is the sensorium of God" (NEWTON 1952, S. 370).

Damit man „Raum" als Ding betrachten kann, müßte man wohl DESCARTES' Argumentation zustimmen können. Sie lautet: Da jede materielle Substanz durch ihre

Ausdehnung zu charakterisieren ist und die Ausdehnung der Substanz dieselbe ist wie jene des Raumes, muß der Raum auch eine materielle Substanz sein. Diese Argumentation ist für die Relationisten nicht akzeptierbar.

*Relationisten* wie LEIBNIZ behaupten nämlich, daß „Raum" nicht als Ding existiert: „Only talk about material things and their relations can be understood" (NERLICH 1976, S. 1). Die Relationisten konfrontieren dann die Substantivisten mit der Frage, ob denn „Raum" wirklich unabhängig von physischen Objekten existieren könne. Ihre Antwort: „Space has no independent metaphysical status. Space is nothing more than the set of actual and possible relations physical objects have to one another" (BUROKER 1981, S. 3). „Raum" hat somit gemäß den Relationen keinen unabhängigen metaphysischen Status. Vielmehr ist „Raum" als ein Set tatsächlicher und möglicher Relationen zwischen physischen Objekten zu begreifen. Was wir als Raum bezeichnen, existiert nur als eine Menge von Relationen, nicht aber als eigenständiger Gegenstand. In der Debatte mit NEWTON Anfang des 18. Jh. brachte dies LEIBNIZ wie folgt auf den Punkt:

> „Raum bezeichnet unter dem Gesichtspunkt der Möglichkeit eine Ordnung der gleichzeitigen Dinge, ohne über ihre besondere Art des Daseins etwas zu bestimmen" (LEIBNIZ 1904, S. 134). „Es gibt keine Substanz, die man Raum nennen könnte" (LEIBNIZ 1904, S. 324).

Räumliche Beziehungen können lediglich zwischen materiellen Objekten bestehen, nicht aber zwischen einem materiellen Objekt und dem substantivistischen Raum. „Raum" ist relationaler Art, nichts anderes als eine Ordnung von koexistierenden Dingen, die in einer bestimmten Sprache beschrieben werden kann.

Für KANT (1985, S. 85) jedoch ist nun entscheidend, daß „Raum" weder ein Gegenstand noch ein Set von Relationen sein kann, sondern eine *Form* der Gegenstandswahrnehmung. Diese Auffassung findet ihren Ausdruck in der folgenden Definition:

> „Raum ist kein empirischer Begriff, der von äußeren Erscheinungen abgezogen worden. (...) Raum ist die Bedingung, unter der uns Gegenstände erscheinen können" (KANT 1781).

Diese Definition widerspricht sowohl der substantivistischen wie auch der relationalen Raumkonzeption. Denn „Raum" ist weder ein Gegenstand der Wahrnehmung, noch kann er als Relation koexistierender Gegebenheiten definiert werden, sondern unabhängig von jedem Gegenstand: „Raum" ist nicht nur ohne Gegenstände vorstellbar, sondern sogar eine Voraussetzung der Gegenstandswahrnehmung. „Raum" ist demgemäß weder Sinnesdatum noch eigenständiger Gegenstand mit eigener Wirkkraft, sondern ein ideales Konzept. Damit sind natür- [|246] lich auch für die Geographie zahlreiche Konsequenzen verbunden.

Da Raum und Zeit gemäß KANT organisatorische Regulative der Wahrnehmung sind, bekommt die Geographie die Aufgabe zugewiesen, das Wissen von der Ordnung der Dinge zu fördern. Geographie wird konsequenterweise lediglich als Wissenschafts*propädeutik*, aber nicht als wissenschaftliche Disziplin denkbar: „Die Erdbeschreibung gehört zu einer Idee, die man Propädeutik in der Erkenntnis der Welt nennen kann" (KANT 1802, S. 3). Dies konnte HETTNER nicht genug sein. Ihm ging es ja nicht zuletzt darum, die Geographie als wissenschaftliche Disziplin an den Universitäten zu etablieren. Er definierte die „Geographie als chorologische

Wissenschaft von der Erdoberfläche" (HETTNER 1927, S. 121), als nomothetische Wissenschaft. Was heißt dies und worin unterscheidet sich seine Auffassung von jener KANTs?

KANT unterscheidet drei Typen von Erkenntnisgewinnung, wobei er auf die Besonderheiten von Geschichte und Geographie eingeht. „Die Eintheilung der Erkenntnisse nach Begriffen, ist die logische, die nach Zeit und Raum aber die physische Eintheilung. Durch die erstere erhalten wir ein Natursystem (...), durch die letztere hingegen eine geographische Naturbeschreibung" (KANT 1802, S. 9). Damit unterscheidet er zwischen systematischer, chronographischer und chorographischer Ordnung der Kenntnisse.

HETTNER (l927, S. 115f.) ist von der „Übereinstimmung (s)einer Auffassung mit der des großen Philosophen" überzeugt, unterscheidet aber auf verzerrte Weise zwischen systematischen, chronologischen und chorologischen Wissenschaften:

> „Die systematische Betrachtung kann nicht anders als dinglich, (...) die geographische Betrachtung nicht anders als chorologisch sein, ebensowenig wie die geschichtliche Betrachtung anders als" (HETTNER 1927, S. 123) „chronologisch oder Zeitwissenschaft" (HETTNER 1927, S. 116) sein kann.

Im Gegensatz zu KANT übersetzt HETTNER „systematisch" nicht mit begrifflich, sondern mit „dinglich", und zudem spricht er nicht nur von Chorographie, sondern von Chorologie.[4] Die Interpretation von „begrifflich" als „dinglich" impliziert Reifikation und Hypostasierung. Die strenge Kombination der Gleichsetzung von „systematisch" und „dinglich" mit Chorologie impliziert zweitens die Hypostasierung von „Raum" als Ding. Derart wird die Geographie – im Gegensatz zu KANTs Argumentation – zur empirischen bzw. gegenständlichen Raumwissenschaft. Drittens wird der „(Natur)-Raum" zum Kausalfaktor hochstilisiert: „Wenn zwischen verschiedenen Erd*stellen* keine ursächlichen Beziehungen bestänben, und wenn die verschiedenen Erscheinungen an einer und derselben Erdstelle unabhängig wären, bedürfte es keiner besonderen chorologischen Auffassung" (HETTNER 1927, S. 117). Daran wird später die Vorstellung empirisch gültiger *räumlicher Erklärungen* festgemacht. Derart hebt HETTNER KANTs epistemologische Lösung der Raumproblematik auf und postuliert für die Geographie eine prä-moderne Raumkonzeption. Das kommt einer Negierung deren begrifflicher „Natur" gleich und läßt die Definition der Geographie als empirische *Raumwissenschaft* plausibel erscheinen: „Die Geographie ist Raumwissenschaft" (HETTNER, 1927, S. 125).

---

[4] SCHAEFER (1953, S. 232), einer der prominentesten Raumwissenschaftler, übersieht diese Uminterpretation. Für ihn ist HETTNER ein Vertreter des Exzeptionalismus, den die Geographie letztlich KANT, „the father of exceptionalism", verdanke. SCHAEFERs Standpunkt ist insofern folgenreich, weil er damit vom raumwissenschaftlichen Kernproblem ablenkt. Vgl. dazu auch POHL (1986, S. 45).

## 4 RAUMWISSENSCHAFTLICHE GEOGRAPHIE

Unter dieser Voraussetzung ist es nur noch ein kleiner Schritt, die Geographie sogar als *kausalgesetzliche* Raumwissenschaft zu verstehen. BARTELS (1970, S. 33) forderte, Geographen sollten Raumgesetze aufdecken, wobei „distanzbezogene Determinationsmomente" (BARTELS 1968, S. 318) für Kausalerklärungen entscheidende Bedeutung erlangen. WIRTH (1979, S. 119) betrachtete „reale Raumsituationen" als entscheidende „Determinanten raumwirksamer Entscheidungen". In der sogenannten verhaltenstheoretischen Sozialgeographie will man unter Bezugnahme auf die Raumwahrnehmung räumliches Verhalten erklären.

Dabei kommt zur Reifikation von „Raum" und/oder „Distanz" als kausaler Wirkungsfaktor auch noch die Zirkularität als besonderes Merkmal hinzu: räumliche Verteilungen sind durch räumliche Verhältnisse, räumliche Strukturen durch räumliche Prozesse und letztlich der Raum durch den Raum „zu erklären". Am radikalsten kommt dies in OTREMBAS Formulierung (1961, S. 133) zum Ausdruck: „Die Besonderheit des Raumes wird erst in der Gesellschaft der anderen nahen und fernen Räume deutlich." Die Erklärung räumlicher Vertei- [|247] lungen anhand räumlicher Bedingungen ist gemäß SACK (1972, S. 71) nichts anderes als die Aneinanderreihung zirkulärer Verweise.

Das Ziel der zur Zeit die meisten Ausbildungspläne deutschsprachiger Hochschulen beherrschenden Geographiekonzeptionen ist die nach sozial-kulturellen und ökonomischen Gesichtspunkten differenzierte sozialgeographische (vgl. MAIER et al. 1977, S. 21) und wirtschaftsgeographische (vgl. SCHÄTZL 1992, S. 17 f.) *Raumforschung* (vgl. Abb. 3). Die Forderung nach der Untersuchung des Gesellschaft-Raum-Verhältnisses bedeutet hier, Raumanalysen gesellschaftlicher Prozesse durchzuführen. Dieser Anspruch setzt strenggenommen allerdings die (Erd-)Räumlichkeit sozial-kultureller und ökonomischer Gegebenheiten wie soziale Normen, kulturelle Werte, Produktepreise usw. voraus.

Das Hauptproblem aktueller Forschungsstrategien der Geographie scheint ganz allgemein in der Verräumlichung von immateriellen (sozial-kulturellen oder mentalen) Gegebenheiten zu liegen. Das ist auch für aktuelle Forschungsansätze der Fall, die nicht als „raumwissenschaftlich" bezeichnet werden. Ein Beispiel dafür ist LEFEBVRES (1981, S. 171 f.) Behauptung und SOJAS (1989, S. 127) Zustimmung dazu, soziale Produktions*verhältnisse* seien nur dann wirklich, wenn sie eine räumliche Existenz hätten (WERLEN 1993a, S. 4).

Da die genannten Gegebenheiten keine materielle Existenz aufweisen, sind sie weder unmittelbar beobachtbar noch erdräumlich lokalisierbar. Erdräumlich sind nur materielle Gegebenheiten lokalisierbar. Und das besondere Merkmal von physisch-materiellen Gegebenheiten besteht ja darin, daß ihnen (soziale) Bedeutungen nicht inhärent, sondern auferlegt sind. Demzufolge kann eine Raumanalyse sozialer, kultureller oder ökonomischer Verhältnisse wenig sinnvoll sein. Materialisierte Handlungsfolgen können soziale Verhältnisse zwar (symbolisch) ausdrücken, ohne das Soziale an sich zu sein. Dem ist auch dann Rechnung zu tragen, wenn soziale Regelungen von Handlungsabläufen symbolisch über räumliche Festschreibungen durchgesetzt werden. So wichtig die räumlichen Bedingungen für das gesellschaftliche Leben sind, sie werden erst in und über Handlungen bedeutsam.

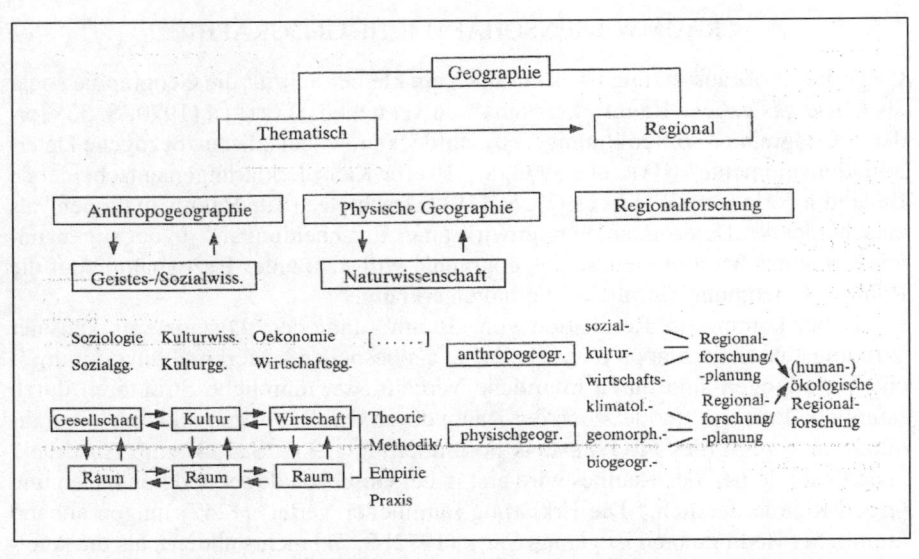

*Abb. 3: System der (raum-)wissenschaftlichen Geographie*
  *System of geography as spatial science*

Geht man davon aus, daß jede Handlung neben der materiell-biologischen auch eine sozial-kulturelle und mentale Komponente aufweist, dann können wir [1248] sehen, daß die Zielsetzung raumwissenschaftlicher Forschung – Aufdeckung von Raumgesetzen „im Bereich menschlicher Handlungen" (BARTELS 1970, S. 33) und deren Anwendung für die Raumplanung – eigentlich nur auf den materiellen Aspekt Bezug nimmt. Dies impliziert ein materialistisches Denkmuster, und räumliche Erklärungen sozialer Prozesse kommen letztlich materialistischen Erklärungen gleich. Sie könnten nur dann gültig sein, wenn jede Handlung durch den Körper und die übrigen physisch-materiellen Bedingungen kausal (völlig) determiniert wären.

Der raumwissenschaftliche Anspruch, „Institutionen, Verhaltensnormen und andere Kulturbestandteile (...) erdoberflächlich zu erfassen" (BARTELS 1970, S. 33) bzw. zu lokalisieren, impliziert ebenso einen unhaltbaren Reduktionismus wie HARTKES (1959, S. 426) Forderung nach der „Bestimmung von Räumen gleichen sozialgeographischen Verhaltens". Der Reduktionismus äußert sich in dem dazu notwendigen Schluß von lokalisierbaren materiellen Gegebenheiten auf nicht lokalisierbare subjektive und sozial-kulturelle Komponenten des Handelns.

Doch die Verräumlichung immaterieller Gegebenheiten ist nicht nur unhaltbar, sondern hat auch problematische soziale Konsequenzen. *Erstens* führt sie zur unangemessenen Homogenisierung der sozialen Welt innerhalb eines territorialen Ausschnitts. Diese Logik teilt sie mit rassistischen und sexistischen Argumentationsmustern. Wenn man nämlich akzeptiert, daß sich räumliche Kategorien nur auf materielle Gegebenheiten beziehen können, wird diese Gemeinsamkeit offensichtlich. In allen drei Formen werden nämlich soziale Gegebenheiten oder Differenzen an biologisch-materielle Aspekte „angebunden". *Zweitens* impliziert diese Verfahrensweise eine holistische Konzeption der sozialen Welt, die für totalitäre wie unaufgeklärte Denkweisen typisch ist und auch sozialtheoretisch nicht überzeugen kann. Denn sie geht, wie AGASSI (1960, S. 244 ff.) zeigt, von der unbelegbaren Annahme aus, Kollektive „an sich" könnten handeln. Unter Bezugnahme auf räumliche Kategorien findet der Holismus in der Vorstellung von regionalen Entitäten seinen Ausdruck. Die offensichtlichste Form davon sind regionalistische Redeweisen, die vom „Willen" oder der „Meinung" der Jurassier, der Rheinländer usw. sprechen. Können diese Redeweisen für die politische Mobilisierung höchst „wirksam" sein, heißt das noch nicht, daß sie wissenschaftlich haltbar sind. Je mehr traditionelle durch zeitgenössische Bedingungen der Kommunikation ersetzt werden, desto fragwürdiger werden diese Typisierungen. Wenn sie heute trotzdem als identitätsstiftend empfunden werden, hat dies – so paradox das klingen mag – gerade mit den veränderten Bedingungen in zeitgenössischen, spät-modernen Gesellschaften zu tun.

## 5 SPÄT-MODERNE GESELLSCHAFTEN

In *spät-modernen Gesellschaften*[5] sind „Handlungsweisen nicht mehr durchgehend von Traditionen bestimmt, und so kann man von einer „ent-traditionalisierten" (GIDDENS 1993) Epoche sprechen. Traditionen sind zwar nicht völlig unbedeutend, doch sie sind nicht mehr die allumfassend dominierenden Regulative der Handlungsorientierung. Individuellen Entscheidungen ist ein wesentlich größerer Rahmen abgesteckt.

Soziale Beziehungen werden kaum mehr generationenübergreifend durch Verwandtschaftssysteme geregelt, sondern vielmehr über die wirtschaftlichen bzw. beruflichen Aktivitäten. Soziale Positionen werden über Positionen in Produktionsprozessen erlangt und sind nicht mehr strikt an Alter und Geschlecht gebunden. Soziale und kulturelle Schnittstellen der Veränderung ergeben sich nicht mehr über Jahrhunderte, sondern viel eher im Generationenrhythmus. Das drückt sich im Aufkommen der Jugendkultur seit den fünfziger Jahren dieses Jahrhunderts aus und den entsprechenden, sich global äußernden Generationskulturen, mit je spezifischen persönlichen Lebensstilen und Lebenspolitiken. Zusammen mit dem soziokulturellen Wandel, der als ein Ausdruck dieser Lebenspolitiken zu verstehen ist, sind sie in die Dialektik des Globalen und Lokalen eingebunden (vgl. Abb. 4). Was ist darunter zu verstehen?

Die eben angedeuteten Merkmale sind Ausdruck der Konsequenzen der Aufklärung. Und sie sind auch unmittelbarer Ausdruck der Transformation der räumlichen und zeitlichen Bedingungen des Handelns. Grundlegend dafür ist die Sinn-„Entleerung von Raum und Zeit" (GIDDENS 1992b, S. 26). Damit ist die Aufhebung

---

5 Spät-Moderne wird von ANTHONY GIDDENS (1990, 1992b) der Etikettierung „Post-Moderne" deshalb vorgezogen, weil er in zeitgenössischen Gesellschaften keinen „neuen" modus operandi identifizieren kann, der von den Ergebnissen der Aufklärung völlig verschieden wäre.

| | |
|---|---|
| 1 | Das globale Dorf bildet den weltgehend anonymen Erfahrungskontext |
| 2 | Abstrakte Systeme (Geld, Expertensysteme) ermöglichen soziale Beziehungen über grosse räumlich-zeitliche Distanzen innerhalb der „Risikogesellschaften" |
| 3 | Alltägliche Routinen erhalten die Seinsgewissheit |
| 4 | Global auftretende Generationskulturen |
| 5 | Soziale Positionszuweisungen erfolgen primär im Rahmen von Produktionsprozessen |
| 6 | Weltweite Kommunikationssysteme |
| Spät-moderne Gesellschaften sind räumlich und zeitlich «entankert» | |

*Abb. 4: Merkmale spät-moderner Gesellschaften\**
*Characteristics of late modern societies*

der häufig reifizierten, fixen (normativen) Bedeutungszuweisungen zu Orten und Zeitpunkten im Rahmen von traditionellen Handlungsanweisungen gemeint. Die Rationalisierung der Interpretation der räumlichen und zeitlichen Aspekte der Handlungskontexte ist ein Mittel der „Entzaube-[1249] rung der Welt" und Ausdruck umfassender Standardisierungen. Sie bildet schließlich die Basis für die Kalkulierbarkeit räumlicher (Bodenmarkt) und zeitlicher (Arbeitszeitregelung) Handlungskontexte. Das ermöglicht weitere Rationalisierungen sozialer Lebenskontexte und bildet die Basis von Industrialisierung und Modernisierung. Denn erst die Loslösung räumlicher und zeitlicher Dimensionen der Handlungskontexte von fixen traditionellen Sinnattributierungen ermöglicht die ausgedehnte raum-zeitliche Distanzierung der Handelnden im Rahmen sozialer Kommunikation. Für die Koordination institutioneller Aktivitäten, für die Vermittlung zwischen Anwesenheit und Abwesenheit sind Medien mittelbarer Kommunikation notwendig.

Die Medien, über die diese Entankerungsprozesse moderner und spät-moderner Institutionen ermöglicht werden, sind die Entflechtungsmechanismen „symbolische Zeichen" (Geld, Schrift) und „Expertensysteme" im Sinne von GIDDENS (1990). Das *symbolische Zeichen*, das in Zusammenhang mit der raum-zeitlichen Ausweitung der Wirkkreise eine prominente Stellung einnimmt, ist das Geld. Als symbolisches Zeichen für den Tauschwert einer Ware ermöglicht es den freien Fluß der Tauschgeschäfte, ohne daß Tauschpartner und getauschte Güter anwesend sein müssen. Mit SIMMEL (1989, S. 617 ff.) kann man sagen, daß „Geld" überhaupt erst eine räumliche Distanz zwischen besitzendem Individuum und Besitz ermöglicht. Denn erst in Geldform kann Profit leicht von Ort zu Ort transferiert werden und Besitz über räumliche Distanz hinweg erhalten werden. Damit kommt dem Geld

---

\* Vgl. GIDDENS (1990, 1992a, b; 1993), FEATHERSTONE (1990), ROBERTSON (1992), TREPPER MARLIN et al. (1992), SHIELDS (1992), BECK (1986), HARVEY (1989), WELSCH (1992), DICKEN (1992).

eine überragende Bedeutung bei der Überbrückung von raum-zeitlichen Distanzen zu und ermöglicht gleichzeitig die raum-zeitliche Distanzierung bzw. die Interaktion zwischen abwesenden Handelnden.

„*Expertensysteme*" schließlich sind als materielle oder immaterielle Artefakte zu begreifen, die ihrerseits eine Ausformung von Expertenwissen sind. Die Artefakte sind so konstruiert, daß man sie nur dann nutzen kann, wenn man sich in ausreichendem Maße auf die Intentionen ihrer „Konstrukteure" einläßt. Und wenn man das tut, geht man beim Artefaktegebrauch auch eine anonyme Interaktion mit ihren Erdenkern und Hervorbringern ein: Man interagiert mit ihnen „über" ihr Wissen, das sich in ihren [1250] Erzeugnissen manifestiert, wie dies HEINTZ (1993) und HOLLING u. KEMPIN (1989) zeigen. Materielle Artefakte stellen Medien der Kommunikation dar und sind Vehikel von Bedeutungen und Wissen. Wie das Geld ermöglicht es auch die Benutzung von Expertensystemen, mit nicht anwesenden Personen zu interagieren.

„Symbolische Zeichen" und „Expertensysteme" ermöglichen *erstens* eine Informationsansammlung und eine Informationsverbreitung, die nicht mehr an die face-to-face Interaktion gebunden ist. Damit soll nicht gesagt sein, daß die letztere Form an Bedeutung verloren hätte, wie STOCKAR (1993) anhand der Analyse aktueller Siedlungsentwicklung zeigt, doch sie ist nicht mehr die zentrale Kommunikationsbedingung. Somit ermöglichen sie *zweitens* die Interaktion mit abwesenden Partnern und *drittens* die Verfügungsgewalt über distanzierte materielle Güter und Personen. Unmittelbare Konsequenz davon ist, daß wir über die Komplexität dieser Expertensysteme und deren ständig zunehmende Bedeutung in spät-modernen Gesellschaften immer mehr in einer „Risikogesellschaft" (BECK 1986) leben. Gleichzeitig ist dies aber auch der Kern der Dialektik des Globalen und Lokalen: Über „Symbolische Zeichen" und „Expertensysteme" sind lokaler und globaler Kontext aufeinander bezogen. Globale Zusammenhänge sind konstitutiv für alltägliche Handlungen auf lokaler Ebene, und lokale Handlungen haben globale Konsequenzen.

Unsere persönlichen Lebensstile haben über diese Medien weltweite Konsequenzen. Die Art und Weise, wie wir uns ernähren, hat nicht nur für die lokale oder regionale Wirtschaft Folgen, wie das TREPPER MARLIN et al. (1992) und SHIELDS (1992) zeigen, Lebensstil und Lebenspolitik der Handelnden sind derart eingewoben in globale Prozesse und weisen so ein Gestaltungspotential auf. „Lebensformen" sind in spät-modernen Gesellschaften einerseits Ausdruck eines hohen Maßes an Bewußtheit und rationaler Selbststeuerung der Handelnden, andererseits Bedingung der eigenen Lebensgestaltung. Denn es sind nicht mehr Traditionen, die uns Handlungsanleitungen liefern, und die Konsequenzen dessen, was wir tun, sind nicht bloß auf den lokalen Kontext beschränkt.

So kann man sagen, daß spät-moderne Kulturen und Gesellschaften räumlich und zeitlich „*entankert*" („disembedded") sind, wie sich GIDDENS (1990, S. 21) ausdrückt. Sozial-kulturelle Bedeutungen, räumliche und zeitliche Komponenten des Handelns sind nicht mehr auf festgefügte Weise verkoppelt. *Sie werden vielmehr über einzelne Handlungen der Subjekte auf je spezifische und vielfältigste Weise immer wieder neu kombiniert.* Räumlich lokalisierbare Gegebenheiten können nicht zuletzt immer wieder je spezifische Bedeutungen annehmen, weil sie nicht mehr generationenübergreifend über Traditionen fixiert sind.

## 6 HANDLUNGSORIENTIERTE SOZIALGEOGRAPHIE

Entankerungsmechanismen erlauben eine äußerst vielfältige Differenzierung von Gesellschaften selbst innerhalb kleinster Territorien. Einzelne Handlungsabläufe können innerhalb eines einzigen Tages auf die verschiedensten, ehemals regionalen oder nationalen Kulturen Bezug nehmen. Handelnde lösen, an beinahe beliebigen Standorten, Segmente aus globalen Informationsströmen heraus. Diese Informationen können zur Veränderung der Lebenspolitik und -form führen, aber auch zur Neugestaltung alltäglicher Routinen. Da weder der Zugriff auf diese Informationen noch deren Interpretation räumlich abhängig sind, greifen sowohl Raumforschung als auch die Versuche, sozial-kulturelle Verhältnisse in räumliche Kategorien zu typisieren, viel zu kurz. War damit im Rahmen traditioneller Gesellschaften eine grobe Annäherung an die sozial-kulturellen Verhältnisse möglich, sind sie nun in hohem Maße unangemessen. Es wird auch offensichtlich, daß sowohl traditionelle wie raumwissenschaftliche Humangeographie kategorial zu sehr auf den Raum fixiert sind, als daß von ihnen aus eine Begriffsreform ihres Forschungsfeldes möglich wäre. Sie bleiben für die anders gewordene sozial-kulturelle Wirklichkeit systematisch blind. Unter spät-modernen Bedingungen werden ihre Schwächen auf radikale Weise offensichtlich.

Das heißt aber nicht, daß die Humangeographie als wissenschaftliche Disziplin insgesamt überflüssig wird. KANTs Einstufung der Geographie als Wissenschaftspropädeutik ist nicht die einzige mögliche Folgerung aus der Tatsache, daß der „Raum" kein (Forschungs-)Gegenstand sein kann. Auch ohne den Raum als Forschungsobjekt zu haben, verfügt die Geographie über ein Erklärungs- und Problemlösungspotential. Nämlich dann, wenn sie auf die menschlichen Handlungen zentriert wird. Konsequenterweise ist die Humangeographie dann als Handlungswissenschaft zu verstehen. Bevor dies präzisiert werden kann, ist zuerst kurz auf das entsprechende Verständnis von „Raum" einzugehen.

„Raum" ist unter dem handlungszentrierten Gesichtspunkt nicht mehr als Gegenstand, sondern als ein Begriff aufzufassen, der sich auf die Räumlichkeit der ausgedehnten Dinge bezieht. Er ist aber kein [|251] empirischer Begriff, sondern ein formal-klassifikatorischer Begriff. Er ist ein formaler Begriff, weil es keinen Gegenstand „Raum" gibt und weil er sich auch nicht auf inhaltliche Merkmale von materiellen Gegebenheiten bezieht. Er ist klassifikatorisch, weil er Ordnungsbeschreibungen von materiellen Objekten erlaubt. Wie dieser Begriff letztlich genau definiert wird bzw. welche Merkmalskategorien, welche Ordnungskategorien einem Raumbegriff letztlich zugewiesen werden, ist zunächst – wie bereits DURKHEIM (1912, S. 626) nachgewiesen hat – kulturell bedingt. Im wissenschaftlichen Bereich ist die Definition vom Verwendungskontext abhängig.

Obwohl der Raumbegriff kein empirischer Begriff ist, beruht das, was er bezeichnet, auf Erfahrung. Allerdings nicht auf der Erfahrung eines mysteriösen Objektes „Raum", sondern auf der Erfahrung der Räumlichkeit der dinglichen Welt mittels Erfahrung der Körperlichkeit des handelnden Subjektes: Mit „der Räumlichkeit des eigenen Körpers wird auch die Räumlichkeit aller anderen Dinge entdeckt" (SCHÜTZ 1981, S. 189). Die Erfahrung der Räumlichkeit des eigenen Körpers beruht auf der Bewegung und dem Einbezug der dinglichen Mitwelt in sinnhafte Bewegungsabläufe (vgl. Abb. 5).

In handlungszentrierter Sicht ist „Raum" schließlich auch als ein sprachliches „Kürzel" für diese Funktionalzusammenhänge zu verstehen. Es bezieht sich vor allem auf Situationen (verbaler und nonverbaler) sozialer Kommunikation oder ganz allgemein auf physisch-materielle Konstellationen im Bereich des Handelns. Statt aus dem sprachlichen „Kürzel" ein Ding zu machen, sollten wir uns mit jenen Dingen beschäftigen, für die es steht.

Als Handlungswissenschaft zeichnet sich die Humangeographie gegenüber anderen handlungs-zentrierten Forschungsperspektiven zunächst dadurch aus, daß sie der physisch-materiellen Komponente der Handlungskontexte in ihrer Räumlichkeit sowie deren je spezifischen Interpretationen durch die Handelnden selbst besondere Aufmerksamkeit schenkt. Die Analyse der räumlichen Anordnung handlungsrelevanter Artefakte kann dabei weiterhin sinnvoll sein; doch wohl nur unter vorheriger Abklärung des Handlungskontextes und wenn sie dann auf klar bestimmte Handlungsweisen, auf die Bewältigung von Handlungs- und nicht von Raumproblemen ausgerichtet wird. Unter diesen Bedingungen kann sie auch zum „Spurenlesen" (HARD 1990, S. 25), zur situationswissenschaftlichen Rekonstruktion (WERLEN 1988) vergangener Handlungsweisen verwendet werden.

Diese Neuorientierung wird um so dringlicher, je umfassender die Globalisierung der alltäglichen Lebenskontexte wird. Räumliche Bedingungen und die Räumlichkeit der Handlungskontexte werden mit der Globalisierung in der Spät-Moderne

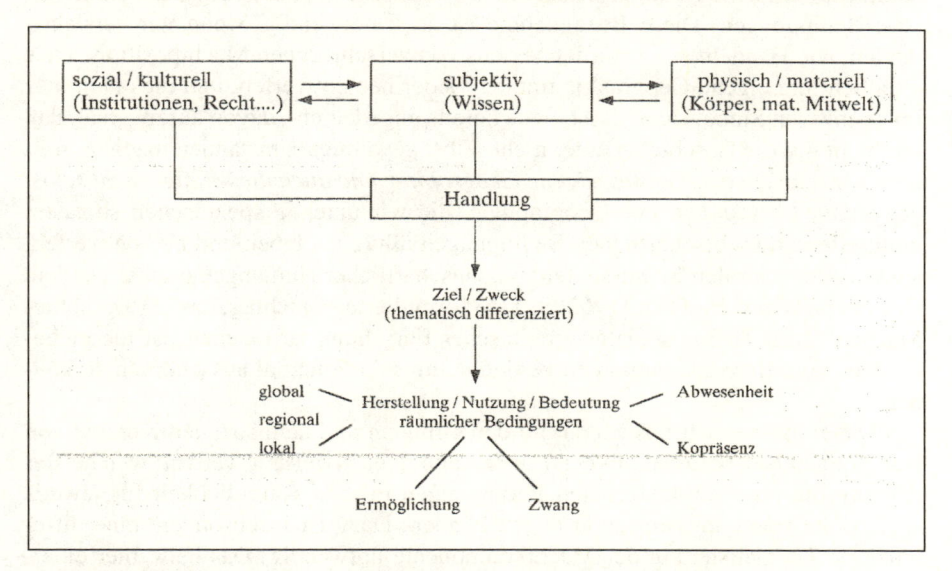

*Abb. 5: Handlungszentrierte Konzeption der Sozialgeographie*
   *„Logic" of action-oriented social geography*

nicht bedeutungslos, wie dies gelegentlich behauptet wird. Aber um deren Bedeutung gerecht zu werden, muß man die Forschungslogik der Geographie auf die Ontologie spät-moderner Gesellschaften abstimmen. In der Sprache von CLAVAL et al. (1989, S. 7): „Aujourd'hui, la réévaluation de la géographie comme science de l'action est à l'ordre de jour!"

An Stelle von Beschreibungen und Erklärungen der sozialen Welt in Raum-Kategorien sollten nun zunächst sprachliche Strukturierungen der räumlichen Gegebenheiten in Kategorien des Handelns vorgenommen werden. Erdräumlich angemessen lokalisierbare materielle Gegebenheiten sind, im Sinne von SEDLACEK (1982, S. 191), als Bedingungen, Mittel und Folgen des Handelns zu interpretieren. Bedingungen und Mittel sind dabei jeweils als Folgen früherer Handlungen (anderer) zu begreifen. Man sucht nicht mehr voraussetzungslos – d.h. ohne vorangehende Klärung des sozial-kulturellen (und subjektiven) Kontextes des Handelns – nach Raumstrukturen oder geometrischen Regelmäßigkeiten, sondern fragt – um bei diesem Beispiel zu bleiben –, welche Handlungsweisen zu bestimmten Anordnungsmustern geführt haben, welche Bedeutung diese für bestimmte Handlungsweisen erlangen können, welche Handlungsweisen sie ermöglichen (Ermöglichung) und welche sie verhindern (Zwang). Und schließlich: Welches die individuellen und sozialen Konsequenzen dieser Geographien in lokaler und globaler Hinsicht sind, welche subjektiven Bedeutungen sie aktuell für bestimmte Tätigkeiten erlangen. Und vor allem: Im Rahmen welcher Machtverhältnisse wurden und werden diese Anordnungsmuster hergestellt, und zur Aufrechterhaltung welcher Machtverhältnisse sind sie bedeutsam?

Zur Bearbeitung dieser Fragenkreise bedarf man einer differenzierten Bezugnahme auf einzelne Handlungen, deren je spezifische soziale, kulturelle, ökonomische Bedingungen. Diese Bezugnahme ist auch notwendig, wenn wir verstehen wollen, wie Handelnde – natürlich jeweils von verschiedenen Machtpositionen aus – täglich ihre eigene Geographie immer wieder neu entwerfen, und dies nicht nur im kognitiven Sinne. Denn es ist – wie bereits angedeutet – davon auszugehen, daß wir nicht nur die Geschichte unter nicht selbst gewählten Umständen machen, *sondern wir machen auch unsere eigene Geographie, und auch diese unter nicht selbst gewählten Umständen*. Die Geographien, die wir unter je spezifischen sozialen, kulturellen und wirtschaftlichen Bedingungen alltäglich leben und neu entwerfen, sollten zum zentralen Interessenfeld wissenschaftlicher Humangeographie werden. Der erstmals von HARTKE (1962, S. 115) formulierte Vorschlag, das „Geographie-Machen" zum Thema sozialgeographischer Forschung zu machen, ist theoriebegrifflich zu differenzieren und zu vertiefen, um sein Potential ausschöpfen zu können.

Dabei müssen wir uns zuerst mit den Gründen und dem sozialen Kontext von Handlungen beschäftigen, und erst dann kann danach gefragt werden, welche Bedeutung die physisch-materiellen Bedingungen in ihrer Räumlichkeit für jeweils spezifische Handlungsweisen erlangen können. Dazu ist insbesondere eine differenzierte Thematisierung der Machtkomponente notwendig. Das heißt hier einerseits die Erforschung der Zugangsmöglichkeiten zu materiellen Artefakten, ihrer räumlichen Anordnung und deren Einbezugsmöglichkeiten in die Handlungsverwirklichung, andererseits aber auch die Erforschung der sozialen Ausschlußformen, die über territorial differenzierte soziale Definitionen von Handlungskontexten vollzogen werden. Ohne das hier differenziert ausführen zu können, sind auch alle Formen präskriptiver Regionalisierungen auf nationaler und kommunaler Ebene bis hin zu zahlreichen Formen von Alltagshandlungen zu diesem Themenbereich zu zählen: alle Territorialisierungen und Regionalisierungen, deren Einhaltung als Regelungen des Zugangs und Ausschlusses normativ belegt sind und die bei Mißachtung sanktioniert werden. Territoriale Überwachung der Mittel der Gewaltanwendung und Machtkontrolle sind hier ebenso zu erwähnen wie emotional aufgeladenes Regionalbewußtsein als Medium politischer Mobilisierung.

Hinsichtlich der Machtkomponente ist schließlich immer davon auszugehen, daß „Macht nur in actu existiert (...) und die Machtausübung ein Ensemble von Handlungen in Hinsicht auf mögliche Handlungen" (FOUCAULT 1987, S. 254f.) bzw. deren Verhinderung ist. Der Zugang zu materiellen Dingen als Mittel des Handelns involviert in aller Regel eine Kontrolle der Handlungsmöglichkeiten von Personen. „Macht" als „Verfügungsgewalt" (WEBER 1980) über Personen, materielle Artefakte und natürliche Ressourcen sollte in der humangeographischen Forschung eine prominente Position zugewiesen bekommen. Die räumlichen Bedingungen des Handelns sind dementsprechend als Ausdruck von Machtverhältnissen zu begreifen. Für aktuelle und [|253] künftige Handlungen können die räumlichen Bedingungen strategisch zur Verfestigung oder Veränderung dieser Verhältnisse eingesetzt werden. Ziel humangeographischer Forschung ist es dann unter anderem, dabei mitzuhelfen, die „verborgenen Mechanismen der Macht" (BOURDIEU 1992) aufzudecken.

Diese humangeographische Forschung sollte als eine Sozialgeographie der lokalen, regionalen, (national-)staatlichen und globalen Handlungs- und Lebensbedingungen betrieben werden. Nicht mehr „Raum" oder „Region" schlechthin bilden die „Objekte" sozialgeographischer Forschungsinteressen, sondern die Handlungen unter bestimmten räumlichen Bedingungen, deren Einbettung in die Dialektik des Globalen und Lokalen.

Damit ist gemeint, daß auch die Abklärung des Verhältnisses von lokalem Handlungskontext und globalen Konsequenzen, von globaler Kommunikationsgesellschaft und lokal fixierten face-to-face Beziehungen in der Sozialgeographie besondere Beachtung finden soll, insbesondere auch die Frage nach den Konsequenzen bestimmter räumlicher Anordnungsmuster für die soziale Kommunikation. Mit „räumlicher Komponente" ist im kommunikativen Kontext „Anwesenheit" und „Abwesenheit" gemeint. Die Bedeutung von Räumlichkeit und Erlangung der Kopräsenz (Anwesenheit) in der Sozialisation ist vor allem im Rahmen der Sozialgeographie der Kindheit zu erforschen. Räumlichkeit und anonyme Interaktion (Abwesenheit) scheint in Zusammenhang mit dem Verhältnis von globaler Kommunikation und lokalen Erfahrungskontexten von zentraler Bedeutung zu sein.

## SCHLUSS

Um den Bedingungen zeitgenössischer Gesellschaften Rechnung tragen zu können, ist die bisherige „Regional"geographie mindestens mit einer handlungszentrierten Neukonzeption zu ergänzen. Die „Regional"geographie, die nicht mehr auf die Untersuchung von „Räumen" und „deren" Eigenschaften ausgerichtet ist, wird angemessener als „Sozialgeographie der Regionalisierung" bezeichnet. Der entsprechenden empirischen Forschung geht es um die Rekonstruktion der Regionalisierungen auf lokaler und globaler Ebene, die durch bestimmte Lebensformen und -stile vollzogen werden: einerseits über das, was hergestellt, konsumiert und reproduziert wird, andererseits aber auch über die unterschiedliche Verfügungsgewalt der Handelnden über personelle und materielle Ressourcen.

Wir sollten uns damit vertraut machen, „Raum" nicht mehr als den besonderen (Forschungs-)Gegenstand der Geographie zu betrachten. Konzentrieren sollten wir uns auf die räumlichen Aspekte der materiellen Medien des Handelns in ihrer sozialen Interpretation und deren Bedeutung für das gesellschaftliche Leben. Will die geographische Forschung einen Beitrag zum Verständnis spät-moderner Gesellschaften liefern, dann sollte sie auf die „Logik" des Handelns ausgerichtet werden. Als Geographinnen und Geographen sollen wir uns nicht nur fragen, was die Geographie der Dinge ist, sondern uns dafür interessieren, wie sie in beabsichtigter oder unbeabsichtigter Weise zustande kommt, was sie für wen bedeutet und inwiefern die Herstellungs-, Nutzungs- und Reproduktionslogiken mit demokratisch legitimierten gesellschaftspolitischen Standards und ökologischen Maßgaben zu vereinbaren sind.

## LITERATUR

AGASSI, J.: Methodological Individualism. In: The British Journal of Sociology 11, 1960, S. 244–270.

BARTELS, D.: Türkische Gastarbeiter aus der Region Izmir. Zur raum-zeitlichen Differenzierung ihrer Aufbruchsentschlüsse. In: Erdkunde 22, 1968, S. 313–324.

– : Einleitung. In: BARTELS, D. (Hrsg.): Wirtschafts- und Sozialgeographie. Köln/Berlin 1970, S. 13–48.

– : Schwierigkeiten mit dem Raumbegriff in der Geographie. In: Geographica Helvetica, Beiheft Nr. 2/3, 1974, S. 7–21.

BECK, U.: Die Risikogesellschaft. Auf dem Weg in eine andere Moderne. Frankfurt a. M. 1986.

BOURDIEU, P.: Die verborgenen Mechanismen der Macht. Hamburg 1992.

BRAUDEL, F.: Sozialgeschichte des 15.–18. Jahrhunderts, 3 Bände. München 1990.

BUROKER, J. V.: Space and Incongruence. The Origin of Kant's Idealism. Dordrecht 1981.

CARLSTEIN, T.: Time, Resources, Society and Ecology. On the Capacity For Human Interaction in Space and Time in Preindustrial Societies. Lund 1982.

CIPOLLA, C. M.: Wirtschaftsgeschichte und Weltbevölkerung. Frankfurt a. M. 1972.

CLAVAL, P., LACOSTE, Y., ROBIC, M. C., PINCHEMEL, PH. u. MERLIN, P.: Une évaluation fortement tributaire de l'histoire de la discipline. In: Comité nationale d'évaluation (Hrsg.): La géographie dans les universités françaises. Paris 1989, S. 7–22. [1254]

DESCARTES, R.: Die Prinzipien der Philosophie. Leipzig 1922 (4. Auflage).

DICKEN, P.: Global Shift. The Internationalization of Economic Activity. New York 1992.

DURKHEIM, E.: Les formes élémentaires de la vie religieuse. Paris 1912.
FEATHERSTONE, M. (Ed.): Global Culture. Nationalism, Globalization and Modernity. London 1990.
FOUCAULT, M.: Wie wird Macht ausgeübt? In: DREYFUS, H. L. u. RABINOW, P. (Hrsg.): Michel Foucault. Jenseits von Strukturalismus und Hermeneutik. Frankfurt a. M. 1987, S. 251–261.
GIDDENS, A.: A Contemporary Critique of Historical Materialism. London 1981.
– : The Consequences of Modernity. Stanford 1990.
– : Modernity and Self-Identity. Cambridge 1991.
– : The Transformation of Intimacy. Cambridge 1992 a.
– : Kritische Theorie der Spätmoderne. Wien 1992 b.
– : Living in a Post-Traditional Society (Unveröffentlichtes Manuskript). Cambridge 1993.
HARD, G.: Disziplinbegegnung an einer Spur. In: Notizbuch 18 der Kasseler Schule. Kassel 1990, S. 6–53.
HARTKE, W.: Gliederungen und Grenzen im Kleinen. In: Erdkunde 2, 1948, S. 174–179.
– : Gedanken über die Bestimmung von Räumen gleichen sozialgeographischen Verhaltens. In: Erdkunde 13, 1959, S. 426–436.
– : Die Bedeutung der geographischen Wissenschaft in der Gegenwart. In: Tagungsbericht und Abhandlungen des 33. Deutschen Geographentages in Köln 1961. Wiesbaden 1962, S. 113–131.
HEINTZ, B.: Die Herrschaft der Regel. Frankfurt a. M. 1993.
HETTNER, A.: Die Geographie, ihre Geschichte, ihr Wesen und ihre Methoden. Breslau 1927.
– : Der Gang der Kultur über die Erde. Leipzig u. Berlin 1929.
HOLLING, E. u. KEMPIN, P.: Identität, Geist und Maschine. Auf dem Weg zur technologischen Zivilisation. Reinbeck bei Hamburg 1989.
KANT, I.: Physische Geographie. Königsberg 1802.
– : Kritik der reinen Vernunft. Stuttgart 1985.
– : Von dem ersten Grund des Unterschiedes der Gegenden im Raume. In: KANT, I.: Gesammelte Schriften. Bd. 2. Berlin 1905a, S. 375–383.
– : Neuer Lehrbegriff von Bewegung und Ruhe. In: KANT, I.: Gesammelte Schriften. Bd. 2. Berlin 1905b, S. 4–24.
LEEMANN, A.: Auswirkungen des balinesischen Weltbildes auf verschiedene Aspekte der Kulturlandschaft und auf die Wertung des Jahresablaufes. In: Ethnologische Zeitschrift Zürich 2, 1976, S. 27–67.
LEIBNIZ, G. W.: Hauptschriften zur Grundlegung der Philosophie. Leipzig 1904.
LEFEBVRE, H.: La production de l'espace. Paris 1981 (2. Auflage).
MAIER, J., PAESLER, R., RUPPERT, K. u. SCHAFFER, F.: Sozialgeographie. Braunschweig 1977.
NERLICH, G.: The Shape of Space. Cambridge 1976.
NEWTON, I.: Mathematische Prinzipien der Naturlehre. Berlin 1872.
– : Treatise of Optics. New York 1952.
OTREMBA, E.: Das Spiel der Räume. In: Geographische Rundschau 13, 1961, S. 130–135.
POHL, J.: Die Geographie als hermeneutische Wissenschaft. Münchner Geographische Hefte 52. Kallmünz/Regensburg 1986.
ROBERTSON, R.: Globalization. Social Theory and Global Culture. London 1992.
SACK, R. D.: Geography, Geometry, and Explanation. In: Annals of the Association of American Geographers 62, 1972, S. 61–78.
SCHAEFER, F. K.: Exceptionalism in Geography. A Methodological Examination. In: Annals of the Association of American Geographers 43, 1953, S. 226–249.
SCHÄTZL, L.: Wirtschaftsgeographie I. Paderborn 1992 (4. Auflage).
SCHÜTZ, A.: Theorie der Lebensformen. Frankfurt a. M. 1981.
SEDLACEK, P.: Kulturgeographie als normative Handlungswissenschaft. In: SEDLACEK, P. (Hrsg.): Sozial-/Kulturgeographie. Paderborn 1982, S. 187–216.
SHIELDS, R. (Ed.): Lifestyle Shopping. London 1992.
SIMMEL, G.: Philosophie des Geldes. Gesamtausgabe, hrsg. von FRISBY, D. P. u. KÖHNKE, K. C., Bd. 6. Frankfurt a. M. 1989.

SOJA, E. W.: Postmodern Geographies. London 1989.
STOCKAR, TH. V.: Telekommunikation und Stadtentwicklung. Anthropogeographische Schriftenreihe, Universität Zürich, Vol. 12. Zürich 1994 (im Druck).
TREPPER MARLIN, A. a. SCHORSCH, J.: Shopping for a Better World. New York 1992.
WARREN, C. A.: Adat and Dinas. Village and State in Contemporary Bali. Melbourne 1990.
WEBER, M.: Wirtschaft und Gesellschaft. Tübingen 1980 (5. Auflage).
WELSCH, W.: Transkulturalität. Lebensformen nach der Auflösung der Kulturen. In: Information Philosophie, Nr. 2, 1992, S. 5–20.
WERLEN, B.: Gesellschaft, Handlung und Raum. Grundlagen handlungstheoretischer Sozialgeographie. Stuttgart 1987.
– : Von der Raum- zur Situationswissenschaft. In: Geographische Zeitschrift 76, 1988, S. 193–208.
– : Kulturelle Identität zwischen Individualismus und Holismus. In: SOSOE, K. L. (Hrsg.): Identität: Evolution oder Differenz. Fribourg 1989, S. 21–54.
– : Regionale oder kulturelle Identität? Eine Problemskizze. In: Berichte zur deutschen Landeskunde, Bd. 66, 1992, S. 9–32.
– : Society, Action and Space. An Alternative Human Geography. London 1993a.
– : On Regional and Cultural Identity. Outline of a Regional Cultural Analysis. In: STEINER, D. a. NAUSER, M. (Eds.): Human Ecology. London 1993b, S. 296–309.
– : Identität und Raum – Regionalismus und Nationalismus. In: Soziogeographie 6/7, 1993c, S. 37–70. [1255]
– : Handlungs- und Raummodell in sozialgeographischer Forschung und Praxis. In: Geographische Rundschau 45, 1993d, S. 724–729.
– : Handeln – Gesellschaft – Raum. Neue Thesen zur sozial- und wirtschaftsgeographischen Gesellschaftsforschung. In: Geograficky'casopsis Bratislava 44, 1993e, S. 321–337.
WIRTH, E.: Theoretische Geographie. Stuttgart 1979.

# DIE RÄUME ZWISCHEN DEN WELTEN UND DIE WELT DER RÄUME
## ZUR KONZEPTION EINES SCHLÜSSELBEGRIFFS DER GEOGRAPHIE

*Peter Weichhart*[1]

„Ich bin schon in der dritten Welt!" rief mir mein Sohn, vor dem Computer sitzend, unlängst zu. Ich hatte eben verschiedene Texte von POPPER, SCHÜTZ und WERLEN gelesen und brauchte einige Zeit, um zu realisieren, dass mein Filius keineswegs die Drei-Welten-Theorie, sondern schlicht eines dieser Computerspiele meinte, bei denen man sich von einer „Welt" in die nächste kämpft. Jedenfalls wurde mir in diesem Augenblick wieder einmal nachdrücklich bewußt, wie sehr wir in unserer Auseinandersetzung mit der Realität – was immer das auch sein mag – von unseren kognitiven Konstrukten und unserer Sprache bestimmt werden.

Das Projekt einer subjektzentrierten Handlungstheorie, die als konzeptionelle und methodische Grundlage für eine zeitgemäße Sozial-/Humangeographie dienen soll, wurde bisher am weitesten von BENNO WERLEN vorangetrieben. In mehreren umfangreichen Veröffentlichungen (besonders 1987, 1995 und 1997) hat dieser Autor einen wirklich umfassenden und überaus konsequenten Entwurf vorgelegt, der in der Zwischenzeit auch von der Fachwelt seiner Bedeutung entsprechend rezipiert und gewertet wurde.

In der Auseinandersetzung mit den durchaus radikalen – an die Wurzeln gehenden – Überlegungen und Vorschlägen WERLENs wird immer wieder die Befürchtung geäußert, dass eine konsequente Umsetzung seiner Konzepte zu einer Auflösung der Geographie in eine „allgemeine Sozialwissenschaft" fuhren müsse. Vor allem wird dabei geargwöhnt, dass durch diese Konzeption das zentrale „Objekt" und die „weithin anerkannte ‚methodologische Mitte' der Geographie" (KÖCK 1997, 89) verloren gehen würde: WERLEN gilt als „Raumexorzist". Und ohne Raum, diesem „Ankerpunkt" des Faches, könnte sich „die Geographie kaum, wenn überhaupt, legitimieren" (1997, 89).

Tatsächlich fordert WERLEN eine grundlegende Umorientierung des „geographischen Tatsachenblicks". Eine Konstituierung des Faches als Raumwissenschaft hält er für unmöglich. Dies bedeutet aber keineswegs, dass WERLEN auf Raumkonzepte völlig verzichtet. Im Gegenteil: Seine [168] „Sozialgeographie der alltäglichen Regionalisierungen" bietet die Option einer sozialwissenschaftlichen Präzisierung

---

1 Für anregende Diskussionen zu den hier behandelten Themen habe ich Huib ERNSTE (Nijmegen), Paul MESSERLI (Bern) und Benno WERLEN (Jena) ausdrücklich zu danken. Ein besonders kritischer und konstruktiver Gesprächspartner war Wolfgang ZIERHOFER (Zürich), mit dem ich fast ein Jahr lang eine höchst spannende Korrespondenz über den Raumbegriff via e-mail geführt habe (Gisbert grüßt Isegrimm).

klassischer humangeographischer Problemstellungen und Erkenntnisobjekte und damit auch eine dem aktuellen Stand der methodischen Diskussion entsprechenden Neuformulierung des Raumbegriffes. Streng genommen müssten seine Überlegungen sogar als besonders ambitionierter und gelungener Versuch einer „Rettung" traditioneller Fragestellungen und Denkperspektiven gewertet werden.

Wolfgang ZIERHOFER hat in seinem Beitrag in diesem Band zwischen einer „schwachen" und einer „starken" Form des „Raum-Exorzismus" unterschieden (Fußnote 10). Die „starke" Form geht davon aus, dass soziale Gegebenheiten von materiellen (und damit von „räumlichen") Strukturen vollkommen unabhängig seien. Diese Position wird innerhalb der Geographie (unter Verweis auf LUHMANN) etwa von Gerhard HARD (z.B. 1993) oder Helmut KLÜTER (z.B. 1986) vertreten. Proponenten der „schwachen" Form verlangen hingegen, bei der Darstellung und Analyse sozialweltlicher Phänomene die klassische Raum-Semantik durch eine geeignetere Redeweise zu ersetzen. Es geht hier schlicht und einfach darum, soziale und kulturelle Gegebenheiten nicht primär mit raumkategoriellen, sondern mit sozialwissenschaftlichen (z.B. handlungstheoretischen) Begriffen zu charakterisieren. Dass dabei natürlich auch die „Bedeutung der räumlichen Aspekte von Handlungskontexten für das Gesellschaftliche interessiert", wird von WERLEN (1997, 62) ausdrücklich herausgestrichen. Diese schwache Form des Raumexorzismus, bei der es vor allem darum geht, eine unzulänglich reflektierte, elliptisch verkürzte und bloß metaphorische Redeweise sowie deterministische Fehldeutungen zu vermeiden, soll auch in den folgenden Überlegungen vertreten werden.

Zunächst möchte der Autor einige ontologische Fragen erörtern, die im Zusammenhang mit der aktuellen methodologischen Diskussion bedeutsam erscheinen. Anschließend wird versucht, eine „Inventarisierung" geographischer Raumkonzepte vorzunehmen und dabei die wichtigsten Denkfallen aufzuzeigen, die für den innergeographischen wie den alltagsweltlichen Diskurs zum Thema „Raum" charakteristisch sind. Im letzten Abschnitt soll versucht werden, Möglichkeiten einer Raumkonzeption zu erörtern, die mit einer ausdrücklich sozialwissenschaftlichen Perspektive verträglich sind und im Rahmen einer subjektzentrierten Handlungstheorie angewendet werden können und genutzt werden sollten. WERLEN selbst gibt dazu bisher nur relativ knappe und noch nicht ausreichend systematisierte Hinweise. Dies hängt auch damit zusammen, dass seine Argumentationen in erster Linie ausdrücklich gegen den unreflektierten „Raumfetischismus" gerichtet sind, der in unserem Fach noch immer fröhliche Urstände feiert, und empirisch relevante Umsetzungskonzepte erst im geplanten dritten Band seiner „Sozialgeographie" erörtert werden sollen.

## ONTOLOGISCHE VORÜBERLEGUNGEN

Seit langer Zeit wird in der theoretisch-konzeptionellen Diskussion der Geographie das Problem der ontologischen Differenz zwischen verschiedenen „Seinssphären" diskutiert. In der klassischen Periode der Landschafts- und Länderkunde wurde diese Frage als Bemühen zur Überwindung der Dichotomie zwischen „Natur" und „Kultur" artikuliert. Die eigenständige Leistung des [|69] klassischen Paradigmas zur Auflösung ontologischer Differenzen bestand darin, mit Hilfe der Konzepte „Landschaft" und „Land" eine gleichsam synthetisierende und konkret-objekthaft gedachte Klammer zwischen diesen Seinsbereichen anzubieten. Quasi als „Hilfskonstruktion" musste dazu noch die sogenannte „Integrationsstufenlehre" aufgeboten werden. Sie besagt, dass das „Zusammentreten der Einzelbestandteile" im Raum in bestimmten charakteristischen Stufen erfolgen würde (BOBEK und SCHMITTHÜSEN, 1949). „Wir können von einer stufenweisen Integration sprechen und verstehen dabei unter Integration die Verschmelzung verschiedener Elemente zu einem neuen Ganzen, dem Eigenschaften zukommen, die die Elemente einzeln nicht besitzen" (BOBEK 1957, 126). Die einzelnen „Geofaktoren" wurden dabei als „Partialkomplexe" angesehen (z.B. der Boden), die durch funktionale und kausale Wechselwirkungen konstituiert würden und als Systeme niedrigerer Ordnung aufzufassen seien. Als „zentrales Integrationsprodukt" galt die Landschaft, in der die „Verschmelzung" von Natur und Kultur zu einem ganzheitlichen Gestaltkomplex evident werde. Die Raumkonzepte der klassischen Geographie hatten unter anderem also die zentrale Funktion, eine substantialistische Verklammerung von „Natur" und „Kultur" zum Ausdruck zu bringen.

Ähnliches gilt für die postklassische traditionelle Geographie. Nun fungieren die Begriffe „Raum" und „Region" als Synthesekonzepte, mit denen eine ganzheitlich-gestalthafte Verschmelzung unterschiedlicher Seinsbereiche bewerkstelligt werden soll. Räume und Regionen werden dabei als „reale Gegenstände", als „Substanz" aufgefasst, die man gleichsam als konkrete Elemente der Realität forschend entdecken könne. Auch hier gilt als Konstitutionsprinzip der als kausal, funktional oder final angesehene Wirkungszusammenhang zwischen verschiedenen Geofaktoren.

Gegen diese Konzeption und die damit zusammenhängende ontologische Deutung erhoben sich schon sehr frühzeitig kritische Stimmen. Autoren wie GERLING (1949, 1954 und 1965) oder SZÁVA-KOVÁTS (1960) haben lange vor dem Kieler Geographentag auf die „erkenntnistheoretisch fehlerhafte Konstruktion" (47) dieser Auffassung hingewiesen und die klassischen Raumkonzepte als Produkte einer Hypostasierung entlarvt. Mit der kritischen Diskussion im Vorfeld und vor allem im Gefolge des Kieler Geographentages wurde eine schonungslose Abrechnung mit der klassischen Methodologie und ihren Konstrukten eingeleitet, die in letzter Konsequenz den Raumfetischismus durch die harte Form des Raumexorzismus ablösen wollte. Es zeigte sich, dass die Vertreter einer eher konservativen postklassischen Konzeption des Faches – diese Richtung wurde an anderer Stelle als „Raumstrukturforschung" bezeichnet (ARNREITER und WEICHHART 1998, 65) – den alten Landschaftsbegriff durch die Konzepte „Raum" und „Region" ersetzten, wobei aber inhaltlich kaum Veränderungen vorgenommen wurden. Was früher als „Landschaft" bezeichnet wurde, hieß nun einfach „Raum" oder „Region".

Der seit Kiel nicht mehr abreißende Diskurs zum Thema „Ent-Räumlichung" der Geographie wird in sehr starkem Maße mit Argumenten geführt, die auf ontologische Fragen Bezug nehmen. Um die „ontologische Verslumung" – so hat es HARD (1993, 56) einmal formuliert – der in der Geographie vorfindbaren Raumkonzepte sichtbar zu machen, wird häufig auf die gängigen ontologischen „Drei-Welten-Differenzierungen" verwiesen, wie sie von POPPER (z.B. 1973) und (eher implizit) von SCHÜTZ (1971, 1982) eingeführt wurden. [|70]

POPPERS eigentliches Anliegen bei der Entwicklung seiner Drei-Welten-Theorie war es, die nach seiner Auffassung unzulässige Gleichsetzung von objektiven Ideen und subjektiven Denkprozessen aufzuzeigen. Die zentrale Botschaft dieser Theorie besteht in der Behauptung, dass die Welt der objektiven Ideen oder Intelligibilia, diese Welt der „möglichen Gegenstände des Denkens" (Popper 1973, 188), in Hinblick auf ihren ontologischen Status *unabhängig* sei (ebda, 195) und nicht auf subjektive Denkprozesse reduziert werden könne. Es geht POPPER also vor allem darum, die Eigenständigkeit, „Wirklichkeit" oder Autonomie der Welt 3 zu betonen, obwohl sie ein „Erzeugnis" des Menschen ist, so wie Spinnweben oder Honig Erzeugnisse von Spinnen und Bienen sind. Bei SCHÜTZ steht die Konstitution der drei Welten in Zusammenhang mit den von ihm unterschiedenen Lebensformen, in denen ego existiert (vgl. dazu WERLEN 1987, 83–88).

Bei der Interpretation dieser Theorien im Rahmen der innergeographischen Diskussion wird vor allem die strenge ontologische Unterscheidung zwischen den drei Welten in den Vordergrund gerückt. Es wird primär herausgestellt, dass physisch-materielle Dinge, subjektive Bewusstseinszustände und die Welt der Intelligibilia als *grundsätzlich verschiedenartige Seinsbereiche* aufgefasst werden müssten. Die entscheidende Schlußfolgerung lautet dabei: Weil diese drei Welten und das, was sie an Phänomenen enthalten, einen unterschiedlichen ontologischen Status aufweisen, kann es nicht möglich und schon gar nicht sinnvoll sein, „Bewohner" einer dieser Welten mit Elementen einer anderen in Beziehung zu setzen oder in einer anderen Welt abzubilden. Daher seien alle Versuche von vornherein zum Scheitern verurteilt, soziale Tatbestände, die ja Elemente der Welt 3 sind, in der Welt 1 zu lokalisieren (WEICHHART 1998). Dies wird als entscheidendes Argument für die *starke Version* des Raumexorzismus gewertet (vgl. z.B. HARD 1993). Denn die Räume der Geographen sind in ihrer konkreten Materialität natürlich Elemente der Welt 1.

Tatsächlich besteht – wie Wolfgang ZIERHOFER (1999a) es formuliert hat – ein „großer Bedarf nach einer ontologischen Unterscheidung zwischen (subjektivem) Sinn, Materie und Sozialem. Denn nur unter der Prämisse einer derartigen ontologischen Differenz ist es möglich, „sich den Menschen als autonomes Subjekt mit freiem Willen vorzustellen" (ebda) und deterministische Kausalwirkungen von der Welt 1 auf die Welten 2 und 3 dezidiert auszuschließen. Bei genauer Betrachtung – das kann etwa für die Argumentation von Benno WERLEN gezeigt werden (vgl. WEICHHART 1998) – liegt die primäre Intention der meisten Vertreter des schwachen wie des starken Raumexorzismus auch genau in diesem Punkt: Ihr eigentliches Anliegen ist in Wahrheit gar nicht der Raum, sondern das Bemühen, *jede Möglichkeit deterministischer Kurzschlüsse von der Welt 1 auf die Welten 2 und 3 auszuschließen*.

Durch diese Argumentationsstruktur geriet allerdings ein durchaus bedeutsames Problem aus dem Blickpunkt des Interesses. Es ist die Frage, wie denn eigentlich der *Zusammenhang* oder die Wechselwirkung *zwischen den Welten* beschaffen ist. In der Diskussion der Raumexorzisten wird unter Verweis auf die ontologische

Differenz zwischen den drei Welten meist argumentiert, dass derartige Zusammenhänge gar nicht existieren (können) beziehungsweise, dass es sich hier bestenfalls um wissenschaftlich völlig irrelevante Trivialitäten handeln würde.

POPPER selbst hält diese Frage allerdings keineswegs für trivial, sondern für „höchst wichtig" (1973, 188) oder gar für eine „Hauptfrage": „Denn offensichtlich [|71] möchten wir verstehen, wie solche nichtphysikalischen Dinge wie *Zwecke, Überlegungen, Pläne, Entscheidungen, Theorien, Absichten und Werte* dabei mitspielen können, physikalische Änderungen in der physikalischen Welt herbeizuführen. Daß sie das tun, scheint – trotz HUME, LAPLACE und SCHLICK – offensichtlich zu sein. Es ist einfach nicht wahr, daß all jene ungeheuren physikalischen Veränderungen, die stündlich von unseren Federn und Bleistiften oder Baggern hervorgebracht werden, rein physikalisch erklärbar wären ..." (273/4). Bei der Befassung mit der Frage nach den Beziehungen zwischen den drei Welten unterscheidet POPPER zwei Probleme. Das erste nennt er „*COMPTONS Problem*" (274). Es läßt sich (in der behavioristischen Terminologie COMPTONS) beschreiben als „... das Problem des Einflusses *der Welt abstrakter Bedeutungen* auf das menschliche Verhalten (und damit auf die physikalische Welt)" (275). Das zweite – es ist das „klassische Leib-Seele-Problem" – nennt er „DESCARTES' Problem" (276): „Wie ist es möglich, daß Bewußtseinszustände – Willensakte, Gefühle, Erwartungen – die physischen Bewegungen unserer Glieder beeinflussen oder steuern? Und ... wie ist es möglich, daß die physikalischen Zustände eines Organismus seine psychischen Zustände beeinflussen?" (276).

Der Weg zur Lösung dieser Probleme, den POPPER im Folgenden vorschlägt, basiert auf der Akzeptanz von „COMPTONS Freiheitspostulat": „Die Lösung muß die Freiheit erklären; und sie muß auch erklären, warum Freiheit nicht einfach Zufall ist, sondern eher das Ergebnis eines komplexen Zusammenwirkens zwischen *etwas sehr Zufallsähnlichem* und *so etwas wie einer einschränkenden oder auswählenden Steuerung ...*" (276). Es geht POPPER damit um die Beantwortung genau jener Frage, die nach der Auffassung des Autors auch das zentrale Problem der Geographie (und der Humanökologie) beschreibt: Wie kann man zu einer *indeterministischen* Behandlung der Frage nach dem Zusammenhang zwischen „Sinn und Materie"[2] gelangen? POPPER will also ausdrücklich genau jenes Problem lösen, das nach Ansicht der Vertreter des starken Raumexorzismus angeblich gar nicht existiert.

POPPERs evolutionstheoretische Vorschläge zur Lösung des Problems können allerdings nicht wirklich überzeugen. Er selbst bietet seine Theorie auch „mit vielen Entschuldigungen an" (288) und räumt ein, dass sein Vorschlag „gleichzeitig zu alltäglich *und* zu spekulativ" wäre und gewiss nicht das sei, „wonach die Philosophen gesucht haben" (304). Er soll daher hier auch nicht ausführlicher diskutiert werden. Es geht mir an dieser Stelle primär darum, das Folgende klar zu machen: Man kann sich nicht auf POPPER als Kronzeugen berufen, um unter Verweis auf den eigenständigen ontologischen Status seiner drei Welten die Frage nach den Wechselwirkungen und Zusammenhängen *zwischen* ihnen als irrelevant oder trivial abzulehnen. Dies steht eindeutig in schroffem Widerspruch zu POPPERs eigener Argu-

---

2 So formuliert es W. ZIERHOFER (1999a) sehr treffend.

mentation und Problemsicht, bei der solche Zusammenhänge ausdrücklich als besonders wichtige Fragestellung angesehen werden.

Kern seiner evolutionstheoretischen Lösung ist das Konzept einer „plastischen" (nicht-deterministischen) Steuerung, bei der „… unsere *psychischen Zustände (einige unserer) physischen Bewegungen steuern* …", wobei es „… eine gewisse Rückkoppelung und damit Wechselwirkung zwischen den psychischen Tätigkeiten und den anderen Funktionen des Organismus gibt" (300/1). Er vermutet, dass die Annahme einer „… ‚Wechselwirkung' zwischen psychischen [|72] und physischen Zuständen die einzige befriedigende Lösung des DESCARTESschen Problems bietet…" (301, Fußnote 62).

Die Argumentation von Vertretern der starken Form des Raumexorzismus ist also dadurch gekennzeichnet, dass die POPPERsche Drei-Welten-Theorie als ontologisches Argument zur Begründung grundlegender Differenzen zwischen verschiedenen Seinsbereichen eingesetzt wird, gleichzeitig aber die im Rahmen dieser Theorie sehr wichtige Frage nach den Wechselwirkungen zwischen den Welten ignoriert und ausgeklammert wird.

Die bisher in der Geographie praktizierten und diskutierten Versuche, mit dem Problem der Wechselwirkungen zwischen den drei Welten umzugehen, erscheinen in jedem Falle höchst reduktionistisch und kommen als akzeptable Lösung nicht wirklich in Frage. Der von den traditionellen Ansätzen der Geographie implizit präferierte Lösungsweg muss als materialistischer Reduktionismus angesehen werden, bei dem die zweit- und drittweltlichen Komponenten, die soziale Praxis und der Zeichencharakter der Welt 1 nicht adäquat zum Ausdruck kommen. Umgekehrt ignoriert die zeichentheoretische Lösung, wie sie in der Geographie etwa von HARD (z.B. 1993) und KLÜTER (z.B. 1986) propagiert wird, die evidente Materialität der Artefakte und der Dingwelt und vernachlässigt die bedeutende Rolle, die ihnen in sozialen Prozessen zukommt (vgl. z.B. CSIKSZENTMIHALYI und ROCHBERG-HALTON 1981 oder LANG, z.B. 1993).

Materielle Dinge sind natürlich mehr als nur Zeichen, sie besitzen strukturelle, funktionelle und physiologische Qualitäten, die sich einer ausschließlich semiotischen Analyse entziehen. Ein Laib Brot hat zwar zweifellos einen (mehrdeutigen) Zeichencharakter, dient aber eben auch als Nahrungsmittel. Und diese physiologisch durchaus relevante Funktion kann zeichentheoretisch nicht adäquat beschrieben werden. Allerdings – und hier hat HARD (1993, 57) völlig recht – sind wir es gewohnt, zur Beschreibung der „Bewohner" der drei Welten auch unterschiedliche Sprachen zu verwenden. Daher fällt es uns überaus schwer, die Beziehungen zwischen den Welten zu artikulieren. Es erhebt sich damit auch der Verdacht, dass die in den westlichen Kulturen übliche strikte und ontologisch verstandene Differenzierung zwischen „Natur" und „Kultur", „Geist" und „Materie" nicht das (vom Sprecher unabhängige) *Objekt*, sondern das *Produkt* der gängigen kognitiven und sprachlichen Praxis darstellt (vgl. WEICHHART 1993b und 1993c).

Jedenfalls scheint es unter diesen Umständen sinnvoller zu sein, für die generelle Konzeption einer individuumszentrierten Sozialgeographie eher von der Annahme einer durchgängigen Realität auszugehen. Dabei sollte auch weiterhin – und mit guten Gründen – analytisch zwischen den „drei Welten" (und drei Sprachspielen) unterschieden werden, deren Differenz aber nicht als unterschiedliche *Existenzweise*, sondern als „unterschiedliche Erscheinungs- oder Organisationsform derselben Realität" interpretiert wird (ZIERHOFER, 1999a). Eine derartige pragmatisch fixierte „Quasi-Ontologie", die auf metaphysische Begründungen verzichtet, erscheint besonders für eine handlungs-theoretische Orientierung angemessen. Denn: „Die Konzeption von Handlung als Vermittlungsinstanz zwischen den drei Welten führt jedoch zu einem Gesellschaftsverständnis, das auch subjektive und physische Sachverhalte umfassen muss" (ZIERHOFER, 1999a). Gerade im Rahmen einer handlungstheoretischen (und einer humanökologischen) Perspektive wird deutlich, dass die Realität von *„hybriden Phänomenen"* (ZIERHOFER 1997 und 1999) bevölkert ist, die gleichzeitig in (mindestens) zwei der POPPERschen Welten beheimatet sind. [|73] Dies kann besonders deutlich bei materiellen Artefakten oder materialisierten Handlungsfolgen gezeigt werden, die sich in Bezug auf ihre Position im Drei-Welten-Schema *nicht* eindeutig bestimmen lassen. Sie „... können insgesamt weder der physisch-materiellen Welt noch der immateriellen sozialen Welt einseitig zugeordnet werden. Die einseitige Zuordnung zur physischen Welt ist deshalb als unangemessen zu betrachten, weil in Artefakten immer auch Sinnsetzungen der Hervorbringungsakte aufgehoben sind ... Die einseitige Zuordnung zur sozialen Welt ist deshalb unangebracht, weil diese Artefakte materieller Art sind und somit einen anderen ontologischen Status aufweisen als reine Sinngehalte und Ideen" (WERLEN 1987, 181).

Aus den bisherigen Überlegungen ergeben sich für den Autor einige Schlussfolgerungen hinsichtlich des Stellenwertes und der Notwendigkeit von Raumkonzepten im Rahmen einer individuumszentrierten und handlungstheoretisch ausgerichteten Geographie:

- Die starke Form des Raumexorzismus kann nicht nachvollzogen werden und wird abgelehnt. Die von den meisten Vertretern dieser Auffassung vorgelegte Begründung über die Drei-Welten-Theorie POPPERs ist gerade im Kontext dieser Theorie inkonsistent und ignoriert einige ihrer zentralen Aussagen.
- Der ontologische Pluralismus, der hinter der starken Form des Raumexorzismus steht, besitzt zwar den Vorzug, deterministische Fehlschlüsse von vornherein verläßlich auszuschließen, führt aber zu reduktionistischen Interpretationen und wird der Evidenz hybrider Phänomene nicht gerecht.
- Jede handlungstheoretisch orientierte Sozialwissenschaft muss mit Notwendigkeit von einer prinzipiell monistisch orientierten Ontologie ausgehen. Denn im Schlüsselbegriff des „Handelns" sind die drei Welten bereits grundsätzlich und ausdrücklich miteinander „verknüpft". Dies gilt insbesondere für jede Konzeption, die unmittelbar an die von GIDDENS vorgelegte Variante der Handlungstheorie anschließt. Hier wird nämlich „Handeln" nicht *ausschließlich* durch Intentionalität, sondern durch Intentionalität *und* die Fähigkeit definiert, Veränderungen in den Welten 1, 2 und/oder 3 zu bewirken (vgl. GIDDENS 1984, Kap. 1 und KIESSLING 1988, 289).
- In sehr vielen Handlungsakten sind Elemente der Welt 1 (als Mittel, materielle Grundlagen, Werkzeuge, Constraints) involviert. Zur Darstellung und Beschreibung dieser materiellen Basis von Handlungen erscheinen analytische Werkzeuge zu ihrer Lokalisation in der physisch-materiellen Welt unabdingbar.

Denn diese Grundlagen sind „erdräumlich" nicht nur ungleichmäßig verteilt und zugänglich, sondern sie werden oft erst auch dadurch zum Mittel, Werkzeug oder Constraint, dass sie in einer bestimmten Konfiguration, Konzentration oder Kombination vorkommen.

- In diesem Zusammenhang ist vor allem die Kategorie der *immobilen* materiellen Artefakte von besonderer Bedeutung. Denn: „... sie strukturieren die physisch-materielle Welt und deren erdräumliche Dimension in sozialer Hinsicht und die soziale Welt in erdräumlicher Hinsicht auf persistente Weise" (WERLEN 1987,182).

Es erscheint daher – auch im Rahmen der Position des schwachen Raumexorzismus – erforderlich, methodische Instrumente bereitzustellen, welche [|74] eine Lokalisation materieller und hybrider Phänomene ermöglichen. Anders formuliert: Auch eine handlungstheoretisch konzipierte Geographie wird auf Raumkonzepte nicht verzichten können.

Wie könnten derartige sozialwissenschaftlich verträgliche Raumkonzepte aussehen? Um diese Frage genauer zu überlegen, soll im nächsten Abschnitt eine ausführliche und detaillierte Bestandsaufnahme der in unserem Fach gängigen Verwendungsweisen des Begriffes „Raum" vorgenommen werden. Dabei soll es auch darum gehen, Erklärungsansätze für die hartnäckige Persistenz der substantialistischen und organismischen Raumauffassungen in der Geographie zu finden. Im Mittelpunkt sollen aber zwei Fragen stehen: 1.) Welche Varianten der in der Geographie vorfindbaren Raumkonzepte können unter welchen Bedingungen – auch im Sinne einer fachlichen Kontinuität – weiterhin problemlos verwendet werden, welche sind zu verwerfen? 2.) Ist es sinnvoll, die fachliche Identität der Geographie an irgendwelche Raumkonzepte zu knüpfen und damit – wie dies in der innerfachlichen Diskussion ständig geschieht – einen wie immer verstandenen „Raum" gleichsam zum Konstitutionsprinzip dieser Disziplin zu erklären?

## RAUMKONZEPTE: EIN INVENTARVERZEICHNIS
## ODER
## KANN MAN RÄUME WIRKLICH NICHT KÜSSEN?

Was also hat es mit dem Begriff „Raum" auf sich?[3] Die meisten Geographen würden wohl spontan der Behauptung zustimmen, dass „Raum" auf das zentrale Erkenntnisinteresse unseres Faches verweist und damit als *der* entscheidende Schlüsselbegriff der Geographie angesehen werden kann. So wie die Geschichte als die Wissenschaft von der Zeit bezeichnet wird, gilt die Geographie als die Wissenschaft vom Raum.

---

3   Der Untertitel dieses Abschnittes verweist auf die „Frühjahrstagung 1997" des Österreichischen Institutes für Raumplanung in Wien. Diese Veranstaltung wurde unter dem Titel „Räume kann man nicht küssen" angekündigt. (Das ÖIR ist dafür bekannt, seine Veranstaltungen mit sehr originellen Titeln zu vermarkten.) Inhaltlich ging es den Veranstaltern darum, den Begriff „Raum" ausführlich zu diskutieren. Denn dieses Wort wird auch in den Planungsdisziplinen recht diffus und wenig präzise verwendet.

Wesentlich weniger Konsens wäre aber wohl gegeben, wenn es darum geht, eine präzise, allseits akzeptierte Definition dieses Begriffes zu formulieren. Die meisten Fachvertreter haben zwar das unmittelbare Evidenzerlebnis, mit dem „Raum" gleichsam das Herzstück der Geographie zu fassen, eine klare und in konkrete Forschungsoperationen umsetzbare Definition bereitet aber extreme Schwierigkeiten.

Es geht uns mit dem Raumbegriff heute so wie den Vertretern der klassischen Geographie mit dem Landschaftsbegriff: „Was aber ist Landschaft? Das ist die ungelöste Grundfrage der Geographie" (CAROL 1956, 111). Wenn man bedenkt, dass damals, Mitte der 50er Jahre, die klassische Landschaftsgeographie am Höhepunkt ihrer Entwicklung war, muss diese eindeutige Aussage doch in höchstem Maße verwundern. Einer der prominentesten Fachvertreter dieser Zeit gibt unumwunden zu, dass seine wissenschaftliche Disziplin nicht imstande ist, ihren wichtigsten Forschungsgegenstand zu beschreiben oder zu definieren, ja, [|75] dass man gar nicht genau weiß, worum es sich bei diesem Gegenstand eigentlich handelt.

Wenn wir die aktuelle Literatur unseres Faches sichten, dann müssen wir feststellen, dass gegenwärtig eine absolut vergleichbare Unsicherheit in Bezug auf den Begriff „Raum" vorliegt. Wir könnten aus heutiger Sicht das CAROL-Zitat umformulieren und fragen: „Was aber ist *Raum*?" Und wir müssten als Resümee des Forschungsstandes resignierend zum Ergebnis kommen: „Das ist die ungelöste Grundfrage der Geographie".

Wie könnten wir nun vorgehen, um diese „ungelöste Grundfrage" „Was aber ist Raum?" doch einer Lösung zuzuführen? Ich denke, der erste Schritt dazu besteht in einer Umformulierung der Frage. Wir sollten eigentlich im Verlaufe der Diskussion um den Landschaftsbegriff gelernt haben, dass es absolut keinen Sinn macht, bei Überlegungen zu Begriffen sogenannte „Was-ist-Fragen" zu stellen. Die analytische Sprachphilosophie gibt uns vielmehr den Rat, bei derartigen Problemstellungen von der Pragmatik der Sprechakte auszugehen. Wenn wir einfach fragen „Was ist Raum?", dann gehen wir nämlich ein großes Risiko ein: Wir riskieren durch diese sprachrealistische Fragehaltung, dass die Antwort schlicht in einer metaphysischen Spekulation besteht. Begriffe und Wörter sind Zeichen, die auf etwas verweisen. Ihre Bedeutung entsteht immer durch einen Zuschreibungsprozess, den der Sprecher selbst vornimmt. Es ist daher vernünftiger, schlicht und einfach die Verwendungsweisen von Begriffen zu analysieren. Bei einer solchen sprachpragmatischen Umformulierung wird die Frage aber ein wenig komplizierter. Wenn wir nämlich rekonstruieren wollen, in welcher *Bedeutung* das Wort „Raum" verwendet wird, dann müssen wir auch berücksichtigen, *von wem* und *zu welchem Zweck* es verwendet wird. Denn – wir werden es gleich sehen – die Bedeutungsvarianten hängen von den Sprechern und ihren jeweiligen Zwecksetzungen ab.

Zwecksetzung heißt in diesem Zusammenhang: Jede sprachliche Kommunikation beeinflußt das Verhalten der Gesprächsteilnehmer. Man nennt dies bekanntlich den „pragmatischen Aspekt" der Sprache. Wer Begriffe in einem bestimmten Sinne verwendet, tut dies nicht nur, um Information zu transportieren, sondern auch, um den Adressaten zu beeinflussen, ihm eine bestimmte Reaktion nahezulegen.

Im Folgenden soll versucht werden, die Bedeutung des Wortes „Raum" zu rekonstruieren. Dabei wird sich zeigen, dass es im Fach Geographie unangenehmerweise tatsächlich mehrere, sehr unterschiedliche Bedeutungsvarianten gibt, die zueinander in erheblichem Widerspruch stehen (vgl. dazu besonders BARTELS 1974; BLOTEVOGEL 1995; REICHERT 1996; CURRY 1996). Es ist daher zunächst eine Art Inventaraufnahme vorzunehmen, eine Auflistung der verschiedenen Verwendungsweisen des Wortes „Raum", wie wir sie in der Geographie, in der Umgangssprache unserer Alltagswelt und in benachbarten Disziplinen vorfinden (vgl. Abb. 1).

In einer ersten Bedeutung wird unser geographischer Schlüsselbegriff im Sinne von „Erdraumausschnitt" oder „Teilbereich der Erdoberfläche" verwendet. Gemeint ist damit die sichtbare, die materielle Welt. Das Wort bezieht sich dabei einerseits auf einen bestimmten, lagemäßig näher spezifizierten Ausschnitt der Erdoberfläche. In diesem Sinne sprechen wir etwa vom „Mittelmeerraum", vom „Alpenraum" oder vom „Salzburger Zentralraum". Genaugenommen handelt es sich hier zunächst nur um eine Art Adressenangabe, die in der Regel allerdings relativ unscharf ausfällt. „Raum" ist dann nichts anderes als eine vage und [|76] abgekürzte Bezeichnung für ein bestimmtes Gebiet der Erdoberfläche, dessen Grenzen aber entweder nicht näher definiert und unscharf belassen oder konventionell und pragmatisch festgelegt werden. „Mittelmeerraum" meint dann nichts anderes als „die Gegend" oder „das Gebiet rund um das Mittelmeer". Eine pragmatische Festlegung wäre zum Beispiel dann gegeben, wenn man für die Abgrenzung angibt, dass damit alle Mittelmeeranrainerstaaten gemeint seien.

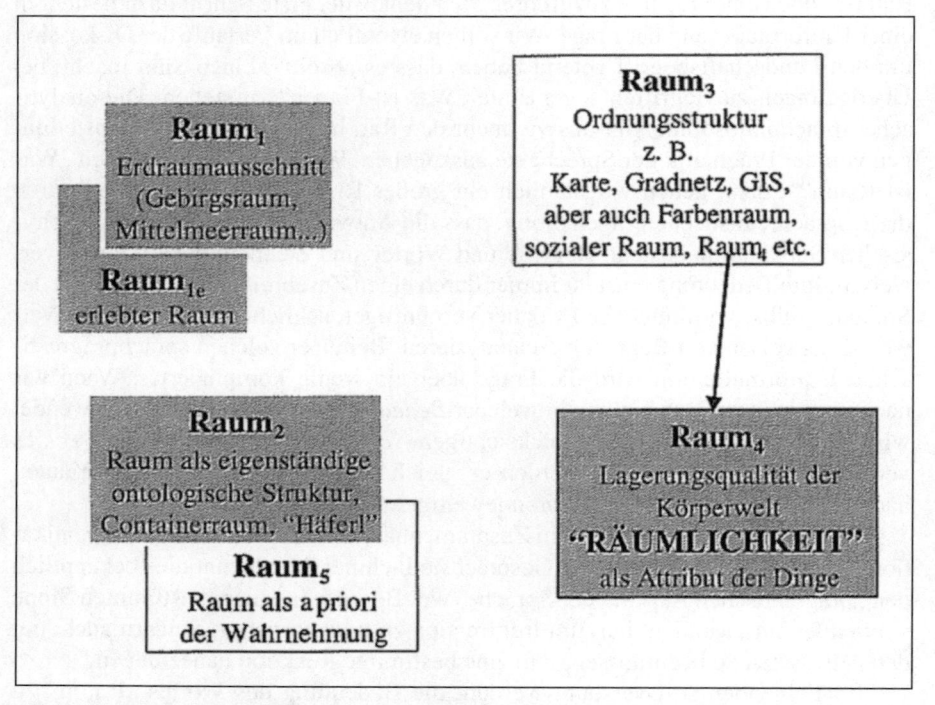

*Abb. 1 Raumkonzepte in der Geographie: Ein Inventarverzeichnis*

Andererseits werden mit dieser Begriffsvariante auch Gebiete der Erdoberfläche bezeichnet, die durch bestimmte dominante Gegebenheiten charakterisiert sind. Wir sprechen dann etwa von Gebirgsräumen, Passivräumen oder Ballungsräumen. Damit sind also bestimmte Bereiche der Erdoberfläche gemeint, die gleichsam als Vertreter bestimmter Verbreitungstypen von Phänomenen angesehen werden können.

Es sei gleich vorweg angemerkt, dass dieses Raumkonzept immer dann völlig problemlos eingesetzt werden kann, wenn damit tatsächlich *nicht mehr* gemeint ist als eine Art *flächenbezogener Adressenangabe*, und die Abgrenzung rein pragmatisch erfolgt. Wir werden etwas später aber noch sehen, dass dieses „Raum$_1$-Konzept" – wie es im Folgenden genannt werden soll – meist noch durch zusätzliche Inhaltskomponenten erweitert wird, was zu ernsthaften Problemen führt. Charakteristisch für diese erste Art der Raumkonzeption ist jedenfalls, dass es sich um einen konkretisierbaren Ausschnitt der materiellen Welt im Sinne eines kontingenten Teilbereiches der Erdoberfläche handelt. Dieses Raum$_1$-Konzept reicht – wissenschaftsgeschichtlich gesehen – von den Anfängen des Faches bis in die Gegenwart.

In einer zweiten Bedeutung verweist „*Raum*" auf jenes „Ding", das übrigbleibt, wenn man gleichsam aus einem Gebirgsraum das Gebirge heraus- [|77] nimmt. Für NEWTON war dieser Raum eine Art dreidimensionaler Container, in den alles Materielle eingebettet ist. Oder wie Peter SCHNEIDEWIND dieses spezifische Raumkonzept in einem Gespräch einmal ironisierend umschrieben hat: der Raum als „Häferl", in das man etwas hineingeben kann.

Wenn wir uns aus einem „Gebirgsraum" das „Gebirge", aus einem Ballungsraum die „Ballung" wegdenken, gleichsam „herausnehmen", dann müsste doch etwas übrigbleiben, nämlich der „leere Raum", der Raum als eigenständige ontologische Struktur, die *unabhängig* von ihrer dinglich-materiellen Erfülltheit existiert. Bei diesem Konzept wird „Raum" als unbegrenzte, dreidimensionale Ausdehnung aufgefasst, in der Objekte und Ereignisse vorkommen, die eine relative Position und Richtung besitzen.

Dieses Raum$_2$-Konzept des Container-Raumes ist uralt, es kommt bereits in der griechischen Philosophie oder etwa in der NEWTONschen Physik vor. In die Geographie drang es erst mit der sogenannten „quantitativen Revolution" des „spatial approach" beziehungsweise des „raumwissenschaftlichen Ansatzes" ein. Die erste ausführliche methodische Diskussion dieses Konzepts im deutschen Sprachraum findet sich in den Schriften von Dietrich BARTELS. Implizit steckt dieses Konzept aber natürlich auch hinter den Theorieansätzen bei Heinrich von THÜNEN, Walter CHRISTALLER oder August LÖSCH und ihren Nachfolgern.

Den beiden bisher besprochenen Verwendungsweisen des Wortes ist gemeinsam, dass „Raum" hier als etwas real Existierendes, als Element der physischmateriellen Wirklichkeit gedacht wird. Der erste Verwendungsmodus des Wortes (Raum$_1$) verweist dabei auf die Gesamtheit der „Dinge", die im Container oder einer seiner Schubladen vorhanden sind, der zweite (Raum$_2$) abstrahiert gleichsam von der „Füllung" und meint den Container oder das „Häferl" selbst. Beide Konzepte kommen nicht nur in der Geographie, sondern auch in verschiedenen anderen Wissenschaften vor.

Bei der Inventarisierung von Verwendungsweisen des Wortes „Raum" können wir nun noch eine dritte Bedeutungsvariante erkennen, die ebenfalls weit verbreitet ist und in fast allen Wissenschaften Verwendung findet. In dieser dritten Bedeutung steht „Raum" nicht für etwas materiell Existierendes, sondern für immaterielle Relationen und Beziehungen oder für etwas Gedachtes (vgl. REICHERT 1996 und ZIERHOFER 1999a). „Raum" bezeichnet dabei so etwas wie eine „Ordnungsrelation" und meint damit eine *logische Struktur*, innerhalb derer die gegebenen Elemente gedanklich eingepasst oder verortet werden (Raum$_3$). Diese dritte Kategorie ist also sehr abstrakt. Mit „Raum" ist hier jede Ordnungsstruktur gemeint, mit deren Hilfe man beliebige „Gegenstände" zueinander bzw. zu irgendwelchen Koordinatenursprüngen in Relation setzen kann. Puristen verlangen (in Analogie zum Konzept des EUKLIDischen Raumes), dass hier mindestens *drei* Ordnungsdimensionen aufgespannt werden müssen.

In diesem Sinne sprechen wir etwa von „Begriffsräumen" und „Merkmalsräumen". Ein Beispiel wäre etwa ein „Farbenraum". Derartige Farbenräume kennen wir etwa aus Graphikprogrammen, wo die Farben nach den Dimensionen Mischungsverhältnis der Grundfarben und Farbintensität dargestellt sind. „Raum" hat hier keine eigene Gegenständlichkeit, sondern er besteht in den *Beziehungen* von Elementen oder Ordnungsobjekten zueinander. Wenn man also Farben in dieser Weise miteinander in Beziehung setzt, dann spannt man eben einen Farbenraum auf. Für diese dritte Bedeutung ist charakteristisch, dass das verwendete Ordnungsraster vom betrachtenden Subjekt, also vom Beobachter, gleichsam über die vorfindbare Realität gelegt wird. Auf diese Weise kann man [|78] auch einen „sozialen Raum" konstruieren und damit etwa auf die Position von Gruppen innerhalb der Dimensionen Statushierarchie und Mittelverfügbarkeit verweisen. Es leuchtet ein, dass auch das Gradnetz, die topographische Karte und alle darauf bezogenen Instrumente (wie etwa GIS) zur Darstellung des Erdraumes in diese Kategorie eines kulturspezifischen Ordnungsrasters fallen und somit als Beispiele für den Raum$_3$ anzusehen sind.

In dieser dritten Bedeutung ist *„Raum"* also eng mit dem Begriff der Ordnung und dem Akt des Ordnens verbunden. „Ordnung" ist dabei sowohl im platonischen Sinne als „entdeckte", den Objekten innewohnende Ordnung als auch – im konstruktivistischen Sinne – als „erfundene" Ordnung zu verstehen (vgl. REICHERT 1996, 17).

Ein Teilelement dieser Kategorie erscheint für die weiteren Überlegungen so wichtig, dass es als eigenständige Bedeutungsvariante gesondert herausgestellt werden soll. Es sei als „Raum$_4$" bezeichnet. Abstrakt formuliert, handelt es sich dabei um ein Konzept, das auf *Relationen zwischen physisch-materiellen Dingen und Körpern* bezogen ist.

Diese vierte und für unsere weiteren Überlegungen besonders entscheidende Bedeutung von „Raum" wurde erstmals vom Philosophen Gottfried Wilhelm LEIBNITZ ausführlich erläutert. Er bezeichnet „Raum" als die „Ordnung des Koexistierenden" (*„spatium est ordo coexistendi"*). Dieses relativistische Raumkonzept kommt *ohne* die Idee des „leeren Raumes" (des „Containers" oder „Häferls") aus.

Das Konzept geht nämlich von der Vorstellung aus, dass „Raum" ausschließlich durch die Beziehungen und die Relationalität der physisch-materiellen Dinge zueinander konstituiert wird. Wenn wir also aus einem solchen $Raum_4$ die „Dinge" herausnehmen, dann bleibt schlicht und einfach gar nichts übrig. Denn der $Raum_4$ entsteht erst durch die zwischen den Dingen und Körpern existierenden Lagerelationen. Ohne Dinge gibt es keinen Raum (vgl. WEICHHART 1993a, 235). Dieses Raumverständnis entspricht übrigens auch den Vorstellungen der modernen feldtheoretischen Physik (vgl. z. B. STRAUMANN 1996).

Halten wir noch einmal fest: Im eben angesprochenen relationalen Verständnis meint „Raum" (in der $Bedeutung_4$) also nichts anderes als die Lagerungsqualität der Körperwelt (EINSTEIN 1980, XV). In der physisch-materiellen Welt spielt diese Lagerungsqualität der Körper und Dinge offensichtlich eine nicht vernachlässigbare Rolle für die Entstehung sogenannter Emergenzphänomene. Dadurch, dass materielle Dinge eine bestimmte Konfiguriertheit aufweisen, zueinander in bestimmten Lagerelationen stehen, benachbart, getrennt oder miteinander verbunden sind, kann so etwas wie ein funktionaler oder dynamischer Systemzusammenhang entstehen, der ohne diese spezifische Lagerungsqualität nicht eintreten würde (vgl. WEICHHART 1997). Ein Beispiel wäre die kritische Masse, die erforderlich ist, um eine nukleare Kettenreaktion in Gang zu setzen. Werden zwei subkritische Massen am gleichen Ort zusammengebracht, geschieht etwas, was bei ihrer räumlichen Separierung nicht passiert, obwohl die „Dingqualität" in beiden Fällen gleich ist.

Der $Raum_4$ ist also keine eigenständige ontologische Struktur, kein Gegenstand oder „Seinsbereich", sondern er stellt genaugenommen ein *Attribut* der physisch-materiellen Dinge dar. Raum wird hier nicht als „Ding", sondern eben als Eigenschaft verstanden. Man sollte demnach – sprachlich korrekter – nicht von „Raum", sondern von „Räumlichkeit" reden. [|79]

Kehren wir an dieser Stelle kurz zu unserer „umformulierten Grundfrage" zurück und überlegen wir, von welchen Sprechern die vier Bedeutungsvarianten von „Raum" zu welchem Zweck verwendet werden. $Raum_1$ ist zweifellos für alle empirischen Wissenschaften als gedankliche Struktur von Bedeutung, deren Erkenntnisinteresse in irgendeiner Form auf Phänomene der Erdoberfläche bezogen ist. Von der Geologie, Botanik, Zoologie bis zur Soziologie, der Geschichte oder den Wirtschaftswissenschaften – all diese Disziplinen beziehen sich immer wieder auf größere oder kleinere Ausschnitte der Erdoberfläche, die sie gleichsam im Sinne einer „flächenbezogenen Adressenangabe" verwenden. Aber auch in der außerwissenschaftlichen lebensweltlichen Realität unseres Alltagshandelns kommt diese Bedeutung von „Raum" immer wieder vor: beispielsweise, wenn man sagt: „Ich war gestern im Mühlviertel" oder „Nächstes Jahr will ich in der Toskana Urlaub machen". Der Zweck derartiger Sprechakte liegt schlicht in der Lageinformation.

Völlig anders sieht es hingegen beim $Raum_2$ aus. Er ist kein Gegenstand der Alltagswelt. In der Geographie ist seine Verwendung auf den „spatial approach", den raumwissenschaftlichen Ansatz, beschränkt. Der Verwendungszweck ist dabei sehr klar erkennbar. Man „benötigt" dieses Konzept, um eigenständige „Raumgesetzlichkeiten" postulieren zu können. Wenn man von der „Wirkkraft" des Raumes spricht, Distanz- oder Konnektivitätsmodelle einsetzt, dann muss man dem Raum eine eigenständige Existenz zubilligen, ihn als ontologische Struktur auffassen.

Der Raum$_3$ ist zweifellos das umfassendste Konzept. Es ist immer dann präsent, wenn wir *denken*, wenn wir Unterscheidungen machen. Es wird von allen Wissenschaften verwendet. Der Zweck ist eindeutig. Wir benötigen dieses Konzept bei jeder Art von kognitiven Operationen. In einer Formulierung von Wolfgang ZIERHOFER (1999a) könnte man sagen: Raum$_3$ ist die Bedingung der Möglichkeit von Unterscheidungen. So gesehen beinhaltet Raum$_3$ alle anderen Bedeutungsvarianten des Begriffs.

Besonders spannend wird die Angelegenheit nun beim Raum$_4$. Der Autor möchte gleich vorweg die Vermutung äußern, dass dieser Raum$_4$ für das Fach Geographie eine besondere Bedeutung besitzt. Sehen wir uns einmal an, *wer* diese vierte Bedeutungsvariante verwendet. Von wem, von welchen Sprechern wird dieses Raumkonzept eingesetzt? Als durchaus repräsentative Auswahl für die Gesamtheit dieser Sprecher seien fünf Berufsgruppen genannt, deren Vertreter im Rahmen ihrer professionellen Tätigkeiten von „Raum" in der vierten Bedeutungsvariante reden: Fußballtrainer, Theaterregisseure, Architekten, Geographen und Raumplaner (vgl. WEICHHART 2000).

In einem Zeitungsinterview mit einem berühmten Berliner Regisseur war vor einiger Zeit zu lesen, er habe bei seiner Inszenierung „durch die Raumgestaltung einen Spannungsbogen aufbauen wollen und den dramatischen Ablauf aus der Raumtiefe her entwickelt". In der Sportberichterstattung im ORF 1 erklärte ein Fußballtrainer den (unerwarteten) Sieg seiner Mannschaft stolz mit folgenden Worten: „Wir hatten einfach den besseren Raumaufbau." Dass Architekten „Räume" entwerfen und ob ihrer „Raumgestaltung" gelobt oder getadelt werden, ist ein gängiger Gesichtspunkt der Architekturkritik – wobei hier „Räume" natürlich nicht im Sinne von „Zimmern" gemeint sind.

Was ist in diesen Zitaten mit „Raumtiefe", „Raumgestaltung" oder „Raumaufbau" denn eigentlich gemeint? Die „Räume" des Fußballspiels werden durch die Lagerelationen zwischen den Körpern der Spieler, dem Ball, dem Tor und [|80] durch die Dynamik dieser Beziehungen aufgebaut. Die Räume der Theaterinszenierung konstituieren sich durch die Lagerelationen zwischen den Körpern der Schauspieler, den Elementen des Bühnenbildes, den Requisiten und deren Beziehungen zu den Sinngehalten des Stückes. Die Problematik der Räume, mit denen sich der Planer auseinanderzusetzen hat, resultiert vor allem aus jenen Flächennutzungs- und Funktionskonflikten, die durch spezifische und oft suboptimale Lage- und Beziehungsrelationen innerhalb der Siedlungs- und Wirtschaftsstrukturen verursacht werden. Und bei der fachspezifischen Problemstellung der Geographie geht es doch im Kern ebenfalls um jene Beziehungen und funktionalen Relationen, die zwischen den Elementen der physisch-materiellen Realität der Erdoberfläche existieren. Ökologische, soziale oder wirtschaftliche Prozesse sind in ihren Abläufen grundlegend von den Lagerelationen zwischen den beteiligten materiellen Systemelementen beeinflusst und genau dieser Aspekt der Räumlichkeit der Ding- und Körperwelt kennzeichnet auch den spezifischen Problematisierungsstil und ein zentrales Erkenntnisinteresse der Geographie. Im Rahmen einer sozialwissenschaftlichen Perspektive benötigen wir dieses Raum$_4$-Konzept immer dann (und *nur* dann!), wenn auf *materielle* Aspekte sozialer Phänomene und Prozesse Bezug genommen wird. Eine solche Bezugnahme kommt in den Sozialwissenschaften bisher allerdings eher selten vor. Der Soziologie wird daher zurecht eine ausgeprägte „Sachblindheit" vorgeworfen (vgl. LINDE 1972 oder SPIEGEL 1998). Erst ab Mitte der 70er Jahre beginnt man in den verschiedenen Teildisziplinen der Sozialwissenschaften materielle und „räumliche" Aspekte des Sozialen zu thematisieren (vgl. die Hinweise bei WEICHHART 1993a, 226–228).

Bei vielen sozialen Interaktionsprozessen stellt auch die Art und Weise, wie unsere Körper aufeinander bezogen sind, ein durchaus bedeutsames Teilelement des Handlungsvollzugs dar. Wir bedienen uns bei nahezu allen Handlungsabläufen immer auch einer Reihe materieller Dinge. Und dabei spielen die Lagerelationen zwischen den Dingen, ihre Räumlichkeit, eine sehr entscheidende Rolle. Wir müssen zur Kenntnis nehmen, dass diese relationale Räumlichkeit der Körper- und Dingwelt eines der Medien darstellt, mit deren Hilfe wir im Vollzug von Handlungen Beziehungen zwischen physisch-materiellen Dingen, subjektiven Wahrnehmungs- und Deutungsprozessen und sozialen Sachverhalten herstellen. Kurzum: Man kann soziale Systeme natürlich ganz im Sinne von LUHMANN (1985, 346) analysieren und darauf verzichten, „leibhaftige Menschen" in ihrer Körperlichkeit und in ihrer Einbettung in die materielle Welt zu betrachten. Dadurch wird aber eine durchaus bedeutsame Dimension des Sozialen und der menschlichen Existenz schlicht und einfach ignoriert beziehungsweise ausgeblendet. Wenn wir die materiellen und auf unsere Körperlichkeit bezogenen Bereiche des Sozialen angemessen berücksichtigen wollen, dann muss auch der Aspekt der Räumlichkeit in die Analyse einbezogen werden.

Zunächst soll aber die Inventarisierung von Raumkonzepten fortgeführt und durch zwei weitere Verwendungsweisen des Wortes ergänzt werden. Eine sehr wichtige Bedeutungsvariante ist primär nicht der Welt der Wissenschaft, sondern der Alltagswelt zuzurechnen. Sie ist aber in zweifacher Hinsicht auch für die Geographie von besonderer Bedeutung. Es handelt sich um ein Konzept, das jeder Mensch im Alltagshandeln ständig verwendet. Es ist der *erlebte*, der subjektiv wahrgenommene Raum.

Dieses Begriffsverständnis steht mit dem Raum$_1$ insofern in enger Beziehung, als damit immer ein konkreter Erdraumausschnitt angesprochen ist. Inhaltlich [|81] meint es aber viel mehr als eine flächenbezogene Adressenangabe. Es handelt sich gleichsam um einen Raum$_1$, der mit *subjektivem Sinn und subjektiver Bedeutung* aufgeladen wird. Die Bedeutungs- und Sinnzuschreibungen besitzen in der Regel auch intersubjektive Komponenten. Es gibt so etwas wie gruppen- und kulturspezifische Werturteile, Klischees und Imagezuschreibungen, die auf bestimmte Gebiete (im Sinne von Raum$_1$) bezogen sind. Die meisten Österreicher haben etwa ein besonderes, subjektives und auf die persönlichen Erfahrungshorizonte bezogenes Bild vom Salzkammergut oder vom Mühlviertel. Es lassen sich aber in der Regel auch Gemeinsamkeiten und Übereinstimmungen in solchen subjektiven Raumbildern entdecken, die man als das kollektive Image dieses erlebten Raumes bezeichnen kann.

Der erlebte Raum erscheint dem Menschen als der Inbegriff faktischer Realität, er repräsentiert gleichsam die integrale „Wirklichkeit" der Außenwelt, der wir in unserer individuellen Existenz gegenüberstehen. Er ist von der Wahrnehmung her ein ganzheitliches Amalgam, in dem Elemente der Natur und der materiellen Kultur, Berge, Seen, Wälder, Menschen, Baulichkeiten, Siedlungen, Sprache, Sitten und Gebräuche sowie das Gefüge sozialer Interaktionen zu einer räumlich strukturierten Erlebnisgesamtheit, zu einem kognitiven Gestaltkomplex verschmolzen sind. Die erlebten Räume unserer Alltagswelt stellen also kognitive Konstrukte dar, in denen ein Gefüge von Meinungen und Behauptungen über einen $Raum_l$ zum Ausdruck kommt. In ihnen äußert sich immer ein selektives, aus subjektiver Wahrnehmungsperspektive verzerrtes und interpretiertes Bild der Realität. Je stärker der betreffende Ausschnitt der Erdoberfläche mit unserem persönlichen Alltagshandeln in Beziehung steht, desto dichter ist dabei in der Regel das Gefüge der Behauptungen und Eigenschaftszuschreibungen.[4] Und natürlich beinhalten diese Behauptungen immer auch Aussagen über die wahrgenommenen Lagebeziehungen und die Relationalität der Körper und Dinge, welche diesen erlebten Raum aufbauen.

Hinter dieser spezifischen alltagsweltlichen Konzeptualisierung von physisch-materieller und sozialer Wirklichkeit *als* räumlicher Wirklichkeit steht eine Denkfigur, die von Sprachwissenschaftlern und Philosophen mit den wunderschönen Fachausdrücken „Hypostasierung" oder „Reifikation" belegt wird. Auf eine knappe Formel gebracht, bedeutet Hypostasierung nichts anderes als das Umdeuten der Beziehungen zwischen Dingen und Körpern zu einem *Substanzbegriff*. Beziehungen, Interaktionen und Relationen werden dabei „... in ontologisierender Manier für gegenständliche Objekte gehalten" (WERLEN 1993, 42).

Es ist völlig klar, dass dieser erlebte Raum unserer Alltagswirklichkeit so etwas wie eine Projektionsfläche für Sentiment und Ich-Identität darstellt. Und wenn wir „küssen" als Metapher, als Bild für das Herstellen einer personalen und damit durchaus intimen Beziehung zwischen der Ich-Identität eines Menschen und den Gegebenheiten der sozialen und physisch-materiellen Außenwelt ansehen, dann kann man „Räume" tatsächlich auch „küssen" (Abb. 2). Die Soziologen bezeichnen das als „emotionale Ortsbezogenheit", der Normalsterbliche sagt einfach „Heimat" oder „Zuhause". [|82]

Der erlebte Raum stellt also ein kognitives Konzept dar, in dem eine spezifische, subjektiv gefärbte Interpretation der Realität zum Ausdruck kommt. Sie wird in den Handlungsvollzügen der Alltagswelt dazu verwendet, die jeweils vorfindbare Relationalität der Sach- und Sozialstrukturen ordnend zusammenzufassen und damit auch die *Komplexität der Wirklichkeit zu verringern*. Auch dieser $Raum_{le}$, der erlebte Raum, ist ein bedeutsamer Gegenstand der geographischen Forschung. Er wird vor allem von der verhaltenswissenschaftlichen, der humanistischen und der handlungstheoretischen Geographie thematisiert. Die Tradition der Mental-Map-Forschung ist eine besonders prominente Arbeitsrichtung dieser Forschungsansätze. Allerdings ist dieses Raumkonzept auch für eine ganze Reihe anderer Disziplinen wie Umweltpsychologie, Sozialpsychologie, Soziologie, Anthropologie und Ethnologie als wichtiges Erkenntnisobjekt von Bedeutung.

---

[4] Natürlich können in unserem Zeitalter der Massenmedien und der Globalisierung auch mediale und virtuelle Räume zu erlebten Räumen transformiert werden. Dieser Themenbereich soll in diesem Beitrag aber nicht weiter behandelt werden (vgl. dazu etwa HASSE 1997).

[FIGURE: Diagram showing "Ich-Identität des Subjekts" connected via lips to "Raum₁ₑ erlebter Raum"; text: "Küssen" als Metapher für das Herstellen einer personalen Beziehung zwischen Individuum und **Raum₁ₑ**: emotionale Ortsbezogenheit HEIMAT]

*Abb. 2 Räume kann man auch küssen!*

Der Vollständigkeit halber sei schließlich noch die auf KANT zurückgehende Bedeutungsvariante einer epistemologischen Raumkonzeption angeführt (Raum$_5$, vgl. Abb. 1). In seiner kritischen Transzendentalphilosophie wollte KANT die *vor* aller Erfahrung liegenden Bedingungen der Erfahrung aufdecken (WERLEN 1995). Dem liegt die Auffassung zu Grunde, dass es eine voraussetzungsfreie Erfahrung gar nicht geben könne. KANT konzipiert „Raum" als eine Form der Anschauung, mit deren Hilfe Wahrnehmungsinhalte organisiert werden. „Raum" ist bei ihm kein Gegenstand und auch keine bloße Vorstellung, sondern – wie die Zeit – eine *Bedingung* oder Weise der Gegenstandswahrnehmung. Damit ist der Raum$_5$ weder mit substantialistischen Konzepten (Raum$_1$ und Raum$_2$) noch mit dem relationalen Raumbegriff (Raum$_4$) kompatibel. Eine Ähnlichkeit zum Raum$_{1e}$ besteht nur insofern, als beide auf die Wahrnehmungsleistung des erkennenden Subjekts bezogen sind. In der Geographie und in allen anderen Wissenschaften (natürlich mit Ausnahme der Philosophie) wird dieses Raumkonzept nur sehr selten verwendet (vgl. dazu auch CURRY 1996).

Unsere Analyse hat also gezeigt, dass wir in der Geographie offensichtlich ein ganzes Set unterschiedlicher Raumkonzepte vorfinden. Nun ist es aber bedauerlicherweise so, dass wir im fachlichen Diskurs in der Regel nicht exakt zwischen [|83] den unterschiedlichen Bedeutungsvarianten des Wortes unterscheiden. Wir sagen einfach „Raum" und meinen einmal den Raum$_1$, ein anderes Mal den Raum$_4$ oder den erlebten Raum, *ohne* diese Differenzierung auch terminologisch klar zum Ausdruck zu bringen. Dadurch entsteht aus begrifflicher Sicht so etwas wie ein „Verwirrungszusammenhang" zwischen den verschiedenen Konzepten. Wir tendieren dazu, die verschiedenen Bedeutungen des Wortes einfach durcheinander zu bringen. Dass dies der argumentativen Logik des fachlichen Diskurses nicht besonders zuträglich sein kann, versteht sich von selbst.

Dazu kommt, dass die sechs Konzepte auch aufeinander bezogen werden können. So lassen sich der $Raum_1$ oder der $Raum_4$ innerhalb verschiedenster Varianten von $Raum_3$ darstellen. Wenn wir methodische Überlegungen zu einem der Raumkonzepte anstellen, neigen wir immer wieder dazu, auf den $Raum_2$ Bezug zu nehmen – obwohl dieses Konzept nach den Vorstellungen der neueren Physik eigentlich als obsolet angesehen werden muss.

Es ist aber noch schlimmer. Die Geschichte unseres Faches demonstriert eindeutig, dass wir Geographen im Forschungsprozess einer zweifachen Verwechslung zum Opfer gefallen sind. Die erste problematische Verwechslung betraf bereits den zentralen Theoriekern der klassischen Landschafts- und Länderkunde. Gerhard HARD und eine Reihe anderer Autoren haben es seit über 30 Jahren mit schonungsloser Deutlichkeit nachgewiesen: Die Weltperspektive, die als kulturelles Deutungsmuster hinter dem *erlebten Raum* steht, wurde von der klassischen Geographie zu einem wissenschaftlichen Erkenntnisprinzip hochstilisiert. Genau jene alltagsweltlichen Hypostasierungs- und Personalisierungsprozesse, die den erlebten Raum begründen, wurden von der Geographie einfach übernommen und unreflektiert als wissenschaftliche Zugangsweise zur Realität eingesetzt. Die ganzheitlichen Landschaften und Länder, die organismischen Raumindividuen der klassischen Geographie reflektieren in Wahrheit die kognitiven Konstrukte der alltagspraktischen Erfahrung. Der erlebte Raum wurde in den $Raum_1$ projiziert und dort vergegenständlicht, ein *kognitives Deutungsmuster der Realität mit der Realität selbst verwechselt* (vgl. Abb. 3).

Dieses Problem ist in der Zwischenzeit längst aufgearbeitet, es ist methodologisch bestens erforscht, und der überwiegende Teil der Fachvertreter hat auch die erforderlichen Konsequenzen gezogen. Allerdings können wir feststellen, dass es in der Zwischenzeit in der Geographie eine Art „Gegen-reformation" gibt. In einigen jüngeren Publikationen werden Denkmuster und Begrifflichkeiten der klassischen Landschaftsgeographie wieder mit einer lockeren und reflektionsverweigernden Selbstverständlichkeit verwendet, als hätte die methodische Diskussion der letzten vierzig Jahre nie stattgefunden (vgl. z.B. HENKEL 1997 oder SCHENK 1998). Dieser Rückschritt in ein längst überwunden geglaubtes konzeptionelles Selbstverständnis des Faches wird auch dadurch unterstützt, dass in den letzten Jahren eine Reihe von Fachvertretern aus Nachbardisziplinen das Problem der Räumlichkeit sozialer Phänomene zu entdecken beginnt und beim Versuch einer Konzeptionalisierung all jene Denkfehler naiv nachvollzieht, die nach den Erfahrungen in der Geographie eigentlich längst überwunden sein sollten (vgl. z.B. Forschungsprogramm „Kulturlandschaft").

Eine zweite, sehr ähnliche und nicht minder unangenehme Verwechslung ist aber auch in der gegenwärtigen, aktuellen Fachdiskussion akut. Sie ist besonders deutlich in Arbeiten zum Thema „Region" und „Regionalentwicklung" erkennbar. Bei derartigen Untersuchungen geht es primär um die Analyse jener Interaktionsstrukturen, die in einem mittleren, eben dem regionalen Maßstabsbereich [|84] für die Dynamik der wirtschaftlichen und demographischen Entwicklung verantwortlich gemacht werden. Untersucht werden hier beispielsweise Zulieferverflechtungen zwischen Betrieben und andere Netzwerkstrukturen der Wirtschaft, kreative Milieus, Verflechtungen zwischen Institutionen, Pendlerbeziehungen, die Dynamik von Zentralitätsverflechtungen, Strukturen des Qualifikationssystems und so weiter. Als entscheidender Faktor für derartige Interaktionszusammenhänge stellt sich dabei immer wieder die körperliche Kopräsenz der Akteure heraus. Derartige Untersuchungen, zu denen auch die Vertreter der sogenannten „Neuen Regionalen Geographie" wichtige Beiträge geleistet haben, beziehen sich also ausdrücklich auf unseren Raum$_4$ und thematisieren die Räumlichkeit von Wirtschafts- und Sozialstrukturen (vgl. dazu z.B. GILBERT 1988; MASSEY 1985 und 1992; THRIFT 1998 oder WEICHHART 1996).

Obwohl es sich hier oft eher um topologische als um metrische Zusammenhänge handelt, läßt sich die hier relevante „Lagerungsqualität der Körperwelt" gut in Karten oder in anderen Modellen darstellen. Bereits dies verführt aber gleichsam wieder zur Verdinglichung, Personifizierung und Hypostasierung. Zusätzlich verwenden wir zur Lokalisierung konkreter Beispiele den Verweis auf jenen „Erd-Raumausschnitt", in dem wir diese Relationalität beobachtet haben. Weil es aber relativ kompliziert wäre, die relationalen Zusammenhänge als solche darzustellen und gleichzeitig von der „Adresse" des Untersuchungsgebietes abzuheben und eine vereinfachte Darstellung über die Raumsemantik noch dazu so schön den Denkstrukturen der Alltagswelt entspricht, kommt es zu einer elliptisch verkürzten Projektion, bei der das relationale Konzept von „Räumlichkeit" gleichsam in einen spezifischen Raum$_1$ projiziert und dabei metaphorisch überhöht wird. Damit machen wir immer wieder und nahezu zwanghaft genau einen jener Fehler, welchen uns die Raumexorzisten zu Recht vorwerfen. Räumlichkeit als Attribut von Dingen wird zu einem Substanzbegriff umgedeutet, Relationen werden für gegenständliche Objekte gehalten.

Dabei wird das Wort „Raum" als *Metapher* für eine gleichsam abgekürzte Umschreibung von „Räumlichkeit" verwendet (Abb. 3). Wir sagen „Raum" oder „Lungau" oder „Ballungsraum" und meinen damit zusätzlich zur „Adressangabe" eine jeweils *spezifische Konstellation der Lagerelation von Dingen*. Weil das aber sehr komplex und kompliziert ist, kürzen wir diese relationale Beziehungsstruktur gleichsam ab und *deuten die Relationalität zu einem Substanzbegriff um*. Und damit wird die Raum-Metapher oder stellvertretend eine spezifische Regionalbezeichnung gleichsam personifiziert und zu einem eigenständigen „Ding" umgedeutet.

Erinnern wir uns nochmals an die sprachpragmatische Perspektive, die wir zu Beginn unserer Überlegungen angesprochen haben. Was ist eigentlich der tiefere Zweck einer solchen metaphorischen Begriffsverwendung, warum kann sich diese elliptische Verkürzung, diese ungenaue Redeweise in unserem Fach mit einer derartigen Hartnäckigkeit halten und behaupten?

Ich denke, dass es zwei Antworten auf diese Frage gibt. Die erste hängt mit unserem Erkenntnisapparat und der Struktur unseres Denkens zusammen. Die besprochene metaphorische Verwendung des Raumbegriffes und die damit hergestellte Verdinglichung von Relationen stellt ein nahezu geniales Mittel der Komplexitätsreduktion dar. [|85]

**RAUM** ➡ **Reduktion von Komplexität, Herstellen von Fachidentität**
als Metapher

- **Raum₁** Erdraumausschnitt (Gebirgsraum, Mittelmeerraum)
- **Raum₁ₑ** erlebter Raum
- **Raum₂** Raum als eigenständige ontologische Struktur, Containerraum, "Häferl"
- **Raum₃** Ordnungsstruktur z. B. Karte, Gradnetz, GIS, aber auch Farbenraum, sozialer Raum, Raum₄ etc.
- **Raum₄** Lagerungsqualität der Körperwelt "RÄUMLICHKEIT" als Attribut der Dinge
- **Raum₅** Raum als a priori der Wahrnehmung

"ELLIPTISCH VERKÜRZTE PROJEKTION"

"Verwirrungszusammenhänge" darstellbar in

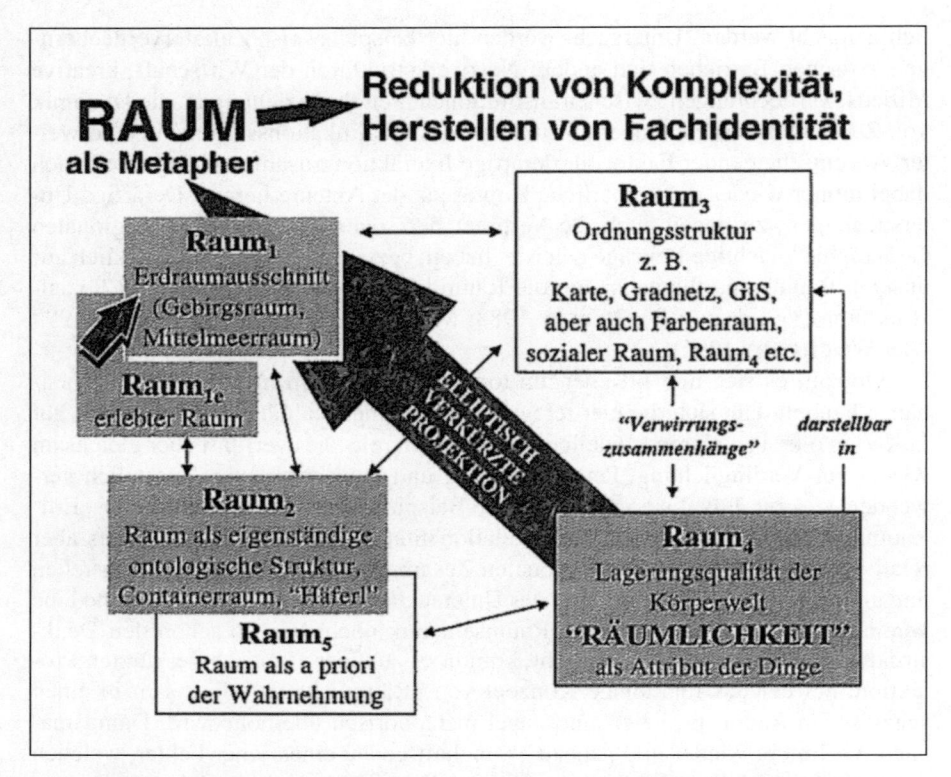

*Abb. 3 „Verwirrungszusammenhänge" zwischen geographischen Raumkonzepten und deren „Funktionalität"*

Diese Redeweise ermöglicht es uns, die enorme Komplexität der Zusammenhänge zwischen physisch-materiellen Gegebenheiten, subjektiven Bewusstseinsprozessen, der Welt der Ideen und Werte und der sozio-ökonomischen wie kulturellen Phänomene in *einem* Begriff zusammenzubinden. Indem wir eine derartige Raumsemantik verwenden, können wir die höchst verwirrenden, komplizierten und unübersichtlichen Verschränkungen zwischen der Körper- und Dingwelt und sozialen Konstrukten auf eine leicht verständliche Formel bringen. Die damit einhergehenden Denkfehler nehmen wir dabei einfach nicht zur Kenntnis.

Die zweite Antwort hat einen wissenschaftssoziologischen Hintergrund. Der Raumbegriff hat für die Geographie die wichtige Funktion, eine Art *Symbol für die Einheit und Identität des Faches* darzustellen. Er ist jenes Schlüsselkonzept, das die disparaten und forschungsmäßig weitgehend unverbundenen Einzelansätze unserer Disziplin zusammenhält, ein Gefühl der fachlichen Einheit vermittelt. Er stellt damit einen Ersatz für die klassische Landschaftsmetaphorik dar. Gerade *wegen* seiner Vagheit und wegen seiner schillernden Bedeutungsvielfalt kann jeder Geograph mit dem Raumbegriff etwas anfangen, ihn im Sinne seiner eigenen Interessen- und Arbeitsrichtung interpretieren. In Anlehnung an eine Formulierung von Gerhard

HARD (1970, 207) kann man sagen, dass derartige Konzepte den Eindruck relativ bestimmter Aussagen vermitteln, jedoch in der Forschungspraxis größte Freizügigkeit in der Anwendung und Auslegung erlauben. Als durchgehende Formeln mit längerer disziplingeschichtlicher Wirksamkeit verleihen sie aber dennoch das Bewusstsein von Tradition, Kontinuität und fachlicher Identität. [|86]

Die beiden in der Abbildung 3 durch Pfeilfiguren symbolisierten Projektionen und Verwechslungen sollen im Folgenden noch durch zwei kleine Beispiele veranschaulicht und konkretisiert werden.

Es ist nun schon einige Jahre her, da trat eine Versicherungsgesellschaft an den Autor heran und gab eine Expertise in Auftrag, die zur Regulierung eines Schadensfalles dienen sollte. Der Autor hat dieses Gutachten damals gemeinsam mit Wolfgang KERN bearbeitet (KERN und WEICHHART 1981). Ein Versicherungsnehmer hatte im Rahmen einer Urlaubsbuchung eine Rücktransportversicherung abgeschlossen. Im Falle einer schweren Erkrankung sollte er mit einer Flugambulanz nach Österreich zurück transportiert werden. Tatsächlich hatte er das Pech, eine schwere Herzattacke zu erleiden, und musste die Versicherungsleistung in Anspruch nehmen. Nun weigerte sich die Versicherungsanstalt aber, den Anspruch anzuerkennen. Denn unser Patient hatte seinen Urlaub ausgerechnet auf der Insel Madeira verbracht. In den kleingedruckten Bedingungen des Vertrages war aber die Klausel vermerkt, dass der Gültigkeitsbereich der Versicherung auf „Europa im geographischen Sinne" beschränkt sei. Die Versicherung argumentierte nun, dass Madeira irgendwo westlich von Afrika gelegen sei und daher *nicht* zu Europa „gehöre", während der Versicherungsnehmer (natürlich) das Gegenteil als zutreffend ansah. Zur Klärung dieses Rechtsstreits wurde nun das Gutachten eingeholt.

Allein das Faktum, dass ein solches Gutachten zur Objektivierung eines derartigen „Sachverhaltes" in Auftrag gegeben wurde, demonstriert in aller Deutlichkeit die dahinterstehende Denkfigur. Beide Streitparteien waren offensichtlich der Meinung, dass es so etwas wie eine „objektive", *in der Natur gegebene Abgrenzung* von Europa geben müsse. Hier wurde also das ganzheitliche Raumkonzept der Alltagswelt einfach in den $Raum_1$ projiziert. Und die Tatsache, dass unsere Geographielehrbücher voll sind mit solchen Abgrenzungsversuchen, zeigt, dass die Geographen vor dieser Denkfigur ebenfalls nicht gefeit sind. In Wahrheit ist „Europa" aber ein kulturelles Konstrukt, in dem eine konventionelle Namensgebung zum Ausdruck kommt. Wie wir das Referenzgebiet dieser Adressenangabe festlegen und abgrenzen, ist schlicht eine Frage der Übereinkunft und der Tradition. Es steht nicht auf irgendwelchen Gesetzestafeln, die wir nur entziffern müssten.

Es war nicht ganz einfach, dies den Auftraggebern klarzumachen. Wir haben jedenfalls die dringende Empfehlung ausgesprochen, derartig unscharfe Formulierungen in Hinkunft aus den Verträgen zu streichen und sie durch pragmatische Abgrenzungen der Gültigkeitsbereiche zu ersetzen. Zur Lösung des Rechtsstreites haben wir damals eine Rekonstruktion von „Europa" als alltagsweltliches Raumkonzept vorgenommen, also das „$Raum_{1e}$-Konzept" von Europa dargestellt. Im Vorstellungsbild unserer Alltagswelt kann man Madeira tatsächlich zu Europa rechnen.

Das zweite Beispiel stammt aus der Salzburger Raumplanung und kann die typische Struktur einer Projektion vom $Raum_4$ auf den $Raum_1$ demonstrieren. In den 70er Jahren wurde von der Statistikabteilung der Salzburger Landesregierung verdienstvollerweise eine Analyse der Arbeitsmarktsituation dieses Bundeslandes vorgenommen. Untersucht wurden dabei Pendlerverflechtungen, also die *Beziehungen* zwischen dem Wohnort und dem Arbeitsort der Berufstätigen. Es ist völlig klar, dass es sich hier um eine Fragestellung im Rahmen des $Raum_4$-Konzeptes handelt. Diese empirisch feststellbaren Interaktionsstrukturen wurden natürlich in Karten eingezeichnet, also mit Hilfe eines $Raum_3$-Konzepts [|87] visualisiert (Abb. 4). Handlungen von Menschen – die täglichen Fahrten der Pendler – werden damit in Attribute von Gemeinden umgewandelt. Selbstverständlich kann man solche Beziehungsmuster auch im Sinne von Nodalregionen interpretieren. Damit werden aus den Beziehungsmustern aber konkrete „Erdraumausschnitte" im Sinne des $Raum_1$-Konzepts. Inhaltlich gesehen stellen diese Karten eine Momentaufnahme jener Gegebenheiten des Wohnungs- und Arbeitsmarktes dar, die zum Zeitpunkt der Volkszählung 1971 gerade aktuell waren.

Weil man diese Interaktionsstrukturen aber so schön in den $Raum_1$ projizieren konnte und die Arbeitsort-Wohnort-Beziehungen damit – vermeintlich – in eine konkrete räumliche Gegenständlichkeit umgewandelt wurden, die auch im Kartenbild überzeugend zum Ausdruck kommt, erhielten sie plötzlich ein *zur Substanz gewordenes Eigenleben*. Sie verselbständigten sich gleichsam zu „realen Räumen". Und so können wir heute noch aktuelle Daten der Salzburger Landesstatistik auf der Basis der nun gleichsam absolut gesetzten „Arbeitsmarktregionen" vom Amt der Salzburger Landesregierung beziehen (vgl. z.B. HENNESSEY und HALLWIRTH 1998). Ein $Raum_4$-Zusammenhang, der auf der Basis einer ganz spezifischen histo-

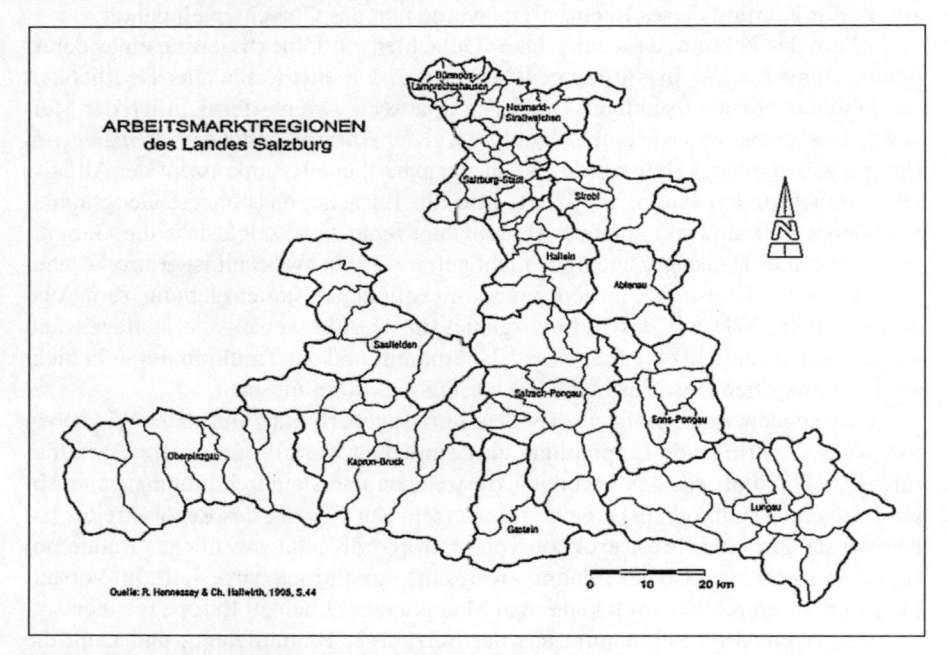

*Abb. 4 Arbeitsmarktregionen im Bundesland Salzburg*

rischen Situation analytisch festgestellt wurde, hat damit eine reale Gegenständlichkeit erhalten, wurde zu einem räumlichen „Ding" gemacht. Dass sich die Arbeitsmarktverhältnisse seither wesentlich geändert haben, weil die Mobilität der Arbeitnehmer heute sehr erheblich gestiegen ist und sich außerdem die Standortstruktur des Arbeitsplatzangebotes grundlegend verändert hat, scheint dabei niemanden zu stören. Diese als gegenständliche Räume, als „räumliche Entitäten" so plausibel erscheinenden Arbeitsmarktregionen sind in Wahrheit längst verstaubte methodische Artefakte, sie haben mit der Realität des heutigen Arbeitsmarktes nicht das Allergeringste zu tun. Und trotzdem dienen diese „Räume" auch heute noch als Bezugsgrößen für die Organisation von Projekten [|88] der Arbeitsmarktverwaltung und für die Vergabe von Förderungsmitteln. Durch diese gedankliche Projektion konnte es geschehen, dass jene „Arbeitsmarktregionen", die in den 70er Jahren aus einer Momentaufnahme der damaligen Pendlerbeziehungen abgeleitet wurden, noch heute als gleichsam vom Heiligen Geist höchstselbst geoffenbarte räumliche Fundamentalstruktur des Bundeslandes Salzburg gehandelt werden. So werden „Räume" gemacht.

## RAUMKONZEPTE EINER HANDLUNGSTHEORETISCHEN SOZIALGEOGRAPHIE

Welche der im letzten Abschnitt „inventarisierten" Raumkonzepte sind mit einer subjektzentrierten Handlungstheorie kompatibel? Kann eine derartige Raumsemantik in einem ausdrücklich sozialwissenschaftlich ausgelegten Paradigma eigentlich sinnvoll eingesetzt werden? Und noch entscheidender: *Benötigt* eine handlungstheoretisch konzipierte Sozialgeographie eigentlich (noch) Raumkonzepte? Die Praxis sozialwissenschaftlicher Forschung zeigt schließlich zweifelsfrei, dass handlungstheoretische Projekte auch *ohne* Bezug auf irgendwelche „räumlichen" Aspekte durchgeführt werden können – wenngleich sie dann auf all jene Problemdimensionen und Thematisierungsmöglichkeiten verzichten (müssen), die in irgendeiner Form auf materielle Dinge und die Körperlichkeit des Menschen Bezug nehmen. Sobald aber auch die materiellen Grundlagen von Handlungen interessieren und die artefakte-weltlichen Bereiche des Sozialen in den Blickwinkel des Forschungsinteresses geraten, wird man auf einen sozialwissenschaftlich verträglichen Raumbegriff nicht verzichten können. Es muss aber von vornherein klar sein, dass der Zugang einer handlungstheoretischen Sozialgeographie zur Realität primär nicht *unmittelbar* über Raumkonzepte, sondern über Handlungskonzepte erfolgt. Das genau ist gemeint, wenn man sagt, die (Human-)Geographie müsse als *Sozial*wissenschaft und nicht als *Raum*wissenschaft konstituiert werden.

Zunächst kann wiederholend festgehalten werden, dass die eigentlich zentrale Leistung der Raumbegriffe in der klassischen und postklassischen traditionellen Geographie im Rahmen einer handlungstheoretisch ausgerichteten Sozialgeographie gar nicht mehr erforderlich ist. Die grundlegende konzeptuelle Funktion, die der „Raum" – so wie früher die „Landschaft" – zu erbringen versucht hat, war es ja, Medium oder Instrument für die Offenlegung und Darstellung hybrider Systeme zu sein (vgl. Abschnitt 1). Diese Funktion wird in der handlungstheoretischen Geographie aber wesentlich erfolgreicher und plausibler vom Handlungsbegriff erfüllt. Der Begriff des Handelns erbringt genau jene Leistung, die in der traditionellen Konzeption der Geographie im Landschaftsbegriff und im Raumbegriff aufgehoben war: *die Verknüpfung der drei Welten*. Der für unsere weiteren Überlegungen wesentlichste Unterschied besteht darin, dass die traditionellen Raumbegriffe auf Grund der Möglichkeiten und auch Verführungen einer substantialistischen Interpretation jederzeit für deterministische Fehldeutungen offen sind. Der Begriff des Handelns lässt derartige Fehldeutungen von vornherein nicht zu. Aber auch er stellt eindeutig klar, dass das Subjekt als hybrides Wesen bei jedem Handlungsvollzug die drei Welten miteinander in Beziehung setzt und verknüpft und dass einige der Handlungsfolgen selbst wieder hybride Phänomene darstellen (WEICHHART 1998). Eine handlungstheoretisch konzipierte Sozialgeographie hat damit die Möglichkeit, wesentlich unbefangener und gleichzeitig [|89] spezifischer mit dem Begriff „Raum" umzugehen, als dies in der traditionellen Geographie der Fall war.

Wenn man nun die im letzten Abschnitt erörterten Varianten der Wortverwendung Revue passieren lässt, dann erweisen sich immerhin vier dieser (insgesamt sieben) Konzepte von „Raum" unter bestimmten Voraussetzungen als brauchbare und nützliche Kandidaten für das Begriffsinventar einer individuumszentrierten handlungstheoretischen Sozialgeographie. Von diesen markiert aber nur einer ein mögliches Alleinstellungsmerkmal der Geographie und damit eine Art „Marktnische" unseres Faches im „Wettbewerb" der sozialwissenschaftlichen Einzeldisziplinen.

Völlig unproblematisch ist auch in Hinkunft die Verwendung des $Raum_1$-Konzeptes, sofern es tatsächlich nur als Lokalisierungshinweis oder Adressangabe gemeint ist. Dies gilt ohne jede Einschränkung für alle in irgendeiner Form pragmatisch abgegrenzten kontingenten Teilbereiche der Erdoberfläche, die mit einem konventionellen oder neu erfundenen Namen bezeichnet werden. Die Funktion dieses Verständnisses von Raum liegt schlicht in der Abkürzung und Vereinfachung der Redeweise im Rahmen eines beliebigen Argumentationszusammenhanges und gleicht damit einer der Leistungen von Definitionen. Statt jedesmal umständlich zu beschreiben, welches Gebiet im Folgenden gemeint sei, wird stellvertretend ein „Name" als Kurzbezeichnung angeführt. Unproblematisch ist die Verwendung dieses Konzepts immer dann, wenn ausreichend klar ist, dass die Abgrenzung des betreffenden Gebietes ausschließlich durch kognitive Operationen und definitorische Festlegungen des betrachtenden Subjekts determiniert ist. Suspekt muss es immer dann werden, wenn auch nur der geringste Verdacht besteht, man könne die Abgrenzung aus irgendwelchen Attributen des Gegenstandsbereiches zwingend deduzieren und damit gleichsam „natürliche" Grenzen der betreffenden $Raum_1$-Einheit „finden". Die Abgrenzung ist das Produkt einer Namenszuschreibung und als relativ zur Zwecksetzung zu sehen, sie ist keinesfalls als „Wesensmerkmal" der betreffenden „Raumeinheit" misszuverstehen. Jede dieser Abgrenzungen ist ausschließlich von der jeweiligen Zwecksetzung abhängig. DOLLINGER (1997) hat überzeugend dargestellt, dass dies auch für $Raum_1$-Konzepte in der Physischen Geographie zutrifft.

Um mögliche Denkfehler von vornherein zu vermeiden, dürfte es hilfreich sein, $Raum_1$-Begriffe qua Regionalbezeichnungen als metasprachliche Ausdrücke zu interpretieren, die nichts anderes als sprachliche Konventionen darstellen. In der Regel wird es auch ausreichen, Gebietsbezeichnungen zu verwenden, die nur vage und unscharf abgegrenzt sind. Eindeutige Grenzen sind ausschließlich im Falle von staatsrechtlich definierten Territorien (Verwaltungseinheiten) gegeben, die dann allerdings nur für bestimmte Zeitintervalle Gültigkeit besitzen. Alle anderen Grenzen können nicht mehr sein als Konvention, wobei es durchaus sinnvoll sein kann, diese Konvention durch den Verweis auf bestimmte Attribute des Gebietes zu „begründen". Aber es muss klar bleiben, dass diese „Begründung" in Wahrheit im Betrachter, der Methodik und dem Zweck gelegen ist und kein „Wesensmerkmal" des abgegrenzten *Gebietes* darstellt. Sie könnte – bei anderer Zwecksetzung und/oder anderer Methodik – immer auch anders ausfallen.

Ähnliche Einschränkungen gelten für die Variante disjunkter Verbreitungsgebiete, die im Sinne von „Gebietstypen" verwendet werden und damit auch im Plural vorkommen können („Gebirgsraum/Gebirgsräume", „Ballungsraum/räume", „Nodalregion/regionen" etc.). Derartige $Raum_1$-Begriffe kennzeichnen Gebiete, in denen bestimmte Phänomene vorkommen. Der Konstruktcharakter [|90] solcher Arealbezeichnungen sollte schon dadurch zweifelsfrei feststehen, dass es sich hier vielfach um diskrete Phänomene handelt, die durch die räumliche Projektion in Quasi-Kontinua umgedeutet werden („Hauslandschaften", „Ballungsräume", „Fremdenverkehrsregionen" etc.), und dass die jeweiligen Gebietsgrenzen eine direkte Funktion der Abgrenzungsmethodik darstellen (vgl. WEICHHART 1996, 29–34). Bei jenen $Raum_1$-Begriffen, die im Sinne der „raumwissenschaftlichen" Terminologie als „funktionale Regionen" zu bezeichnen wären, ist allerdings besondere Vorsicht geboten. Hier besteht die extreme Gefahr einer gleichsam reflexartigen projektiven Verkürzung zu substantialistisch gedeuteten Entitäten (wie im letzten Abschnitt am Beispiel der Salzburger Arbeitsmarktregionen gezeigt wurde. Es war nicht der „Raum", sondern die Pendler, um die es hier ging). Im Rahmen einer handlungstheoretisch ausgerichteten Geographie ist dieses $Raum_1$-Konzept nur soweit anwendbar, als damit nicht mehr als eine zweckbezogene Gebietsbezeichnung gemeint ist. Im Forschungsprozess kommt ihm damit eine bloße Hilfsfunktion (Namensgebung, Deskription, Adressangabe) zu. $Raum_1$-Konzepte in diesem Sinne werden auch in Hinkunft in praktisch allen Erfahrungswissenschaften zum Einsatz kommen.

Anders sieht es mit dem $Raum_{1e}$-Konzept aus. Auch hier handelt es sich um einen grundsätzlich problemlos verwendbaren Begriff, der in einer handlungstheoretischen Geographie aber einen absolut unverzichtbaren Terminus darstellt. $Raum_{1e}$-Konzepte müssen nämlich als ein zentrales Element jeder Situationsdefinition angesehen werden (vgl. WERLEN 1987, 14, 87, 158). Sie stellen damit ein bedeutsames Thema im Rahmen des Forschungsprozesses dar. Mit dem $Raum_{1e}$ beschäftigen sich aber auch verschiedene Nachbardisziplinen der Geographie sehr intensiv. Sozial-, Persönlichkeits- und Umweltpsychologie, Soziologie, Ethnologie und Kulturanthropologie sowie ethnomethodologische Ansätze, aber auch angewandte Disziplinen, wie Architektur oder Raumforschung, operieren mit diesem Konzept und analysieren subjektive und gruppenspezifische Mental Maps. Dieses Raumkonzept kann daher keinesfalls als genuin fachspezifisches Thema von der Geographie reklamiert werden.

Forschungsgeschichtlich gesehen fand die innergeographische Diskussion zum Raum$_{1e}$ primär im Rahmen des verhaltenswissenschaftlichen Paradigmas und der „humanistischen Geographie" statt (vgl. ARNREITER und WEICHHART 1998). Selbstverständlich sind die behavioristischen Elemente der klassischen Mental-Map- und „Perzeptions"-Forschung in einer handlungstheoretischen Geographie nicht zu gebrauchen. Als Bestandteile der Situationsdefinition des Handelns (ohne eigenständigen und unmittelbaren Erklärungswert im Sinne von Stimulus-Response-Modellen) sind Raum$_{1e}$-Konzepte aber auch in diesem Paradigma ein durchaus relevantes Thema.

Sowohl der Containerraum (Raum$_2$) als auch KANTS Raum$_5$ als a priori der Anschauung haben in einer handlungstheoretischen Geographie keine weitere Verwendung. Beide Konzepte sind nicht mit der hier dominanten Vorstellung kompatibel, dass „Räume" erst durch die soziale Praxis konstituiert werden.

Der Raum$_3$ – ZIERHOFERS „Primärraum" und gleichsam die „Mutter aller Räume" – ist als abstraktestes und umfassendstes Konzept anzusehen, das als unverzichtbares Element aller Wissenschaften und damit natürlich auch der handlungstheoretischen Geographie zu gelten hat. Es kann aufgrund dieser gene- [|91] rellen Bedeutung und seines extrem hohen logischen Spielraumes[5] allerdings keine unmittelbar fachspezifische Signifikanz für die Geographie aufweisen.

Als einziges Konzept, das eine handlungstheoretische Geographie mit guten Argumenten als fachspezifische „Nische" im Wettbewerb der Sozialwissenschaften[6] für sich reklamieren könnte, ist der Raum$_4$ anzusehen. Es ist hier allerdings gleich grundsätzlich anzumerken, dass diese Behauptung *ausschließlich pragmatisch* gemeint ist und keinesfalls über Objektkonzepte, „die Struktur der Realität", methodologisch oder ontologisch begründet werden kann. Als eigenständige Disziplin ist die Geographie (wie jede andere Einzelwissenschaft) ausschließlich durch ihre Fachtradition und durch ihre spezielle Organisationsstruktur sowie eine besondere Interessenlage (einen eigenständigen „Problematisierungsstil") zu „rechtfertigen". Und hier kann einfach das Faktum festgehalten werden, dass die Geographie im Kontext der Sozialwissenschaften jene Disziplin darstellt, die eine besonders ausgeprägte Tradition in der Berücksichtigung physisch-materieller Aspekte des Sozialen besitzt und eben nicht – wie die Soziologie über weite Strecken ihrer Geschichte – sachblind ist. Mit anderen Worten: Das, was inhaltlich hinter dem Raum$_4$ steht, wurde von den anderen Sozialwissenschaften als wissenschaftliche Problemstellung meist ignoriert, von der Geographie aber immer schon berücksichtigt – wenngleich auch nicht mit einer (sozialwissenschaftlich) angemessenen Methodik und Konzeption. In diesem Sinne kann es als absolut sinnvoll und vernünftig angesehen werden, wenn die Geographie im Rahmen einer disziplinären Arbeitsteilung Fragestellungen kultiviert, die andere weitgehend vernachlässigt haben.

Es sei allerdings nicht verschwiegen, dass das Raum$_4$-Konzept ausgesprochene Tücken aufweist und sich gegenüber einer Operationalisierung als sehr sperrig er-

---

5   Es gibt fast nichts, das *nicht* mit diesem Konzept vereinbar wäre.
6   Ähnliches gilt übrigens wohl auch für eine rein naturwissenschaftlich verstandene Physiogeographie.

weist. Die Pointe am Raum$_4$ (in der Humangeographie) liegt ja darin, dass es sich eben *nicht* um ein substantialistisches Konzept handelt. Er ist kein Ding, keine Entität, kein „Gegenstand" im materialistischen Sinne, obwohl er als „Mitbewohner" der Welt 1 anzusehen ist. Er „besteht" nämlich nicht nur aus „Dingen", sondern gleichzeitig auch aus Akteuren und einer sozialen Praxis („Programme"). Deshalb kann man einen Raum$_4$ auch niemals *vollständig* kartieren. In die Karte eintragen („erdoberflächlich verorten") lassen sich nämlich nur seine physisch-materiellen Komponenten. Und dabei geht es letztlich gar nicht um die (kartierbaren) Dinge und Körper für sich, sondern primär um die zwischen ihnen bestehende Relationalität. Diese Relationalität, das aus den materiellen Lagebeziehungen resultierende Spannungsgefüge, hängt funktional mit der sozialen Praxis und den Akteuren zusammen. Deshalb ist es auch möglich, dass ein bestimmter Raum$_4$ nur über kürzere Zeitstrecken existiert (man denke etwa an ein Fußballstadion) oder dass am gleichen Ort im Zeitverlauf unterschiedliche Raum$_4$-Einheiten auftreten können (vgl. WEICHHART 1996, 40–42 und 1998).

In Hinblick auf die ontologischen Überlegungen im ersten Abschnitt liegt der entscheidende Vorzug des Raum$_4$-Konzepts besonders darin, dass hier die grundlegende Denkfigur des klassischen substantialistischen Raumverständnisses genau umgekehrt wird. Es wird nicht mehr das Soziale oder das Psychische als gleichsam wesensinhärente Eigenschaft der erdräumlich lokalisierbaren materiellen Welt dargestellt und projektiv verdinglicht. Es ist umgekehrt vielmehr so, dass [|92] mit dem Raum$_4$ bestimmte Aspekte oder Ausschnitte der erdräumlich lokalisierbaren Welt in spezifischen Handlungskontexten über subjektive und objektive Sinnzuschreibungen und die soziale Praxis als wesensinhärente Elemente des Sozialen gedeutet werden können (WEICHHART 1998). Damit sollte dieses Raumkonzept auch gegen alle Möglichkeiten und Gefahren einer deterministischen Interpretation gefeit sein.

## FAZIT

Auch eine subjektzentrierte handlungstheoretische Geographie kann ohne Raumkonzepte nicht auskommen. Das traditionelle substantialistische Raumverständnis[7] („Raum" als projektive Metapher und Hypostase) ist dafür aber natürlich nicht brauchbar. Von den verschiedenen Bedeutungsvarianten des Begriffes „Raum" erweisen sich der „Ordnungsraum" (Raum$_3$), der „erlebte Raum" (Raum$_{1e}$) und der „relationale Raum" (Raum$_4$) als für den Forschungsprozess absolut bedeutsame Konzepte. Allerdings kann nur für den Raum$_4$ angenommen werden, dass er – ausschließlich im Sinne einer pragmatisch begründeten Arbeitsteilung zwischen den sozialwissenschaftlichen Teildisziplinen – für das Fach Geographie konstitutiv sein könnte. Da die Relationalität der Dinge und Körper im Rahmen von Handlungsvollzügen durch die soziale Praxis definiert wird, sind für das Raum$_4$-Konzept deterministische „Kurzschlüsse" mit Sicherheit auszuschließen. Damit erübrigen sich

---

7 Dieses kommt im Übrigen nicht nur in der Geographie, sondern auch in anderen Disziplinen vor.

auch weitere ontologische Spekulationen im Kontext der Drei-Welten-Theorie, bei denen es im Kern ja vor allem um das Problem des Determinismus geht.

## LITERATUR

ARNREITER, G. und WEICHHART P. (1998), Rivalisierende Paradigmen im Fach Geographie. In: SCHURZ, G. und WEINGARTNER P. (Hg.), Koexistenz rivalisierender Paradigmen. Eine postkuhnsche Bestandsaufnahme zur Struktur gegenwärtiger Wissenschaft. Opladen und Wiesbaden, 53–85.

BARTELS, D. (1974): Schwierigkeiten mit dem Raumbegriff in der Geographie. In: Geographica Helvetica, Beiheft Nr. 2/3, 7–21.

BLOTEVOGEL, H.H. (1995): Raum. In: Handwörterbuch der Raumordnung. Akademie für Raumforschung und Landesplanung. Hannover, 733–740.

BOBEK, H. (1957): Gedanken über das logische System der Geographie. In: Mitteilungen der Österreichischen Geographischen Gesellschaft, 99, 122–145.

BOBEK, H. und SCHMITTHÜSEN, J. (1949): Die Landschaft im logischen System der Geographie. In: Erdkunde, 3, 112–120.

CAROL, H. (1956): Zur Diskussion um Landschaft und Geographie. In: Geographica Helvetica, 11, 111–132.

CSIKSZENTMIHALYI, M. und ROCHBERG-HALTON E. (1981): The Meaning of Things. Domestic Symbols and the Self. Cambridge u.a.

CURRY, M. (1996): On Space and Spatial Practice in Contemporary Geography. In: EARLE, C.; MATHEWSON K. und KENZER M.S. (eds.), Concepts in Human Geography. Lanham und London, 3–32.

DOLLINGER, F. (1997): Die Naturräume im Bundesland Salzburg: mittelmaßstäbige Erfassung geoökochorischer Naturraumeinheiten und Typisierung nach morphodynamischen und morphogenetischen Kriterien zur Anwendung als räumliche Bezugsbasis in der Salzburger [193] Raumplanung. Salzburg, Habil.-Schr., NW-Fakultät, XIV, 368 Bl., zahlr. Ill., graph. Darst., Kt. + 12 Kt.-Folien.

EINSTEIN, A. (1980): Vorwort. In: M. JAMMER, Das Problem des Raumes. Die Entwicklung der Raumtheorien. 2. erw. Aufl. Darmstadt, XIII–XVII.

Forschungsprogramm „Kulturlandschaft". Bundesministerium für Wissenschaft und Verkehr. Homepage: http://www.bmwf.gv.at/4fte/fsklf/index.htm

GERLING, W. (1949): Die Bewertung der modernen Technik im geographischen Denken unserer Zeit. Würzburg.

GERLING, W. (1954): Die moderne Industrie. Würzburg.

GERLING, W. (1965): Der Landschaftsbegriff in der Geographie. Kritik einer Methode. Würzburg.

GIDDENS, A. (1984): The Constitution of Society. Outline of the Theory of Structuration. Cambridge und Oxford.

GILBERT, A. (1988): The New Regional Geography in English and French-speaking Countries. In: Progress in Human Geography, 12. 208–228.

HARD, G. (1970): Die „Landschaft" der Sprache und die „Landschaft" der Geographen. Semantische und forschungslogische Studien zu einigen zentralen Denkfiguren in der deutschen geographischen Literatur. Bonn, Colloquium Geographicum, Bd. 11.

HARD, G. (1993): Über Räume reden. Zum Gebrauch des Wortes „Raum" in sozialwissenschaftlichem Zusammenhang. In: MAYER, J. (Hg.), Die aufgeräumte Welt – Raumbilder und Raumkonzepte im Zeitalter globaler Marktwirtschaft. Rehburg-Loccum, Loccumer Protokolle 74/92, 53–77.

HASSE, J. (1997): Mediale Räume. Oldenburg, Wahrnehmungsgeographische Studien zur Regionalentwicklung, H. 16.

HENKEL, G. (1997): Kann die überlieferte Kulturlandschaft ein Leitbild für die Planung sein? In: Berichte zur deutschen Landeskunde, 71, 27–37.

HENNESSEY, R. und HALLWIRTH C. (1998): Unselbständig Beschäftigte im Bundesland Salzburg in sachlicher und regionaler Gliederung. – Salzburg.

KERN, W. und WEICHHART, P. (1981): Gutachten zur Abgrenzung des Begriffes „Europa in geographischem Sinne", Zugehörigkeit der Insel Madeira. Unveröffentlichtes Gutachten für die Erste Allgemeine Versicherungs-Aktien-Gesellschaft. Salzburg, 18 S.

KIEẞLING, B. (1981): Die „Theorie der Strukturierung". Ein Interview mit Anthony Giddens. In: Zeitschrift für Soziologie, 17, 4, 286–295.

KÖCK, H. (1997): Die Rolle des Raumes als zu erklärender und als erklärender Faktor. Zur Klärung einer methodologischen Grundrelation in der Geographie. In: Geographica Helvetica, 52, 89–96.

KLÜTER, H. (1986): Raum als Element sozialer Kommunikation. Gießen, Gießener Geographische Schriften, Bd. 60.

LANG, A. (1993): The „Concrete Mind" Heuristic. Human Identity and Social Compound from Things and Buildings. In: STEINER, D. und NAUSER M. (Hg.), Human Ecology. Fragments of Antifragmentary Views of the World. London und New York, 249–266.

LINDE, H. (1972): Sachdominanz in Sozialstrukturen. Tübingen.

LUHMANN, N. (1985): Soziale Systeme. Grundriß einer allgemeinen Theorie: 2. Aufl., Frankfurt/M.

MASSEY, D. (1985): New Directions in Space. In: GREGORY, D. und URRY J. (Hg.), Social Relations and Spatial Structures. Basingstoke und London, Critical Human Geography, 9–19.

MASSEY, D. (1992): Politics and Space/Time. In: New Left Review, 196, 65–84.

POPPER, K.R. (1973): Objektive Erkenntnis. Ein evolutionärer Entwurf. Hamburg, Klassiker des modernen Denkens.

REICHERT, D. (1996): Räumliches Denken als Ordnen der Dinge. In: REICHERT, D. (Hg.), Räumliches Denken. – Zürich, Zürcher Hochschulforum Bd. 25, 15–45.

SCHENK, W. (1998): Kulturlandschaftspflege als Konzept der Geographie zum nachhaltigen Umgang mit räumlichen kulturhistorischen Werten. Vortrag, gehalten im Rahmen der Tagung „Kulturlandschaftspflege als Beitrag zu einer nachhaltigen Regionalentwicklung in unterschiedlichen Landschaftstypen", 12.–13.11.1998, Blaubeuren.

SCHÜTZ, A. (1971): Gesammelte Aufsätze, Bd. 1: Das Problem der sozialen Wirklichkeit. Den Haag.

SCHÜTZ, A. (1982): Das Problem der Relevanz. Frankfurt a.M. [194]

SPIEGEL, E. (1998): „... doch hart im Raume stoßen sich die Sachen" – Zur Aktualität eines Schiller'schen Zitats im Grenzbereich zwischen Soziologie und Sozialgeographie. In: HEINRITZ, G. und HELBRECHT, I. (Hg.), Sozialgeographie und Soziologie. Dialog der Disziplinen. Passau, Münchener Geographische Hefte, H. 78, 43–56.

STRAUMANN, N. (1996): Raum, Zeit und deren geometro-dynamische Verschmelzung. In: REICHERT, D. (Hg.), Räumliches Denken. Zürich, Zürcher Hochschulforum Bd. 25, 165–198.

SZÁVA-KOVÁTS, E. (1960): Das Problem der geographischen Landschaft. In: Geographica Helvetica, 15, 38–47.

THRIFT, N.J. (1998): Towards a New Regional Geography. In: Berichte zur deutschen Landeskunde, 72, 37–46.

WEICHHART, P. (1993a): Vom „Räumeln" in der Geographie und anderen Disziplinen. Einige Thesen zum Raumaspekt sozialer Phänomene. In: MAYER, J. (Hg.): Die aufgeräumte Welt – Raumbilder und Raumkonzepte im Zeitalter globaler Marktwirtschaft. Rehburg-Loccum, Loccumer Protokolle 74/92, 225–241.

WEICHHART, P. (1993b): Geographie als Humanökologie? Pessimistische Überlegungen zum Uralt-Problem der „Integration" von Physio- und Humangeographie. In: KERN, W.; STOCKER, E. und WEINGARTNER, H. (Hg.), Festschrift Helmut Riedl. Salzburg, Salzburger geographische Arbeiten, Bd. 25, 207–218.

WEICHHART, P. (1993c): How Does the Person Fit into the Human Ecological Triangle? From Dualism to Duality. the Transactional Worldview. In: STEINER, D. und NAUSER, M. (Hg.), Human Ecology. Fragments of Anti-fragmentary Views of the World. London und New York, 77–98.

WEICHHART, P. (1996): Die Region – Chimäre, Artefakt oder Strukturprinzip sozialer Systeme? In: BRUNN, G. (Hg.), Region und Regionsbildung in Europa. Konzeptionen der Forschung und

empirische Befunde. Wissenschaftliche Konferenz, Siegen, 10.–11. Oktober 1995. Baden-Baden, Schriftenreihe des Instituts für Europäische Regionalforschungen, Bd. 1, 25–43.
WEICHHART, P. (1997): Sozialgeographie alltäglicher Regionalisierungen. Benno Werlens Neukonzeption der Humangeographie. In: Mitteilungen der Österreichischen Geographischen Gesellschaft, 139, 25–45.
WEICHHART, P. (1998): „Raum" versus „Räumlichkeit" – ein Plädoyer für eine transaktionistische Weltsicht der Sozialgeographie. In: HEINRITZ, G. und HELBRECHT, I. (Hg.), Sozialgeographie und Soziologie. Dialog der Disziplinen. Passau, Münchener Geographische Hefte, H. 78, 75–88.
WEICHHART, P. (2000): Kann man Räume wirklich nicht küssen? In: SCHNEIDEWIND, P. (Hg.), Räume kann man nicht küssen. Planungsfälle – Planungsfallen, ÖIR-Frühjahrstagung 1997, Wien.
WERLEN, B. (1987): Gesellschaft, Handlung und Raum. Grundlagen handlungs-theoretischer Sozialgeographie. Stuttgart, Erdkundliches Wissen, H. 89.
WERLEN, B. (1993): Identität und Raum. Regionalismus und Nationalismus. In: Soziographie 6, Nr. 2 (7), 39–73.
WERLEN, B. (1995): Sozialgeographie alltäglicher Regionalisierungen. Band 1: Zur Ontologie von Gesellschaft und Raum. Stuttgart, Erdkundliches Wissen, H. 116.
WERLEN, B. (1997): Sozialgeographie alltäglicher Regionalisierungen. Band 2: Globalisierung, Region und Regionalisierung. Stuttgart, Erdkundliches Wissen, H. 119.
ZIERHOFER, W. (1997): Grundlagen für eine Humangeographie des relationalen Weltbildes. In: Erdkunde, 51 (2), 81–99.
ZIERHOFER, W. (1999): Geographie der Hybriden. In: Erdkunde, 53, 1–13.
ZIERHOFER, W. (1999a): Die fatale Verwechslung. Zum Selbstverständnis der Geographie. [In: MEUSBURGER, P. (Hg.): Handlungszentrierte Sozialgeographie. Benno Werlens Entwurf in kritischer Diskussion. Stuttgart, 163–186.]

# SYSTEMTHEORETISCHE RAUMKONZEPTION

*Andreas Pott*

In der Luhmann'schen Systemtheorie kommt der Raumbegriff nicht an strategischer Stelle vor. Dennoch – oder eher: gerade deshalb – bietet sie ein großes, bislang kaum genutztes Potential für eine sozial- bzw. gesellschaftstheoretisch fundierte, konstruktivistische Raumforschung. Dies [|26] deutet zum ersten Mal die frühe sozialgeographische Untersuchung von Klüter über „Raum als Element sozialer Kommunikation" an (vgl. Klüter 1986, s. Fn. 20). Interdisziplinär sichtbar wird das Potential der Systemtheorie in Sachen „Raumfragen" (Hard 2002) aber erst in den letzten Jahren. So wenden sich im Zuge des fachübergreifenden spatial turn gleich eine ganze Reihe von systemtheoretisch argumentierenden Autoren und Autorinnen der lange vernachlässigten Raumproblematik zu. Sie schlagen mehr oder weniger vielversprechende Konzeptualisierungsmöglichkeiten des Raums vor und erproben die Leistungsfähigkeit ihrer Entwürfe anhand erster Beispiele.[1] In der Gesamtschau erscheinen diese Arbeiten noch als Suchbewegung. Bisher wurde keine umfassende systemtheoretische Raumtheorie ausgearbeitet. Doch die Konturen eines systemtheoretischen Raumsbegriffs und damit auch einer systemtheoretischen Konzeptualisierung des Verhältnisses von Gesellschaft und Raum werden deutlich. Die Aufgabe dieses Kapitels besteht darin, diese Konturen im Rahmen der Darstellung des gegenwärtigen Diskussionsstandes nachzuzeichnen und darauf aufbauend zu der Weiterentwicklung eines Raumverständnisses beizutragen, das nicht nur der vorliegenden Arbeit als Grundlage dienen kann.

Bei der systemtheoretischen Konzeptualisierung des Raums handelt es sich, dies wurde bereits gesagt, um einen Ansatz, der Raum formal und konstruktivistisch fasst. Genauer formuliert, handelt es sich um einen *beobachtungstheoretischen* Ansatz. Als Vorbereitung der weiteren Ausführungen sei nachfolgend knapp benannt, was mit der Kennzeichnung dieses Ansatzes als *beobachtungstheoretisch* gemeint ist und welches epistemologische Programm mit dieser Begrifflichkeit verbunden wird.

## METHODOLOGISCHE VORBEMERKUNG

Der im Verlauf dieser Arbeit in Anlehnung an den erkenntnistheoretischen Konstruktivismus und die operative Systemtheorie Luhmanns wiederholt gebrauchte Begriff der Beobachtung, des Beobachtens oder des Beobachters bezieht sich keines-

---

1  Vgl. Baecker 2004a, Bahrenberg/Kuhm 1999, Bommes 2002, Esposito 2002, Filippov 2000, Hard 2002, Krämer-Badoni/Kuhm 2003, Kuhm 2000a, Miggelbrink 2002a, Nassehi 2002, Redepenning 2006, Stichweh 2000a.

wegs nur auf Bewusstseinsprozesse, psychische Systeme oder das Sehen von Menschen mit ihren Augen. Der Begriff wird vielmehr „hochabstrakt und unabhängig von dem materiellen Substrat, der Infrastruktur oder der spezifischen Operations-[|27] weise benutzt, die das Durchführen von Beobachtungen ermöglicht. Beobachten heißt einfach [...]: *Unterscheiden und Bezeichnen*. Mit dem Begriff Beobachten wird darauf aufmerksam gemacht, dass das ‚Unterscheiden und Bezeichnen' eine einzige Operation ist; denn man kann nichts bezeichnen, was man nicht, indem man dies tut, unterscheidet, so wie auch das Unterscheiden seinen Sinn nur darin erfüllt, dass es zur Bezeichnung der einen oder der anderen Seite dient (aber eben nicht: beider Seiten). In der Terminologie der traditionellen Logik formuliert, ist die Unterscheidung im Verhältnis zu den Seiten, die sie unterscheidet, das ausgeschlossene Dritte. Und somit ist auch das Beobachten im Vollzug seines Beobachtens das ausgeschlossene Dritte. Wenn man schließlich mit in Betracht zieht, dass Beobachten immer ein Operieren ist, das durch ein autopoietisches System durchgeführt werden muss, und wenn man den Begriff dieses Systems in dieser Funktion als Beobachter bezeichnet, führt das zu der Aussage: der Beobachter ist das ausgeschlossene Dritte seines Beobachtens. Er kann sich selbst beim Beobachten nicht sehen. Der Beobachter ist das Nicht-Beobachtbare, heißt es kurz und bündig bei Michel Serres. Die Unterscheidung, die er jeweils verwendet, um die eine oder die andere Seite zu bezeichnen, dient als unsichtbare Bedingung des Sehens, als blinder Fleck. Und dies gilt für alles Beobachten, gleichgültig ob die Operation psychisch oder sozial, ob sie als aktueller Bewusstseinsprozess oder als Kommunikation durchgeführt wird." (Luhmann 1998, 69 f.; kursiv: AP).

Dieser Beobachtungsbegriff beinhaltet also nicht die Vorstellung einer Abbildung der Realität oder einer Reflexion oder Repräsentation der objektiven, also beobachtungsunabhängigen, Wirklichkeit. Statt mit ontologischen Fragen beschäftigt sich der *erkenntnistheoretische Konstruktivismus* (klassisch: von Foerster 1985, von Glasersfeld 1985, Maturana/Varela 1987) mit den „Bedingungen der Möglichkeit von Erkennen und Handeln" (Luhmann 1990a, 20). Dies gilt für die neurobiologischen und kybernetischen Pionierarbeiten ebenso wie für die daraus entwickelte sozialtheoretische Variante. Hierin unterscheidet sich dieser Ansatz vom sog. *Sozialkonstruktivismus* (klassisch: Berger/Luckmann 1996). Denn trotz seiner Skepsis gegenüber der Möglichkeit der Erfassung der Realität und trotz seines prozessorientierten, vornehmlich an der Genese bzw. der Produktion von sozialen Phänomenen interessierten Blickwinkels (vgl. Sismondo 1993, 547) betont der Sozialkonstruktivismus, dass die (gesellschaftlichen) Dinge nicht das sind, was sie zu sein scheinen (vgl. Hacking 1999, 81). Im Sinne „der klassische(n) akademische(n) Epistemologie" zielt er daher letztlich darauf, die Realität so zu erkennen, wie sie ist, und nicht so, wie sie nicht ist (vgl. Luhmann 1994, 88). Dagegen bezieht der erkenntnistheoretische Konstruktivismus [|28] den Standpunkt, dass die objektive Wirklichkeit, deren Existenz keineswegs geleugnet wird, operativ unzugänglich ist und daher auch nicht (richtig) erkannt werden kann. Stattdessen wird davon ausgegangen, dass durch die Operationen erkennender Systeme eine eigene ‚Objektivität' und eine eigene ‚objektive', also beobachtungsabhängige, Wirklichkeit hergestellt wird. Der in diesem „radikal" konstruktivistischen Rahmen konzipierte Beobachtungsbegriff drückt damit die „Bedingung der Möglichkeit des Erkennens der Wirklichkeit *als* Konstruktion der Wirklichkeit" (Redepenning 2006, 7) aus.

In einem solchen Ansatz wird die Frage nach dem Was (also der Objektivität) eines Gegenstands unergiebig. Sie ist zu ersetzen durch die Frage nach dem Wie (also der konstruktionsabhängigen ‚Objektivität') des Gegenstandes (ebd., 8). Erst die Beobachtung der Unterscheidungen, die Beobachtungen zu Grunde liegen, also erst eine so genannte Beobachtung zweiter Ordnung, kann reflektieren, wie Beobachter unterscheiden und bezeichnen und auf diese Weise Gegenstände – d.h. Objekte, Eigenschaften, Personen, Handlungen, Räume, Realität(en), (Um-)Welt(en) usw. – herstellen.

## RAUM ALS MEDIUM DER WAHRNEHMUNG *UND* DER KOMMUNIKATION

Luhmann selbst verzichtet noch weitgehend auf die Ausarbeitung und Verwendung des Raumbegriffs. In seinen Schriften spielt der Raum nur eine untergeordnete Rolle und wird nirgendwo systematisch behandelt. Gleichwohl wird Raum zweimal und zwar in sehr verschiedenen Versionen thematisch.
In einer ersten Version erscheint der Raum als ein der Umwelt der Gesellschaft zuzurechnendes Phänomen. Wie psychische Systeme operieren auch soziale Systeme (per definitionem) nur im Medium Sinn; sie seien folglich nicht im (physischen) Raum begrenzt (vgl. z.B. Luhmann 1998, 76). Soziale Systeme haben der Systemtheorie zufolge keine räumlich-materielle, sondern eine völlig andere, nämlich rein endogen hervorgebrachte Form von Grenze (anders als organische Systeme, deren Grenzen – Zellmembranen, Haut – räumlich-materiell interpretiert werden können). Die Grenze des alle anderen sozialen Teilsysteme umfassenden Kommunikationssystems Gesellschaft, zum Beispiel, werde in jeder einzelnen Kommunikation produziert und reproduziert. Diese operative, systeminterne Grenzziehung geschehe, „indem die Kommunikation sich als Kommunikation im Netzwerk systemeigener Operationen bestimmt", indem sie also mit Hilfe der Unterscheidung Selbstrefe- [|29] renz/Fremdreferenz bzw. System/Umwelt operiert, und „dabei keinerlei physische, chemische, neurophysiologische Komponenten aufnimmt" (ebd.). Als exogene Grenze habe der (physische oder materielle) Raum daher letztlich keinen sozialen Charakter. Er gehöre der (nicht-kommunikativen) Umwelt von Gesellschaft an, mit der letztere operativ nicht verbunden ist.

In einer zweiten Hinsicht ist Raum bei Luhmann ein Medium der Wahrnehmung (vgl. Luhmann 1997, 179 ff.). Im Rahmen seiner Kunsttheorie fasst Luhmann Raum als ein Medium, mit dessen Hilfe die Wahrnehmung mannigfaltige Objekte an Stellen – im Raum – anordnet und damit Unterschiedliches gleichzeitig handhabbar macht. Wie bei der Zeit handele es sich auch beim Raum um ein „Medium der Messung und Errechnung von Objekten". Die Nähe zu Kant ist unübersehbar. Denn ebenso wie schon Kant besteht Luhmann darauf, dass es sich bei Raum um ein kognitives Schema handelt, genauer: um eine Konstruktion psychischer (Bewusstseins-)Systeme, die operativ keinen Umweltkontakt haben (können).

Auffälligerweise hat Luhmann das Raummedium ausschließlich als Wahrnehmungsmedium konzipiert, das er an die „neurophysiologische Operationsweise des Gehirns" (ebd.) bindet (vgl. dazu auch Nassehi 2003a, 220; sowie Stichweh 2000a, 185 f.). Der Beobachtung, dass Raum als spezifisches Schema oder Konzept der „(An)Ordnung" (Löw 2001, Miggelbrink 2002a) offensichtlich auch sozial bzw. kommunikativ relevant ist, ist er nicht weiter gefolgt. Diese Beobachtung hat erst Stichweh (2000a) zum Anlass genommen, Raum auch als Medium der Kommunikation aufzufassen. Dazu integriert er Raum in das Medium Sinn, also in „das allgemeinste Medium, das psychische *und* soziale Systeme ermöglicht und für sie unhintergehbar ist" (Luhmann 1997, 173 ff.; *AP*). Neben der von Luhmann ausgearbeiteten Sach-, Zeit- und Sozialdimension des Sinns unterscheidet Stichweh nun auch eine Raumdimension (vgl. Stichweh 2000a, 187).

Andere an Luhmann anschließende Autoren konzipieren Raum ebenfalls als ein Medium der Kommunikation (vgl. z.B. Baecker 2004a, 224 ff.; Kuhm 2000a, 332; Kuhm 2003a, 29 f; Ziemann 2003). Nicht alle folgen allerdings Stichwehs Weg. Die Frage, ob die Raumdimension eine eigene Sinndimension ist oder nicht, ist umstritten. Während z.B. Bommes (2002, 94) und Stichweh (2000a, 188) von der Irreduzibilität der Raumdimension sprechen und keine „innere Verwandtschaft" von Sach- und Raumdimension erkennen, erinnert Baecker (ohne Angabe von Fundstellen) daran, dass Luhmann selbst für die Option, Raum als Bestandteil der Sachdimension zu verstehen, plädiert habe (vgl. Baecker 2004a, 225; Luhmann 2002a, 238 f.). In deutlicher Abgrenzung von [|30] Stichweh (2000a) formuliert auch Hard seine Skepsis gegenüber der „traditionsschwere(n) Parallelschaltung von Zeit- und Raumdimension des Sinns", die kaum den „theoretischen Intentionen Luhmanns" entspreche (Hard 2002, 288). Hard weist außerdem darauf hin, dass die Raumdimension, wenn nicht zur Sachdimension, dann in abgeleitetem Wortgebrauch („Er steht mir nahe"; „nahe bei Mitternacht" usw.) auch zur Sozial- oder Zeitdimension zählen könne (ebd., 283). Die Ableitung der Sach-, Zeit- und Sozialdimension und die Abweisung der Raumdimension als vierter Sinndimension sind bei Luhmann nicht grundständig geklärt (vgl. Drepper 2003, 106). Um die Frage, ob die Raumdimension eine eigene Sinndimension ist, einer Entscheidung näher bringen zu können, müsste man daher genauer in die Diskussion um die Mehrdimensionalität des Sinns und die Interdependenz der einzelnen Sinndimensionen einsteigen.[2] Darauf kann hier verzichtet werden. Für diese Arbeit genügt die Anregung, Raum nicht nur als ein Medium der Wahrnehmung, sondern, in Erweiterung von Luhmanns Begriffsverwendung, auch als ein Medium der Kommunikation zu begreifen. Mit diesem Ausgangspunkt einer systemtheoretischen Raumkonzeption sind verschiedene konzeptionelle Implikationen und Folgeentscheidungen verbunden. Die folgende Darstellung wird sichtbar machen, inwiefern sich der für diese Arbeit entwickelte Vorschlag an anderen Arbeiten orientiert, sich im Einzelnen aber auch von ihnen unterscheidet.

---

2  Einen möglichen Einstieg in diese Diskussion weisen: Baecker 1993; Luhmann 1971, 46 ff.; Luhmann 1987, 112 ff. und 127 ff.; Ziemann 2003, 131, Fn. 2.

Im Anschluss an Luhmann weisen Kuhm (2000a) und Stichweh (2000a) explizit auf die Dualität des Raums hin. Von einem „gesellschaftsintern", d.h. kommunikativ, erzeugten „sozialen Raum" bzw. von Raum als einem Medium der Kommunikation unterscheiden sie einen (physischen) „externen Raum in der Umwelt der Gesellschaft", der „als etwas Nichtkonstruiertes der Außenwelt der Gesellschaft zugehört" (Kuhm 2000a, 332). Diese Sicht auf Raum ist nicht überzeugend, zumindest erscheint sie missverständlich formuliert. Denn in überraschend realistisch-ontologisierender Weise scheint sie mit der ansonsten streng konstruktivistischen Anlage der Systemtheorie zu brechen: Im Rahmen eines konstruktivistischen Theorierahmens wird sowohl von Konstruiertem wie von Nicht-Konstruiertem gesprochen. Die konstruktivistisch argumentierenden Theoretiker müssten sich – zwar nicht als Alltagsweltler, aber doch als Sozial- und Systemtheoretiker – darüber im Klaren sein, dass auch ein „gesellschaftsexterner", „extrakommunikativer", „unkonstruierter", „materieller" oder „substantieller" Raum [|31] – ebenso wie das von Luhmann so bezeichnete Materialitätskontinuum als Umweltvoraussetzung aller Kommunikationen (vgl. Luhmann 1998, 100) – stets doch nur ein Kommunikat ist und bleibt, allerdings eines, dem sie intrakommunikativ, in der Gesellschaft, Fremdreferenz zusprechen (vgl. Hard 2002, 285). Auch die „räumlichen Differenzen in der Umwelt der Gesellschaft", die eine von Stichweh geforderte „Ökologie der Gesellschaft" zu ihrem zentralen Untersuchungsgegenstand erheben sollte (vgl. Stichweh 2000a, 191), sind Formen von (mit Hilfe der Unterscheidung von System und Umwelt konstruierten) Beobachtungen, sind Herstellungsleistungen operativ geschlossener Sinnsysteme (z.B. der wissenschaftlichen Kommunikation oder einer wissenschaftlichen Organisation). Statt eine Dualität des Raums zu unterstellen, ist es deshalb für eine systemtheoretische Fundierung des Raumbegriffs vollkommen ausreichend, die Entscheidung, von Raum als einem Medium der Wahrnehmung *und* der Kommunikation auszugehen, auszuarbeiten.

Mit der Bestimmung des Raums als einem spezifischen Medium wird eine für die Systemtheorie konstitutive Unterscheidung relevant: die Unterscheidung zwischen Medium und Form.

Medien bestehen in der systemtheoretischen Diktion aus massenhaft vorhandenen, nur lose verbundenen Elementen, die in strikt gekoppelter Weise Formen ermöglichen. Medien stehen also für Formbildung bereit. Sie sind Überhaupt erst anhand der Formen, die in sie eingeprägt werden, erkennbar und operativ anschlussfähig. Man kann dies am Beispiel der Sprache verdeutlichen. Als lose gekoppelten Zusammenhang von Elementen kann man das Kommunikationsmedium Sprache als einen Vorrat von Wörtern verstehen. Beobachtbare Konturen bekommt dieses Medium aber erst dann, wenn einzelne Wörter verbunden und ausgesprochen oder geschrieben werden. Erst die Formung von Wörtern zu Sätzen bildet einen Sinn, der in der Kommunikation prozessiert werden kann (vgl. Luhmann 1997, 172). Beide Seiten der Medium/Form-Unterscheidung sind also aufeinander angewiesen: Ohne Medium keine Form und ohne Form kein Medium. Zu beachten ist, dass jede Formbildung das Medium voraussetzt, seine Möglichkeiten aber nicht verbraucht, sondern reproduziert. Das ist wiederum am Beispiel der Worte, die zur Satzbildung verwendet werden, leicht einzusehen. Formen erfüllen diese Reproduktionsfunktion dadurch, dass sie typisch kurzfristiger existieren als das Medium selbst. „Sie koppeln und entkoppeln das Medium, könnte man sagen" (ebd., 170). Zwar sind Formen durchsetzungsfähiger als das Medium. „Das Medium setzt ihnen keinen Widerstand entgegen – so wie Worte sich nicht gegen Satzbildung [...] sträuben können" (ebd.). Diese Stärke ‚bezahlen' Formen aber damit, dass sie vergleichsweise instabil sind, d. h. jederzeit auch wieder aufgelöst oder [|32] modifiziert werden können. Medien dagegen sind zeitstabil. Statt mit der Auflösung von Formen zu verschwinden, stehen sie für neue Formbildung bereit.

Die Unterscheidung von Medium und Form wird in der Luhmann'schen Systemtheorie als Ersatz für dingorientierte Ontotogien sowie ihre Differenzierungen von Substanz und Akzidenz oder Ding und Eigenschaft eingeführt. Weder Medien noch Formen noch ihre Unterscheidung gibt es „an sich". Medien und Formen werden jeweils von Systemen aus konstruiert. Sie setzen also immer eine Systemreferenz voraus. Sie sind beobachtungsabhängig. Außerdem ist zu beachten, dass, wenn von Medien gesprochen wird, immer die operative Verwendung der *Differenz* von Medium und Form gemeint ist. Kurzum: In ihrer Differenz entstehen Medium und Form als Konstrukt des Systems, das sie verwendet (vgl. Kuhm 2000a, 332; Luhmann 1997, 165f.; Luhmann 1998, 195ff.).

Das Gemeinsame der beiden Seiten der Medium/Form-Unterscheidung, also das, was sie als Unterscheidung von anderen Unterscheidungen (wie z. B. System/Umwelt oder Kommunikation/Bewusstsein) unterscheidet, liegt im Begriff der (lose oder fest gekoppelten) Elemente von Medien und Formen. Der Begriff des Elements soll dabei nicht auf naturale Konstanten oder substanzielle Partikel verweisen, die jeder Beobachter als dieselben vorfinden könnte. „Vielmehr sind immer Einheiten gemeint, die von einem beobachtenden System konstruiert (unterschieden) werden, zum Beispiel die Recheneinheiten des Geldes oder die Töne in der Musik" (Luhmann 1997, 167). Solche Elemente sind damit „ihrerseits immer auch Formen in einem anderen Medium – zum Beispiel Worte und Töne Formen im Medium der Akustik, Schriftzeichen Formen im optischen Medium des Sichtbaren" (ebd., 172).[3]

An dieser Stelle wird die paradoxe Konstruktion der Unterscheidung von Medium und Form deutlich. Die Unterscheidung sieht vor, dass sie in sich selbst wieder vorkommt bzw. in sich selbst wieder eintritt – ein „re-entry" im Sinne des Spencer Brown'schen Formenkalküls (vgl. Spencer Brown 1979, 69ff.). Die Unterscheidung kommt insofern in sich selber vor, als auf beiden Seiten lose bzw. fest gekoppelte Elemente [|33] vorausgesetzt werden, die ihrerseits nur als Formen erkennbar sind, also eine weitere systemabhängige Unterscheidung von Medium und Form voraussetzen. Aus dieser paradoxen Begriffskonstruktion ergibt sich die *Stufenbaufähigkeit* der Unterscheidung. Damit ist gemeint, dass Formen, die sich in einem

---

3 „Wollte man das, was in spezifischen Medien als ‚Element' fungiert, weiter auflösen, würde man letztlich ins operativ Ungreifbare durchstoßen – wie in der Physik auf die nur voreingenommen entscheidbare Frage, ob es sich um Teilchen oder um Wellen handelt. Es gibt, anders gesagt, keine Letzteinheiten, deren Identität nicht wieder auf den Beobachter zurückverweist. Keine Bezeichnung also ohne zugängliche (beobachtbare) Operation, die sie vollzieht" (Luhmann 1997, 168).

Medium bilden, wiederum als Medium für weitere Formbildungen zur Verfügung stehen, usw.[4]

Dem ausgeführten Verständnis einer systemtheoretischen Unterscheidung von Medium und Form entsprechend lässt sich nun auch der Raum als Medium konzipieren, genauer: als eine spezifische beobachtungsabhängige Unterscheidung von Medium und Form. In diesem Sinne bestimmt Luhmann den Raum, wie angedeutet, mit Hilfe der Unterscheidung von Stellen und Objekten. Wie die Zeit werde der Raum (als Medium der Wahrnehmung) von (psychischen) Systemen dadurch erzeugt, „dass Stellen unabhängig von den Objekten identifiziert werden können, die sie jeweils besetzen. […] Stellendifferenzen markieren das Medium, Objektdifferenzen die Formen des Mediums. […] Und auch hier gilt: das Medium ‚an sich' ist kognitiv unzugänglich" (Luhmann 1997, 180). Nur die Formen, also die Unterscheidung von Objekten anhand der Stellen, die sie besetzen, machen es wahrnehmbar. Die Unterscheidung von Stellen, die im Raum identifizierbar sind, die also die lose gekoppelten Elemente des Mediums bezeichnen, und Objekten, die durch Stellenbesetzung und Stellenrelationierung Formen in das Medium einprägen (bzw. seine Elemente stärker koppeln), schließt die Möglichkeit ein, dass Objekte ihre Stellen wechseln.[5] Außerdem unterstreicht Luhmann mit dieser Unterscheidung das schon von Simmel for- [|34] mulierte Prinzip der „Ausschließlichkeit" des Raums (vgl. Simmel 1995, insb. 134): Eine Stelle im Raum kann zur gleichen Zeit nicht zweimal besetzt werden (vgl. Luhmann 1987, 525, Fn. 54; Stichweh 2000a, 187 f.).

Übernimmt man diese Vorlage Luhmanns auch für die Konzeption des Raums als Medium der Kommunikation, sind mit „Objekten" immer semantische Einheiten der Kommunikation gemeint, „also nie in der Außenwelt gegebene Dinge, sondern strukturelle Einheiten der Autopoiesis des Systems, das heißt Bedingungen der Fortsetzung von Kommunikation" (Luhmann 1998, 99). Stichweh nennt diese Semanteme oder Kommunikate „soziale Objekte", womit (wie bei Luhmann) nichts Ontologisches und schon gar nicht Substanzen oder etwas Physisch-Materielles gemeint ist bzw. sind, sondern „alle Objekte, die einem über Kommunikation lau-

---

4   Ein von Luhmann angeführtes Beispiel, das die Allgemeinheit eines solchen evolutionären Stufenbaus illustriert, lautet: „Im Medium der Geräusche werden durch starke Einschränkung auf kondensierbare (wiederholbare) Formen Worte gebildet, die im Medium der Sprache zur Satzbildung (und nur so: zur Kommunikation) verwendet werden können. Die Möglichkeit der Satzbildung kann ihrerseits wieder als Medium dienen – zum Beispiel für Formen, die man als Mythen, Erzählungen oder später, wenn das Ganze sich im optischen Medium der Schrift duplizieren lässt, auch als Textgattungen und als Theorien kennt. Theorien wiederum können im Medium des Wahrheitscodes zu untereinander konsistenten Wahrheiten gekoppelt werden" (Luhmann 1997, 172).

5   An dieser Eigenschaft lässt sich der Unterschied zum Zeitmedium verdeutlichen. Denn folgt man Luhmann, stimmen Raum und Zeit in allen genannten Hinsichten überein. Als Medien werden sie von Beobachtern auf gleiche Weise erzeugt, „nämlich durch die Unterscheidung von Medium und Form, oder genauer Stelle und Objekt" (Luhmann 1997, 180). Der Unterschied liegt dann in der Handhabung der Varianz, des Formenwechsels: „Der Raum macht es möglich, dass Objekte ihre Stellen verlassen. Die Zeit macht es notwendig, dass die Stellen ihre Objekte verlassen." (ebd., 181).

fenden Prozess der Bestimmung unterliegen. In diesem Sinn hat es auch die Physik mit sozialen Objekten zu tun" (Stichweh 2000a, 186). Geht man entsprechend auch für „Stellen" davon aus, dass sie ebenfalls nur als Konstruktionen von Beobachtern zu verstehen sind, sieht man, dass die Unterscheidung Stellen/Objekte keineswegs „nur den physischen Raum extensiver Gegenstände bezeichnen" kann, wie dies Nassehi anmerkt (vgl. Nassehi 2003a, 222, Fn. 17).

Auch der „virtuelle Cyberspace" entsteht (für Beobachter) durch die Unterscheidung verschiedener Stellen (den http-Adressen). Ihre Besetzung durch – miteinander durch Links verbundene – Objekte (die Web-sites) lässt anschlussfähige Formen entstehen, an denen der Cyberspace – beim ‚Surfen', beim ‚Weiterklicken', bei der Mitteilung von Linkverknüpfungen – als kommunikativer Raum erfahrbar ist (vgl. Niedermaier/Schroer 2004). Könnte man den dreidimensionalen euklidischen Raum der Geometrie, in den Punkte, Linien (bzw. Strecken), Ebenen (bzw. Flächen) und andere Figuren (wie z.B. „Behälter") ‚eingezeichnet' werden können, noch als Beispiel für die Konstruktion eines „physischen Raumes" deuten, so ist dies im Falle von Bourdieus „sozialem Raum", mit dem der Soziologe die Gesellschaft als „mehrdimensionalen Raum von Positionen" und Beziehungen entwirft, oder besser: (an)ordnet (vgl. Bourdieu 1985, 9ff.), nicht mehr möglich. In diesem relationalen Raum verteilen sich die Akteure entsprechend dem Gesamtumfang an (ökonomischem, kulturellem und sozialem) Kapital, über das sie verfügen, und der Kapitalzusammensetzung auf die verschiedenen, jedoch aufeinander verweisenden gesellschaftlichen Positionen. Diese können sie zwar verlassen und wechseln, dies aber, wie im „geographische(n)" Raum, „nur um den Preis von Arbeit, Anstrengungen und vor allem Zeit" (ebd., 13). [|35]

Mit „geographischem Raum" meint Bourdieu offenbar das, was von anderen Autoren auch „Erdoberfläche", „Boden", „Natur", „Naturraum" oder (physisch-materielle) „Umwelt" genannt wird. Auch die *Erdoberfläche* – dieser Begriff wird im weiteren Verlauf der Arbeit präferiert – ist als Formbildung im Medium des Raums bestimmbar, also genauer: als beobachtungsabhängige und daher je nach Beobachtungskontext durchaus variierende Ausarbeitung der Stellen/Objekte-Unterscheidung. Denn die Konstruktion Erdoberfläche resultiert (wie immer sie im Einzelnen ausfällt) aus einer Spezifizierung des externalisierenden Bezugs auf die von psychischen und sozialen Systemen vorausgesetzte physisch-materielle Umwelt. Diese Spezifizierung ist eine Formbildung im dreidimensionalen euklidischen Raum. Es ist die Konstruktion einer (Erdoberfläche genannten) *Fläche* als einer geometrischen Form (entweder als zweidimensionale Fläche oder als dreidimensionale Kugelober- bzw. unebene Fläche), die ein ‚unterhalb der Fläche' (das Erdinnere) von einem ‚oberhalb der Fläche' (die Gegenstände, die auf der Erdoberfläche platziert werden; die Atmosphäre usw.) unterscheidet.

Am Beispiel der Formbildung *Erdoberfläche* sei kurz die oben für die Medium/Form-Unterscheidung im Allgemeinen angesprochene Stufenbaufähigkeit illustriert. So kann die Formbildung Erdoberfläche – als Fläche – ihrerseits als Medium dienen, das aus Stellen besteht (den Punkten der Fläche), die durch Objektbesetzung bzw. Bezeichnung zu weiteren räumlichen Formen gekoppelt werden können. Derart lassen sich zum Beispiel „Wege" (als Punktverbindungen) oder „Gebiete",

„Bezirke" oder „Territorien" (als durch Grenzlinien hervorgebrachte Einheiten) formen, die erneut als Medien zu weiterer Formbildung zur Verfügung stehen. Wie für alle genannten Beispiele gilt auch hier: Auch die Formbildungen im Medium der Erdoberfläche verweisen auf ihre Herstellungskontexte, auf die (psychischen und/oder sozialen) Systeme, die diese Formen unter den ihnen eigenen Bedingungen erst als solche herstellen. So gibt es z.B. ein *Territorium* – als begrenzten Ausschnitt der Erdoberfläche – nicht an sich, sondern nur als spezifische Herstellungsleistung, etwa als Hoheitsgebiet eines Staates. In diesem Fall wären die Konstitutionsbedingungen des Territoriums mithin im politischen System zu suchen.

Auch *Orte* können mit der vorgestellten Begrifflichkeit als spezifische, im Medium des Raums gebildete Formen verstanden werden. Zunächst lassen sich Orte schlicht als Formen der *Beobachtung* im Raummedium auffassen, d.h. als Unterscheidungen und Bezeichnungen von Stellen (z.B. „http://www.geographie.de"). Nach dem ausgeführten semantischen Verständnis von „Objekten" ist die *Bezeichnung* von Stellen zugleich eine Form der *Besetzung* von Stellen durch Objekte. In diesem [|36] Sinne entstehen Orte durch *Verortung* oder *Lokalisierung*, also durch Stellenbesetzung bzw. Stellenbezeichnung. Dass einmal markierte Stellen, also Orte, von anderen Beobachtern wiederum als Raumstellen mit anderen Stellen relationiert, durch neue Objekte weiter geformt oder mit anderen Bedeutungen aufgeladen werden können, liegt auf der Hand. Entscheidend für das Verständnis von Orten als räumlichen Formen ist, dass mit der Stellenbesetzung oder -bezeichnung immer auch eine Stellenunterscheidung einhergeht. Erst das macht die Stelle zum Ort. Der Begriff „Stadt XY" wird erst dadurch zu einer räumlichen Form, zu einem Ort, weil er eine stellenbezogene Unterscheidung impliziert – „Stadt XY" im Unterschied zu „ihrem Umland", „Stadt XY" im Unterschied zu anderen Städten. Mit diesem Beispiel eines so genannten Toponyms ist eine besondere, sehr prominente Form der Verortung angesprochen: die erdoberflächliche bzw. territoriale Bezugnahme (oder Projektion). Nach den vorangegangenen Ausführungen ist diese Form der Ortsbildung als eine Beobachtung im Medium der Erdoberfläche (bzw. des Territoriums) zu deuten, die Punkte oder Ausschnitte der Erdoberfläche unterscheidet, mit Objekten besetzt und derart als spezifische, geographisch indizierte Orte bezeichnet.

Jenseits aller Unterschiede machen die genannten Beispiele räumlicher Formbildung auf folgende Gemeinsamkeit aufmerksam. Die mit der Verwendung des Raummediums sowohl vorausgesetzten als auch konstituierten und reproduzierten Stellen sind einander nie identisch. Diese vorausgesetzte Verschiedenheit oder Nicht-Identität der Stellen, die den jeweiligen Raum konstituieren, basiert auf einer Vorstellung von *Extension*. Dies verdeutlichen nicht nur räumliche Formbildungen wie „Erdoberfläche". Auch „metaphorische Räume", also Raumformen, die nichts Erdoberflächlich-Materielles bezeichnen und nicht auf physische Markierungen zurückgreifen (vgl. Stichweh 2000a, 194), setzen Extension voraus. Man denke z.B. an die „plurilokalen, transnationalen Räume" der Migrationsforschung (vgl. Pries 1997), an den „Markt" der Wirtschaft (vgl. Stichweh 2000a, 193f.), an die durch die oben/unten-Unterscheidung strukturierten Organigramme, die in Organisationen durch Ortungsangaben für Ordnungseffekte sorgen (vgl. Drepper 2003, 109ff.), oder an den schon erwähnten „sozialen Raum" der Bourdieu'schen Gesellschaftstheorie. Selbst die abstrakten, n-dimensionalen Räume der Mathematik, deren Stellen als n-Tupel ($x_1, x_2, \ldots, x_n$) reeller Zahlen definiert werden, führen noch den Begriff der Dimension und damit eine Anspielung auf Ausdehnung oder Ausmaß im Titel. Da Extension selbst ein räumlicher Begriff ist, setzt die räumliche Medium/Form-Unterscheidung letztlich Raum immer bereits voraus. Der [|37] paradoxe Befund lautet daher, dass „der *Raum* nur *im Raum* vorkommen kann wie die Zeit nur in der Zeit" (Nassehi 2003a, 220).

Die Vermutung liegt nahe, dass dieser Zusammenhang zwischen Raummedium und Extension auf die Erfahrung zurückführbar ist, dass Menschen (ausgedehnte) Körper haben, die von (ausgedehnten) Um-Welten umgeben sind. Gerade weil das Raummedium auch Medium der Wahrnehmung ist, scheint es an der menschlichen Alltagserfahrung, am alltäglichen Erleben von Körperlichkeit und Ausgedehntheit der Welt orientiert zu sein. Auf diesen Zusammenhang deuten neben phänomenologischen Arbeiten auch Analysen der historischen Entwicklung von Raumvorstellungen, Sturm z.B. weist auf die Verwandtschaft des alltäglichen Anschauungsraums mit dem dreidimensionalen (Höhe, Breite, Tiefe) euklidischen Raum der Geometrie hin, die sie als Ausdruck eines platonischen, auf Anschauung und Körperlichkeit beruhenden, über zweitausend Jahre hin entwickelten und evolutionär bewährten Raummodells interpretiert (vgl. Sturm 2000a, 85). Die enge Verknüpfung der Raumkategorie mit menschlichem Leben, Handeln sowie der Leibgebundenheit der Wahrnehmung und des Erlebens schlägt sich auch in der Sprache, dem zentralen Medium der Kommunikation, nieder (vgl. neben Sturm 2000, 9, ausführlich: Schlottmann 2005). Gerade in der Alltagssprache finden sich zahlreiche Hinweise auf eine ursprünglich anthropozentrische Raumkonstitution, bei der, von der eigenen Leiblichkeit ausgehend, räumliche Formen konstruiert werden.[6] Sprachlich lassen sich aber natürlich auch die formalen Raumkonzepte der Mathematik und Physik kommunizieren, die gerade durch Abstraktion von menschlicher Anschauung und Leiblichkeit zustande kommen (vgl. Läpple 1991, 201ff.). Wie ist also der Zusammenhang zwischen Raummedium und menschlicher Körper-, Umgebungs- und Extensionserfahrung genau zu interpretieren? Wie die Paradoxie, dass Raum nur im Raum vorkommen kann? Diese Fragen können hier nicht weiterverfolgt werden. Sie könnten angemessen wohl nur im Rahmen einer weit ausholenden Analyse beurteilt werden. Eine solche Analyse hätte sowohl die gesellschaftliche Evolution der Raumsemantik als auch – im Rahmen einer operationalen Theorieanlage – die Beziehungen zwischen operativ geschlossenen Systemen, also insbesondere das Phänomen der strukturellen Kopplung zwischen Bewusstseins- und Sozialsystemen, zu berücksichtigen (vgl. erste Ansätze dazu bei Kuhm 2003a). [|38]

Nach diesem Exkurs zum Extensionsbezug des Raummediums sollte noch einmal ausdrücklich betont werden, dass der Raum im hier verstandenen Sinne selbst

---

6   Man denke an indexikalische Begriffe wie „hier", „dort", „drüben" usw. oder an Richtungsangaben (z.B. „rechts", „links", „vorne" usw.) sowie Orientierungskonzepte und -metaphern (z.B. „innen/außen", „nah/fern"). Vgl. neben Schlottmann 2005 auch: Lakoff 1990, 272ff.; Lakoff/Johnson 1998, 22ff.

*keinen* extensiven Charakter hat, weder als Medium der Wahrnehmung noch als Medium der Kommunikation. Mit einem systemtheoretischen, auf der Medium/Form-Unterscheidung basierenden Begriff des Raums wird das ontologische, auf den Begriff der Materie und der Substanz gegründete Raumverständnis gerade ersetzt (vgl. Kuhm 2000a, 332). Räume sind nun keine ausgedehnten Gegenstände mehr, keine Dinge, Substanzen, physisch-materiellen Phänomene, aber auch keine relationalen Ordnungsstrukturen der physisch-materiellen „Existenzen" (Leibniz 1966, 134; original 1715/16). Ebenso radikal unterscheidet sich die systemtheoretische Raumkonzeption von der bereits aus der Antike stammenden Vorstellung eines endlichen, abgeschlossenen Raumes, der alle Dinge, Lebewesen und Sphären wie ein Gefäß oder ein Behälter umschließt. Auch die damit verwandte absolutistische Raumkonzeption (vgl. Löw 2001, 24 ff.), in der Raum als selbständige ausgedehnte Realität, als „absoluter Raum" vorgestellt wird, „der aufgrund seiner Natur ohne Beziehung zu irgendetwas außer ihm existiert" und der „sich immer gleich und unbeweglich" bleibt (Newton 1988, 44; original 1687), hat mit dem dargelegten Verständnis von Raum nichts gemein.

Den Prämissen des erkenntnistheoretischen Konstruktivismus folgend, verzichtet der systemtheoretische Vorschlag darauf, hinter den im Raummedium gebildeten Formen einen objektiv existierenden, wie auch immer gearteten, Gegenstand Raum zu vermuten. Ebenso wenig, wie es für die Medium/Form-Differenz eine Umweltkorrespondenz gibt, repräsentieren räumliche Formbildungen im Kommunikations- und Wahrnehmungsmedium Raum irgendwelche Strukturen in der Umwelt des Systems. Vielmehr sind Räume ausschließlich als Formen zu verstehen, die von Beobachtern hergestellt werden.[7] Sie sind nichts als system*interne* Produkte. Ihre einzige empirische Basis haben sie in den Operationen selbstreferenzieller Systeme. Für den Fall sozialer Systeme bzw. der im *Kommunikations*-Medium Raum konstruierten Formen bedeutet dies: Der sozialwissenschaftliche Blick ist auf ihre kommunikativ-operative Erzeugung zu richten. [|39]

Fokussiert man daher genauer auf die kommunikativ-operative Herstellung räumlicher Formen, d.h. auf die Besetzung und Verknüpfung von Raumstellen (vgl. Baecker 2004a, 228), wird eine (weitere) konzeptionelle Lücke deutlich, die noch zu schließen ist. Sie resultiert aus der Entscheidung, sich bei dem Entwurf von Raum als einem Medium der Kommunikation an Luhmanns Bestimmung des Raums als einem Medium der Wahrnehmung zu orientieren. Wie ausgeführt, spricht Luhmann davon, dass Raum von (psychischen) Systemen als Medium (der Wahrnehmung) dadurch erzeugt werde, dass „Stell*en* unabhängig von den Objek*ten* identifiziert werden können, die sie jeweils besetzen. [...] Stellen*differenzen* markieren das Medium, Objekt*differenzen* die Formen des Mediums" (Luhmann 1997, 180; *AP*). Die Unterscheidung von Stellen und Objekten (jeweils Plural!) mag für

---

7 Hierin ähnelt der hier entwickelte Vorschlag den bekannten Entwürfen von Werlen (1995 u. 1997) und Löw (2001). Sieht man einmal von dem (theoretisch und methodologisch folgenreichen) Unterschied ab, dass beide AutorInnen nicht von Kommunikation, sondern von Handlung als der basalen sozialen Operation ausgehen, ist Raum in allen Versionen Element und Ergebnis von (sozialen und psychischen) Herstellungsleistungen und damit immer kontingent bzw. beobachtungs- und handlungsabhängig.

psychische Systeme ausreichen, um – in Gedanken – Raum als Wahrnehmungsmedium zu konstituieren und räumliche Formen zu bilden. Für soziale Systeme hingegen stellt sich die Frage, *wie* es ihnen *kommunikativ* gelingt, verschiedene Raumstellen (und mit ihrer Hilfe auch verschiedene Objekte, die diese Stellen besetzen) zu „identifizieren", d.h. voneinander zu unterscheiden und damit stets auch in eine Beziehung zueinander zu setzen. Die die Wahrnehmung bestimmende Unterscheidung von Stellen und Objekten reicht nicht aus, um Stellen- bzw. Objekt*differenzen* im Raum als solche zu artikulieren. Offensichtlich löst die Kommunikation dieses Problem durch den Gebrauch weiterer Unterscheidungen oder Schemata. Bekannte kommunikative Formen dieser Art sind *nah* und *fern* (bzw. *Nähe* und *Ferne*), *innen* und *außen*, *hier* und *dort*, *hier* und *woanders*, *dort* und *woanders*, *rechts* und *links*, *oben* und *unten*, *vor* und *hinter*, *vorne* und *hinten*, *vertikal* und *horizontal*, *geschlossen* und *offen*, aber z.B. auch *neben* oder *zwischen* oder andere aus den genannten Schemata ableitbare Formen.[8]

Auch derartige *räumliche* Unterscheidungen oder Schemata sind letztlich paradox konstruiert. Sie sind Unterscheidungen (d.h. Beobachtungen!) im Medium des Raums, sie setzen also ebenfalls Stellendifferenzen bzw. Extension (zumindest eine Vorstellung von Extension) voraus. Zugleich bringen sie (bzw. bringt ihre kommunikative Verwendung) den Raum als Medium (d.h. die Unterscheidung seiner Stellen) und die in diesem Medium konstruierten Formen erst hervor. Im weite- [|40] ren Verlauf der Arbeit wird nur dieser letzte Punkt interessieren, dass also mit Hilfe der genannten oder vergleichbarer Unterscheidungen – in der Kommunikation – räumliche Formen gebildet werden. Dies geschieht z.B. in dem Satz: „Dort, zwischen den zwei Bäumen, steht ein Haus, in das man hinein gehen und durch dessen Fenster man (von innen) hinaus auf den Fluss blicken kann." Das kleine Beispiel zeigt, wie durch die Verwendung räumlicher Unterscheidungen Grenzen konstruiert (die Grenze, die das Innere vom Äußeren des Hauses trennt) und wie Objekte (Bäume, Haus, Fenster, Fluss) anhand der Raumstellen, die ihnen mittels räumlicher Unterscheidungen unterlegt werden, unterschieden und in eine (räumliche) Ordnung oder Struktur gebracht werden können. Da die räumlichen Unterscheidungen oder Schemata sich – im Gegensatz zu anderen – auf das Medium Raum, auf Raumstellen oder auf schon im Raummedium gebildete Formen beziehen, könnte man, präziser, auch von *raumbezogenen* Unterscheidungen oder von Sinnschemata mit *räumlichem Bezug* sprechen. Der Einfachheit halber wird im Folgenden aber hauptsächlich der Terminus *räumliche Unterscheidungen* Verwendung finden.

Betrachtet man die obige Liste räumlicher Unterscheidungen, stellt sich die Frage, ob sie voneinander unabhängig oder inwieweit sie aufeinander abbildbar sind. Sprachanalytische Untersuchungen lassen kategoriale Unterschiede zwischen indexikalischen, orientierenden, richtungsweisenden und anderen räumlichen Unterscheidungen vermuten. Dagegen spricht Stichweh in seinem ersten Aufsatz, den

---

8   Linguistisch ließen sich diese Unterscheidungen in mehrfacher Weise differenzieren und systematisieren, z.B. nach indexikalischen Unterscheidungen (hier/dort, hier/woanders), Richtungs- und Orientierungskonzepten (rechts/links, oben/unten, vorne/hinten, innen/außen, nah/fern) und sonstigen raumbezogenen Begriffen (z.B. nirgendwo, neben, zwischen). Vgl. Lakoff/Johnson 1998; Schlottmann 2005, 187.

er der systemtheoretischen Bestimmung des Raums widmet, davon, dass, um Raum auch als Medium der Kommunikation zu konzipieren, die die Wahrnehmung bestimmende Unterscheidung von Objekten und Stellen nur durch die „Leitunterscheidung von Ferne und Nähe" zu ergänzen sei (vgl. Stichweh 2000a, 187). Warum er jedoch der Unterscheidung *Nähe/Ferne* den Status einer räumlichen *Leit*unterscheidung zuweist, bleibt unklar. Weder der Hinweis auf die „Figur des Fremden, die als Einheit von Ferne und Nähe [...] eines der wirkmächtigsten Symbole der sozialen Relevanz des Raumes" gewesen sei (ebd., 190), noch derjenige auf den Umstand, dass es für die soziale Relevanz einer Sache oder einer anderen Person einen erheblichen Unterschied machen könne, „ob diese nah oder fern sind" (ebd., 187), überzeugen als Begründung. Gleiches gilt für den Text von Kuhm, der neben *nah/fern* – ganz ohne Begründung – auch die räumlichen „Leitunterscheidungen" *hier/woanders* bzw. *dieses hier/anderes dort* anführt (vgl. Kuhm 2000a, 332f.). Zu dem Vorschlag *dieses hier/anderes dort* ist anzumerken, dass in diesem Fall die Differenzierung *hier/dort* bereits mit einem Sachschema (dieses/anderes) gekreuzt ist. Es handelt sich daher nicht um eine grundlegende [|41] räumliche Unterscheidung, sondern bereits um eine Besetzung der durch *hier/dort* unterschiedenen Stellen, mithin um das, was bisher räumliche Form genannt wurde.

Für Nassehi kommen als grundlegende räumliche Unterscheidungen nur die beiden Unterscheidungen *Nähe/Ferne* sowie *hier/dort* in Frage (vgl. Nassehi 2003a, 222f.). Warum jedoch diese und nicht z.B. auch *innen/außen*? Man erfährt nur, dass die Unterscheidungen Nähe/Ferne und hier/dort ähnlich gebaut seien wie die temporalen Unterscheidungen Vergangenheit/Zukunft und früher/später. Der Unterschied bestehe in der jeweiligen operativen Perspektive. Während eine mit der Unterscheidung Nähe/Ferne operierende Beobachtung Raumstellen gewissermaßen wie von außen beobachte, mache die hier/dort-Unterscheidung auf die konkrete operative Perspektive eines Beobachters aufmerksam. Nassehi vermutet, dass die Unterscheidung nah/fern letztlich auf die Unterscheidung hier/dort abbildbar sei – so wie auch die Unterscheidung Vergangenheit/Zukunft auf die Unterscheidung vorher/nachher zurückführbar ist (vgl. dazu: Nassehi 1993). Er räumt aber zugleich ein, dass diese Vermutung „erst noch ausführlich zu prüfen" sei (vgl. Nassehi 2003a, 223, Fn. 18).

Wie bei Stichweh, Kuhm und Nassehi bleibt auch bei Redepenning, der im Anschluss an Morin (1986, 50) für die Basalunterscheidung *hier/dort* plädiert, offen, wie aus dieser Unterscheidung andere räumliche Unterscheidungen erarbeitet werden können (vgl. Redepenning 2006, 128ff.). Lassen sich körper- bzw. beobachterzentrierte Unterscheidungen wie vorne/hinten, rechts/links oder oben/unten noch vergleichsweise anschaulich als Spezifikation des *dort* der hier/dort-Unterscheidung vorstellen, entfällt diese direkte Form der Ableitung im Falle von Unterscheidungen wie *innen/außen* oder *geschlossen/offen*. Wie relevant die beiden letztgenannten Unterscheidungen aber für die kommunikative Strukturbildung sein können, zeigt ironischerweise das Beispiel der Luhmann'schen Systemtheorie: Auch wenn Luhmann den Raum *nicht* als Grundbegriff der Theoriebildung verwendet und auch wenn er sich mit einem operativ konstruierten Systembegriff wiederholt von der ontologisch dominierten Behältermetaphorik des Teil/Ganzes-Schemas als Systemmodell distanziert hat, fällt doch auf, dass die räumlichen Unterscheidungen innen/außen, geschlossen/offen sowie marked space/unmarked space in höchstem Maße theorie- und in diesem Sinne strukturgenerierend sind (vgl. Fuchs 2001; Lippuner 2005, 138 ff.).

Insgesamt erscheint es fraglich, ob die Suche nach *einer* die Unterscheidung von Stellen und Objekten ergänzenden *Leit*-Unterscheidung überhaupt sinnvoll ist. Zweifel dieser Art scheint mittlerweile auch Stichweh zu hegen. In einem zweiten, jüngeren, Aufsatz zur system- [|42] theoretischen Raumkonzeption konstatiert er schlicht die „Pluridimensionalität des Raums", die es ausschließe, dass das Raummedium „in vertretbarer Weise" auf *eine* beobachtungsleitende Unterscheidung reduziert werden kann (vgl. Stichweh 2003a, 96). Auch dies bleibt bei Stichweh jedoch eine These, die erst noch systematisch zu untersuchen und zu bestätigen wäre.

Für diese Arbeit kann die Frage nach der oder den das Raummedium konstituierenden Basalunterscheidung(en) offen gelassen werden. Ausgehend von der Annahme einer beobachtungs- bzw. systembedingten Differenz der Konstruktion des Raums, lauten die entscheidenden Fragen vielmehr, *ob* und, wenn ja, *welche* räumlichen Unterscheidungen im interessierenden Zusammenhang relevant gemacht werden, *wie* und *warum* diese Unterscheidungen im Rahmen von räumlichen Formbildungen mit anderen Unterscheidungen oder Objekten verknüpft werden und welche strukturbildenden *Folgen* all dies hat.

## FORSCHUNGSPRAKTISCHE KONSEQUENZEN

Aus der theoretisch begründeten Forderung, dass die im Raummedium mittels räumlicher Unterscheidungen gebildeten räumlichen Formen ausschließlich als systeminterne, sinnhafte Konstruktionen aufzufassen sind, folgen drei eng miteinander verbundene (und teilweise schon angedeutete) forschungspraktische Konsequenzen.

Erstens ist für die Untersuchung der Relevanz, die räumlichen Formen bei der Strukturierung sozialer Phänomene zukommt, der Analysemodus der Beobachtung zweiter Ordnung einzunehmen. Denn jede Beobachtung erster Ordnung ist sachbezogen und kann – im Vollzug ihrer Beobachtung – nicht gleichzeitig die für die Beobachtung relevanten Unterscheidungen (z.B. die räumliche hier/dort-Unterscheidung) mitbeobachten. Sie beobachtet, d.h. sie unterscheidet und bezeichnet, ein Was. Sie bringt im Zuge ihrer Beobachtung Gegenstände oder Objekte, also auch gegenstandsbezogene Räume und räumliche Formen hervor. Dagegen kann die Beobachtung zweiter Ordnung das Wie der Konstruktion räumlicher Formen beobachten und die sozialen Folgen dieser Konstruktion sichtbar machen. Auf diese Weise können die Fragen behandelt werden, unter welchen Bedingungen das Raummedium durch wen, warum und wozu verwendet wird bzw. wie Raum als „Konzept der Ordnung" (Miggelbrink 2002a) fungiert.[9] Fragen wie diese gewinnen

---

9 Beobachtete die sozialwissenschaftliche Beobachtung das, was man in der Alltagssprache als Raumkonstruktionen bzw. als (gesellschaftlich konstruierte) Räume oder Raumstrukturen be-

über- [|43] haupt erst dann an Gewicht, wenn man nicht bereits davon ausgeht, dass Raum immer von Bedeutung ist (wie dies z.B. Kant oder Löw für die Wahrnehmung unterstellen). Im Gegensatz zur funktionalen Differenzierung als der primären Differenzierungsform der modernen Gesellschaft handelt es sich aus systemtheoretischer Perspektive bei Raum (nur) um eine sekundäre Differenzierungsform von geringerer gesellschaftlicher Reichweite. Ob und inwiefern diese Differenzierungsform im Rahmen sozialer Strukturbildungen in und zwischen Systemen bedeutsam ist,[10] ist damit jedoch gerade nicht geklärt, sondern wird zur offenen Frage. Die im Raummedium gebildeten räumlichen Unterscheidungen und Formen sind also als spezifische Beobachtungen (oder Herstellungsleistungen) zu beobachten bzw. zu untersuchen, die für die Anschlussfähigkeit von Ereignissen einen Unterschied machen können, aber keineswegs müssen.

Zweitens ist zu beachten, dass die sozialwissenschaftliche Beobachtung von Raumkonstruktionen genau genommen nur Kommunikationen bzw. sprachlich (oder auch bildlich) kommunizierte räumliche Formen beobachten kann. Theoretisch lässt sich Raum zwar, wie gesehen, auch als Medium der Wahrnehmung konzipieren. Empirisch können Wahrnehmung und Bewusstsein mit sozialwissenschaftlichem Instrumentarium jedoch nicht beobachtet werden. Die sozialwissenschaftliche Beobachtung, die sich für die Relevanz des Wahrnehmungs- und Kommunikationsmediums Raum interessiert, kann forschungspraktisch nur soziale Systeme bzw. Kommunikationszusammenhänge daraufhin beobachten, wie und wozu räumliche Unterscheidungen verwendet, räumliche Formen konstruiert oder Räume beobachtet werden. Auch Kom- [|44] munikationen über Wahrnehmungen (z.B. im Falle von Interviews mit Touristen oder mit Mitarbeitern touristischer Organisationen, die über die Motive und Wahrnehmungen von Touristen sprechen; aber auch im Falle von sog. mental maps) bleiben Kommunikationen. Sie sind daher ausschließlich als Eigenleistungen operativ geschlossener sozialer Systeme (z.B. der Interviewinteraktionen) zu deuten, die keinen direkten operativen Kontakt zu ihrer Umwelt haben, zu der Bewusstseinssysteme ebenso wie Körper (d.h. organische Systeme) gehören.

Gleichwohl lassen sich auch in diesem Theorierahmen Hypothesen darüber formulieren, inwiefern das Bewusstsein bzw. die Wahrnehmung daran beteiligt ist,

---

zeichnet, also Stadtviertel, Gebäude, Plätze, akustische Räume oder Ähnliches, würde sie nicht mehr im Beobachtungsmodus zweiter Ordnung beobachten. Sie würde vielmehr selbst zu einer Beobachterin erster Ordnung werden. Denn ihre Aussagen über „real vorhandene" Stadtviertel, Gebäude, Plätze usw. basierten auf der Verwendung und Formung des Raummediums – und nicht auf der Beobachtung, wie andere Beobachter dieses Medium verwenden.

10  Auch die Unterscheidung von Nationalstaaten lässt sich als eine durch das Raummedium ermöglichte Form der Strukturbildung in einem sozialen System deuten: Es handelt sich um die durch die Konstruktion von Staatsterritorien und Staatsbevölkerungen hervorgebrachte Binnendifferenzierung des politischen Systems. Diese räumliche Form der (Binnen-)Grenzziehung sollte nicht mit der Grenze, die das Funktionssystem der Politik von anderen Systemen unterscheidet, verwechselt werden. Wie im Falle anderer sozialer Systeme wird auch die Grenze des politischen Systems nicht durch Raum, sondern durch andere Unterscheidungen gezogen, d.h. in diesem Fall durch Macht (das symbolisch generalisierte Kommunikationsmedium der Politik) und den Kommunikationscode mächtig/ohnmächtig (vgl. Luhmann 2000).

Räume in der Kommunikation so zu konstruieren, wie sie konstruiert werden (vgl. dazu Kuhm 2003a). Dies ist möglich, weil auch eine auf dem Axiom der operativen Geschlossenheit von Bewusstseins- und Kommunikationssystemen aufbauende Systemtheorie davon ausgeht, dass jedes System in eine Umwelt anderer Systeme (ebenso wie in eine materielle Umwelt) eingebettet und von ihr abhängig bleibt, wenn es seine Operationen fortsetzen will. In Ergänzung zur operativen Geschlossenheit wird daher eine so genannte strukturelle Kopplung von sozialen Systemen, Bewusstseinssystemen und organischen Systemen (Zellen, Immunsystemen, Nervensystemen, Gehirnen) angenommen. Doch auch die Annahme, dass die kommunikative Konstruktion von Raumformen auf neuronale und bewusste Aktivitäten des Errechnens und Vorstellens von Raum angewiesen ist und von ihnen „irritiert" wird, ändert nichts daran, dass dieser „Umweltreiz" nur autonom unter systemeigenen Vorgaben weiter verarbeitet werden kann. Aus systemtheoretischer Perspektive sind es daher immer die kommunikationseigenen Unterscheidungen und Bezeichnungen, die „Raum zu dem machen, was er sozial ist" (Kuhm 2003a, 25). Denn nur hier wird – vorgängige Extension und menschliche Körpererfahrung hin, physischer Raum oder materielle Umwelt her – Raum sozial relevant.[11]

Drittens bekommt mit der vorgeschlagenen Konzeption, die Raum als abhängig von den systemspezifisch variierenden Modi und Bedingungen seiner Konstruktion fasst, die Kontextualisierung der beobachteten Raumformen ein besonderes Gewicht. So ist im Hinblick auf die angemessene Interpretation der beobachteten Raumkonstruktionen stets das Kommunikationssystem bzw. der kommunikative Zusammenhang [|45] zu berücksichtigen, in dessen Rahmen räumliche Formen hervorgebracht oder (als Aktualisierung bereits bestehender räumlicher Sinntypisierungen) übernommen werden und Bedeutung entfalten.[12] Räumliche Unter-

---

11 „Nicht die Tür oder die Mauer [...] machen die soziale Räumlichkeit aus, sondern die kommunikative Herstellung eines räumlichen Unterschieds, der einen Unterschied macht [...]. Die Räumlichkeit des Raums – etwa einer Tür – kommt nur dann sozial zum Tragen, wenn diese Tür Kommunikation strukturiert – letztlich ist dann die Tür ein Erzeugnis der Kommunikation selbst, nicht umgekehrt" (Nassehi 2003a, 222).

12 Klüter betont schon 1986, dass die gesellschaftsintern erzeugten Raumformen an die einzelnen Systemtypen (Interaktion, Organisation, Gesellschaft) sowie an die symbolisch generalisierten Kommunikationsmedien und gesellschaftlichen Funktionssysteme anzuschließen seien. In seinem frühen sozialgeographischen Versuch, Raum im Rahmen der Luhmann'schen Systemtheorie zu konzipieren, bestimmt Klüter Raum allerdings nicht mit Hilfe der Medium/Form-Unterscheidung. Er spricht daher auch nicht von Unterscheidungen im Raummedium oder von Formen, die ins Kommunikationsmedium Raum eingeprägt werden. Statt für eine solche, sehr allgemein gehaltene systemtheoretische Raumkonzeption interessiert Klüter sich nur für den Spezialfall standardisierter Sinnkondensate (oder Sinntypisierungen) mit Raumbezug. Derartige Konstrukte nennt er „Raumabstraktionen". Nach seinen Versuchen der Systematisierung von Raumabstraktionen bilden Interaktionssysteme „Kulissen", Organisationen „Programmräume" und Gesellschaften „Sprachräume". Und je nach (vorwiegenden) medialen Bezügen werden Raumabstraktionen wie z.B. Administrations- und Staatsräume (Politik/Recht), Eigentums-, Ergänzungs- und Adressatenräume (Ökonomie) oder Ökoidyllen und Ökotope (Umweltschutzbewegung) produziert (vgl. Klüter 1986, 1994; sowie Hard 2002, 288 f.). An späterer Stelle werden auch im Rahmen dieser Arbeit raumbezogene Vorräte von aktualisierbaren Sinnkondensaten oder Sinntypisierungen interessieren – als spezifische,

scheidungen und Formen gewinnen erst durch kontextuelle Zuordnungen überhaupt Prägnanz: „Eigennamen mit räumlicher Sinndimension (wie ‚Hamburg' oder ‚Disneyland') oder entsprechende Appellativa (wie ‚Region' oder ‚Stadt') bekommen erst dann Bedeutungsschärfe, wenn man durch den kommunikativen Kontext weiß, ob man sie z.B. im Medium Geld, Macht, Recht, Kunst oder Liebe (oder sonst wie) lesen soll" (Hard 2002, 289).

Bezogen auf den Städtetourismus folgt daraus die vorrangige Aufgabe, die Besonderheit dieses Kommunikationszusammenhangs und seiner Konstruktionsbedingungen herauszuarbeiten. Denn geht man davon aus, dass räumliche Unterscheidungen und Formbildungen (wie z.B. [|46] Stadt) aus der Perspektive des Städtetourismus etwas anderes bedeuten als aus der Perspektive etwa der geographischen oder soziologischen Stadtforschung, des Sports, der Kunst oder der Politik, dann ist es unumgänglich, das Phänomen des Städtetourismus genauer zu bestimmen.

Bei dieser Aufgabe hilft der Verweis auf die Vielzahl räumlicher Formen, durch die der Städtetourismus gekennzeichnet ist, kaum weiter. Zwar kann man vermuten, dass räumliche Formen für die (Re-)Produktion des Städtetourismus von Bedeutung sind – was mit der Leitfrage nach der strukturbildenden Funktion des Raums im Städtetourismus ja auch unterstellt wird. Allein, das Merkmal der Präsenz und der Relevanz räumlicher Formen sagt nichts über die Spezifik dieses Zusammenhangs aus. Es unterscheidet den Städtetourismus weder von vielen anderen sozialen Zusammenhängen noch von anderen touristischen Erscheinungsformen. Gerade weil das Kommunikations- und Wahrnehmungsmedium Raum im Tourismus omnipräsent ist, kann Raum kein spezifisches Unterscheidungsmerkmal des Städtetourismus sein. Der Städtetourismus mag zwar auch auf räumlichen Formen beruhen, aber als kontextspezifische Charakterisierung wäre auch ihr detaillierter Nachweis nicht hinreichend.

Betrachtet man dagegen die obige Annäherung an den Untersuchungsgegenstand, fällt ein erster Anhaltspunkt einer einzelfallübergreifenden Bestimmung auf: die zusammenfassende und allgemein übliche Bezeichnung Städtetourismus. Mit dieser Formulierung ist gesagt, dass es sich bei dem betreffenden Phänomen um eine Form des Tourismus handelt. Diese Begriffsimplikation, die auch die bisherige Darstellung durchzieht, ist aber keineswegs evident: Inwiefern handelt es sich beim Städtetourismus überhaupt um Tourismus? Befriedigend wird diese Frage erst zu beantworten sein, wenn auch geklärt ist, was eigentlich unter Tourismus zu verstehen ist.

---

situationsüberdauernde Sinn- und Themenvorräte des Städtetourismus, auf die in der (städtetouristischen) Kommunikation zurückgegriffen werden kann. In Übernahme des von der Systemtheorie für solche Sinnkondensate im Allgemeinen bereit gehaltenen Semantik-Begriffs werden sie „raumbezogene Semantiken" genannt werden. Da sich dieser Begriff problemlos als Ableitung aus der vorgeschlagenen systemtheoretischen Raumkonzeption entwickeln lässt und erst ab dem Unterkapitel *Städte des Tourismus als kultur- und raumbezogene Semantiken* (im Kapitel *Die Form des Städtetourismus*) [Pott 2007, 133–137] in den Vordergrund der Analyse treten wird, wurde darauf verzichtet, ihn bereits in die voranstehende Ausarbeitung des Raumbegriffs zu integrieren.

Damit liegt folgende Gliederung der weiteren Untersuchung auf der Hand. Zunächst wird eine brauchbare strukturtheoretische Bestimmung des Tourismus zu erarbeiten sein (s. Kapitel *Der Tourismus der Gesellschaft* [in: Pott 2007 47–102]. Vor diesem Hintergrund kann der Frage nachgegangen werden, worin genau die Besonderheit des Städtetourismus – als einer spezifischen Form des modernen Tourismus – besteht (s. Kapitel *Die Form des Städtetourismus* [in: Pott 2007, 103–145]. Erst in diesem Rahmen wird die Frage nach der strukturbildenden Relevanz des Raums im Städtetourismus in einer Weise behandelbar sein, die der hier entwickelten Raumkonzeption angemessenen ist.

## LITERATUR

Baecker, Dirk (1993): Die Form des Unternehmens, Frankfurt a.M.
Baecker, Dirk (2004a): Fraktaler Raum, in: ders.: Wozu Soziologie? Berlin, S. 215–235
Bahrenberg, Gerhard / Kuhm, Klaus (1999): Weltgesellschaft und Region – eine systemtheoretische Perspektive, in: Geographische Zeitschrift 87/4, S. 193–209
Berger, Peter L. / Luckmann, Thomas (1996) [1966]: Die gesellschaftliche Konstruktion der Wirklichkeit. Eine Theorie der Wissenssoziologie, Frankfurt a.M.
Bommes, Michael (2002): Migration, Raum und Netzwerke. Über den Bedarf einer gesellschaftstheoretischen Einbettung der transnationalen Migrationsforschung, in: Oltmer, Jochen (Hg.): Migrationsforschung und Interkulturelle Studien: Zehn Jahre IMIS. IMIS-Schriften 11, Osnabrück, S. 91–105
Bourdieu, Pierre (1985): Sozialer Raum und „Klassen", Frankfurt a.M.
Drepper, Thomas (2003): Der Raum der Organisation – Annäherung an ein Thema, in: Krämer-Badoni, Thomas / Kuhm, Klaus (Hg.): Die Gesellschaft und ihr Raum. Raum als Gegenstand der Soziologie (Stadt, Raum und Gesellschaft 21), Opladen, S. 103–129
Esposito, Elena (2002): Virtualisierung und Divination. Formen der Räumlichkeit der Kommunikation, in: Maresch, Rudolf / Werber, Niels (Hg.): Raum – Wissen – Macht, Frankfurt a.M., S. 33–48
Filippov, Alexander (2000): Wo befinden sich Systeme? Ein blinder Fleck der Systemtheorie, in: Merz-Benz, Peter-Ulrich / Wagner, Gerhard (Hg.): Die Logik der Systeme. Zur Kritik der systemtheoretischen Soziologie Niklas Luhmanns, Konstanz, S. 381–410
Foerster, Heinz von (1985): Sicht und Einsicht. Versuche zu einer operativen Erkenntnistheorie, Braunschweig u.a.
Fuchs, Peter (2001): Die Metapher des Systems. Studien zur allgemein leitenden Frage, wie sich der Tänzer vom Tanz unterscheiden lasse, Weilerswirst
Glasersfeld, Ernst von (1985): Konstruktion der Wirklichkeit und des Begriffs der Objektivität, in: Gumin, Heinz / Mohler, Armin (Hg.): Einführung in den Konstruktivismus, München, S. 9–39
Hacking, Ian (1999): Was heißt „soziale Konstruktion"? Zur Konjunktur einer Kampfvokabel in den Wissenschaften, Frankfurt a.M.
Hard, Gerhard (2002): Raumfragen, in: ders.: Landschaft und Raum. Aufsätze zur Theorie der Geographie. Band 1, Osnabrück, S. 253–302
Klüter, Helmut (1986): Raum als Element sozialer Kommunikation. Gießener Geographische Schriften 60, Gießen
Klüter, Helmut (1994): Raum als Objekt menschlicher Wahrnehmung und Raum als Element sozialer Kommunikation. Vergleich zweier humangeographischer Ansätze, in: Mitteilungen der Österreichischen Geographischen Gesellschaft, Jg. 136, Wien, S. 143–178
Krämer-Badoni, Thomas / Kuhm, Klaus (Hg.) (2003): Die Gesellschaft und ihr Raum. Raum als Gegenstand der Soziologie (Stadt, Raum und Gesellschaft 21), Opladen
Kuhm, Klaus (2000a): Raum als Medium gesellschaftlicher Kommunikation, in: Soziale Systeme 6/2, S. 321–348

Kuhm, Klaus (2003a): Was die Gesellschaft aus dem macht, was das Gehirn dem Bewusstsein und das Bewusstsein der Gesellschaft zum Raum ‚sagt', in: Krämer-Badoni, Thomas / Kuhm, Klaus (Hg.): Die Gesellschaft und ihr Raum. Raum als Gegenstand der Soziologie (Stadt, Raum und Gesellschaft 21), Opladen, S. 13–32

Lakoff, George (1990): Women, Fire, and Dangerous Things. What Categories Reveal about the Mind, Chicago/London

Lakoff, George / Johnson, Mark (1998): Leben in Metaphern. Konstruktion und Gebrauch von Sprachbildern, Heidelberg

Läpple, Dieter (1991): Essay über den Raum, in: Häußermann, Hartmut / Ipsen, Detlev / Krämer-Badoni, Thomas / Läpple, Dieter / Rodenstein, Marianne / Siebel, Walter: Stadt und Raum. Soziologische Analysen, Pfaffenweiler, S. 157–207

Leibniz, Gottfried Wilhelm (1966) [1715/1716]: Hauptschriften zur Grundlegung der Philosophie. Band 1 (herausgegeben von Ernst Cassirer), Hamburg

Lippuner, Roland (2005): Raum – Systeme – Praktiken. Zum Verhältnis von Alltag, Wissenschaft und Geographie (Sozialgeographische Bibliothek 2), Stuttgart

Löw, Martina (2001): Raumsoziologie, Frankfurt a. M.

Luhmann, Niklas (1971): Sinn als Grundbegriff der Soziologie, in: Habermas, Jürgen / Luhmann, Niklas: Theorie der Gesellschaft oder Sozialtechnologie – Was leistet die Systemforschung? Frankfurt a. M., S. 25–100

Luhmann, Niklas (1987): Soziale Systeme. Grundriß einer allgemeinen Theorie, Frankfurt a. M.

Luhmann, Niklas (1990a): Soziologische Aufklärung 5. Konstruktivistische Perspektiven, Opladen

Luhmann, Niklas (1994): Die Wissenschaft der Gesellschaft, Frankfurt a. M.

Luhmann, Niklas (1997): Die Kunst der Gesellschaft, Frankfurt a. M.

Luhmann, Niklas (1998): Die Gesellschaft der Gesellschaft. 2 Bände, Frankfurt a. M.

Luhmann, Niklas (2000): Die Politik der Gesellschaft (herausgegeben von André Kieserling), Frankfurt a. M.

Luhmann, Niklas (2002a): Einführung in die Systemtheorie (herausgegeben von Dirk Baecker), Heidelberg

Maturana, Humberto R. / Varela, Francisco J. (1987): Der Baum der Erkenntnis. Die biologischen Wurzeln menschlichen Erkennens, Bern/München

Miggelbrink, Judith (2002a): Kommunikation über Regionen. Überlegungen zum Konzept der Raumsemantik in der Humangeographie, in: Berichte zur deutschen Landeskunde 76/4, S. 273–306

Morin, Edgar (1986): La Méthode. Tome 3: La Connaissance de la Connaissance, Paris

Nassehi, Armin (1993): Die Zeit der Gesellschaft. Auf dem Weg zu einer soziologischen Theorie der Zeit, Opladen

Nassehi, Armin (2002): Dichte Räume. Städte als Synchronisations- und Inklusionsmaschinen, in: Löw, Martina (Hg.): Differenzierungen des Städtischen, Opladen, S. 211–232

Nassehi, Armin (2003a): Geschlossenheit und Offenheit. Studien zur Theorie der modernen Gesellschaft, Frankfurt a. M.

Newton, Isaac (1988) [1687]: Mathematische Grundlagen der Naturphilosophie (herausgegeben von Ed Dellian), Hamburg

Niedermaier, Hubertus / Schroer, Markus (2004): Sozialität im Cyberspace, in: Budke, Alexandra / Kanwischer, Detlef / Pott, Andreas (Hg.): Internetgeographien. Beobachtungen zum Verhältnis von Internet, Raum und Gesellschaft, Stuttgart, S. 125–141

[Pott, Andreas (2007): Orte des Tourismus. Eine raum- und gesellschaftstheoretische Untersuchung, Bielefeld]

Pries, Ludger (1997): Neue Migration im transnationalen Raum, in: ders. (Hg.): Transnationale Migration. Soziale Welt, Sonderband 12, Baden-Baden, S. 15–44

Redepenning, Marc (2006): Wozu Raum? Systemtheorie, *critical geopolitics* und raumbezogene Semantiken (Beiträge zur Regionalen Geographie 62), Leipzig

Schlottmann, Antje (2005): RaumSprache – Ost-West-Differenzen in der Berichterstattung zur deutschen Einheit. Eine sozialgeographische Theorie (Sozialgeographische Bibliothek 4), Stuttgart

Simmel, Georg (1995) [1908]: Soziologie des Raums, in: ders.: Aufsätze und Abhandlungen 1901–1908. Band 1 (Band 7 der Georg Simmel – Gesamtausgabe, herausgegeben von Otthein Rammstedt), Frankfurt a.M., S. 132–183

Sismondo, Sergio (1993): Some Social Constructions, in: Social Studies of Science 23, S. 515–553

Spencer Brown, George (1979): Laws of Form (Neudruck), New York

Stichweh, Rudolf (2000a): Raum, Region und Stadt in der Systemtheorie, in: ders.: Die Weltgesellschaft. Soziologische Analysen, Frankfurt a.M., S. 184–206

Stichweh, Rudolf (2003a): Raum und moderne Gesellschaft. Aspekte der sozialen Kontrolle des Raums, in: Krämer-Badoni, Thomas / Kuhm, Klaus (Hg.): Die Gesellschaft und ihr Raum. Raum als Gegenstand der Soziologie (Stadt, Raum und Gesellschaft 21), Opladen, S. 93–102

Sturm, Gabriele (2000): Wege zum Raum. Methodologische Annäherungen an ein Basiskonzept raumbezogener Wissenschaften, Opladen

Werlen, Benno (1995): Sozialgeographie alltäglicher Regionalisierungen. Band 1: Zur Ontologie von Gesellschaft und Raum, Stuttgart

Werlen, Benno (1997): Sozialgeographie alltäglicher Regionalisierungen. Band 2: Globalisierung, Region und Regionalisierung, Stuttgart

Ziemann, Andreas (2003): Der Raum der Interaktion – eine systemtheoretische Beschreibung, in: Krämer-Badoni, Thomas / Kuhm, Klaus (Hg.): Die Gesellschaft und ihr Raum. Raum als Gegenstand der Soziologie (Stadt, Raum und Gesellschaft 21), Opladen, S. 131–153

## 2.

## DIE »FRENCH THEORY«

# ORTSEFFEKTE

*Pierre Bourdieu*

Wenn heutzutage von »problematischen Banlieues« oder von »Ghettos« die Rede ist, so wird hierbei fast automatisch nicht etwa auf Wirklichkeiten Bezug genommen, die ja ohnehin jenen, die am eilfertigsten hierüber das Wort ergreifen, weitgehendst unbekannt sind. Vielmehr sind hier Phantasmen angesprochen, die seitens Sensationspresse, Propaganda oder politischer Gerüchte mit emotionalen Eindrücken genährt werden, die mit mehr oder weniger unkontrollierten Begriffen und Bildern aufgeladen sind. Will man hier aber zu den gängigen Vorstellungen und alltäglichen Diskursen auf Distanz gehen, so reicht es keineswegs aus, wie man manchmal zu glauben versucht sein könnte, sich die ganze Sache einfach einmal »aus der Nähe« anzusehen. Zweifellos drängt sich die empiristische Illusion gerade dort besonders nachhaltig auf, wo die direkte Konfrontation mit der Wirklichkeit wie in unserem Falle nicht ganz ohne Schwierigkeiten bzw. Risiken abgehen kann und erst einmal verdient sein will.

Und dennoch deutet alles darauf hin, daß das Wesentliche des vor Ort zu Erlebenden und zu Sehenden, d.h. die erstaunlichsten Einblicke und überraschendsten Erfahrungen, ihren Kern ganz woanders haben. Nichts verdeutlicht dies besser als die amerikanischen Ghettos, diese verwaisten und verfallenden Orte, die sich gerade und grundlegend durch eine Abwesenheit gekennzeichnet und bestimmt sehen. Es ist ganz wesentlich die Abwesenheit des Staates und all dessen, was damit zusammenhängt: Polizei, Schule, Gesundheitsvorsorge, Vereine etc.

Es gilt demnach mehr denn je, sich in paradoxem Denken zu üben, einem Denken, welches gegen den Strich des gesunden Menschenverstandes und der guten Absichten bürstet. Hierbei läuft man natürlich Gefahr, den Wohlmeinenden beider Lager ins Messer zu laufen und sich einerseits der Kritik ausgesetzt zu sehen, Effekthascherei treiben zu wollen, sich andererseits aber bezichtigt zu sehen, gegenüber dem Elend der Ärmsten gleichgültig zu sein. Man kann mit den falschen Plausibilitäten und der substantialistischen Verkennung von *Orten* nur mittels einer stringenten Analyse der Wechselbeziehungen zwischen den Strukturen des Sozialraums und jenen des physischen Raums brechen. [ | 160]

## PHYSISCHER RAUM UND SOZIALRAUM

Als Körper (und als biologische Individuen) sind menschliche Wesen immer ortsgebunden und nehmen einen konkreten Platz ein (sie verfügen nicht über Allgegenwart und können nicht an mehreren Orten gleichzeitig anwesend sein). Der *Ort* kann absolut als der Punkt im physischen Raum definiert werden, an dem sich ein

Akteur oder ein Ding plaziert findet, stattfindet, sich wiederfindet. D.h. demnach als *Lokalisierung*, bzw., in relationaler Sicht, als Position, als Rang in einer Ordnung. Der eingenommene Platz läßt sich definieren über die Ausbreitung, die Oberfläche und das Volumen, welche ein Individuum im physischen Raum aufweist, d.h. es handelt sich um seine Maße bzw. besser: um, wie man bei Fahrzeugen oder Möbeln sagt, seine Sperrigkeit. Die gesellschaftlichen Akteure, die als solche immer durch die Beziehung zu einem *Sozialraum* (oder besser: zu Feldern) herausgebildet werden, und ebenso die Dinge, insofern sie von den Akteuren angeeignet, also zu Eigentum gemacht werden, sind immer an einem konkreten Ort des Sozialraums angesiedelt, den man hinsichtlich seiner relativen Position gegenüber anderen Orten (darüber, darunter, dazwischen etc.) und hinsichtlich seiner Distanz zu anderen definieren kann. So wie der physische Raum durch die wechselseitige Äußerlichkeit der Teile definiert wird, wird der Sozialraum durch die wechselseitige Ausschließung (oder Unterscheidung) der ihn bildenden Positionen definiert, d.h. als eine Aneinanderreihung von sozialen Positionen.

So bringt sich die Struktur des Sozialraums in den verschiedensten Kontexten in Gestalt räumlicher Oppositionen zum Ausdruck, wobei der bewohnte (bzw. angeeignete) Raum wie eine Art spontane Symbolisierung des Sozialraums funktioniert. In einer hierarchisierten Gesellschaft gibt es keinen Raum, der nicht hierarchisiert wäre und nicht Hierarchien und soziale Abstände zum Ausdruck brächte. Dies allerdings in mehr oder minder deformierter Weise und durch Naturalisierungseffekte maskiert, die mit der dauerhaften Einschreibung sozialer Wirklichkeiten in die natürliche Welt einhergehen. Von der geschichtlichen Logik erzeugte Differenzen können solcherart als in der Natur der Dinge liegend erscheinen (man denke etwa an die Idee der »natürlichen Grenzen«). Dies ist z.B. bei allen räumlichen Projektionen gesellschaftlicher Differenzen zwischen den Geschlechtern der Fall (von der Kirche über die Schule und öffentliche Plätze bis hin zum Haus selbst).

Tatsächlich bringt sich der Sozialraum im physischen Raum zur Geltung, jedoch immer auf mehr oder weniger verwischte Art und Weise: Die Macht über den Raum, die Kapitalbesitz in seinen verschiedenen Varianten vermittelt, äußert sich im angeeigneten physischen Raum in Gestalt einer spezifischen Beziehung zwischen der räumlichen Struktur der Verteilung der Akteure auf der einen und der räumlichen Struktur der Verteilung von Gütern und Dienstleistungen privater oder öffentlicher Herkunft auf der anderen Seite. Die Position eines Akteurs im Sozialraum spiegelt sich in dem von ihm eingenommenen Ort im physischen Raum wider (derjenige, den man als je- [|161] manden »ohne Heim und Herd« oder als »Obdachlosen« bezeichnet, hat sozusagen keine gesellschaftliche Existenz), wie auch in der relativen Position, die er bei zeitlich begrenzten (z.B. Ehrenplätze, protokollarische Platzzuweisung) und vor allem bei dauerhaften Plazierungen (Privat- und Geschäftsadresse) im Verhältnis zu den Lokalisierungen der anderen Akteure innehat. Diese Position drückt sich des weiteren im Platz aus, den er rechtlich mittels seiner Besitztümer wie Häuser, Wohnungen, Büros, Baugrundstücke etc. einnimmt. Diese Besitztümer können mehr oder weniger raumfüllend, oder, wie man manchmal zu sagen pflegt, »*space consuming*« sein (der mehr oder weniger ostentative Konsum von Raum, ist ja eine der Formen der Zurschaustellung von Macht par excellence). Ein Teil der *Beharrungskraft* der Strukturen des Sozialraums resultiert aus dem Umstand, daß sie sich ja in den physischen Raum einschreiben und nur um den Preis einer mühevollen Verpflanzung, eines Umzugs von Dingen, einer Entwurzelung bzw. Umsiedlung von Personen veränderbar sind, was selbst wiederum höchst schwierige und kostspielige gesellschaftliche Veränderungen voraussetzt.

Der verdinglichte, d.h. physisch verwirklichte bzw. objektivierte Sozialraum präsentiert sich solcherart als eine Verteilung verschiedener Arten von Gütern und Diensten wie auch individueller Akteure und Gruppen mit physischer Plazierung (im Sinne von dauerhaft ortsgebundenen Körpern). Je nach Kapitalausstattung und ihrer jeweiligen physischen Distanz zu diesen Gütern, die ja selbst kapitalabhängig ist, wachsen oder verringern sich die Chancen, in den Genuß dieser Güter und Dienste zu gelangen. In der Beziehung zwischen der Verteilung von Akteuren und der Verteilung von Gütern im Raum manifestiert sich der jeweilige Wert der unterschiedlichen Regionen des verdinglichten Sozialraums.

Die verschiedenen Felder, oder – wenn man es vorzieht – die verschiedenen physisch objektivierten sozialen Räume tendieren dazu, sich zu überlagern. So kommt es zu Konzentrationen von höchst seltenen Gütern und ihren Besitzern an bestimmten Orten des physischen Raums (Fifth Avenue, rue du Faubourg Saint-Honoré), die sich somit in jeder Hinsicht den Orten und Plätzen entgegensetzen, wo sich hauptsächlich bzw. ausschließlich die Ärmsten der Armen wiederfinden (bestimmte Vorstädte, Ghettos). Solche Orte hoher Konzentration positiver oder negativer (stigmatisierender) Eigenschaften lassen den Beobachter leicht in die Falle gehen, wenn dieser sie einfach als gegeben hinnimmt und sich selbst dazu verdammt, am Wesentlichen vorbeizugehen. Ebenso wie die Madison Avenue versammelt auch die rue du Faubourg Saint-Honoré Kunsthändler, Antiquitätenläden, große Namen der Modewelt, Schuhdesigner, Innenarchitekten usw., also eine ganze Palette von Geschäften, deren gemeinsamer Nenner darin liegt, daß sie hohe, also strukturähnliche Positionen in ihren jeweiligen Feldern innehaben und daß man sie nur dann richtig einschätzen kann, wenn man sie in Beziehung zu Geschäften des gleichen Feldes, jedoch von geringerem Rang und in anderen Regionen des physischen Raums plaziert, setzt. So sind etwa die Innendekorateure der rue du Faubourg Saint-Honoré sowohl hinsichtlich ihrer no- [|162] blen Geschäftsnamen als auch betreffs all ihrer Eigenschaften (Natur, Qualität und Preis der angebotenen Waren, soziale Herkunft der Kunden etc.) das exakte Gegenteil, von dem, was man in der rue du faubourg Saint-Antoine einen »ébéniste«, d.h. einen Kunsttischler nennt. Gleicherart treten die »hairdressers« in Gegensatz zu den einfachen Friseuren, die Schuhdesigner in Opposition zu schlichten Schustern etc. Solche Gegensätze spiegeln eine regelrechte Symbolik der feinen Unterschiede wider: Hinweise auf die Einzigartigkeit von »Schöpfung« und »Schöpfer«, Anspielungen auf das Alteingesessensein, die Tradition, den »Adel« des Geschäftsgründers und seine Betätigungen, die immer mit distinguierten, oft dem Englischen entlehnten Doubletten bezeichnet werden.

Ebenso ist ja die Kapitale zumindest im Falle Frankreichs – ganz ohne Wortwitz gemeint – der Ort des Kapitals, d.h. derjenige Ort des physischen Raums, an dem sich die positiven Pole aller Felder und die meisten der Akteure in dominanter

Position konzentrieren. Sie kann deshalb auch nur im Verhältnis zur Provinz (und dem »Provinziellen«), was ja nichts anderes als das (durch und durch relative) Entbehren der Kapitale und des Kapitals bedeutet, adäquat gedacht werden.

Die im physischen Raum objektivierten großen sozialen Gegensätze (z.B. Hauptstadt/Provinz) tendieren dazu, sich im Denken und Reden in Gestalt konstitutiver Oppositionen von Wahrnehmungs- und Unterscheidungsprinzipien niederzuschlagen, also selbst zu Kategorien der Wahrnehmung und Bewertung bzw. zu kognitiven Strukturen zu gerinnen (pariserisch/provinziell, schick/ohne Schick etc.). Solcherart ist der Gegensatz rive gauche/rive droite, also zwischen linkem und rechtem Seineufer, der bei statistischen Analysen und kartographischen Darstellungen der Publika (bei Theatern) oder der Kennzeichen ausgestellter Künstler (bei Galerien) zum Ausdruck kommt, auch im Denken potentieller Besucher bzw. Zuschauer wirksam, wirkt aber auch bei den Schriftstellern, Malern und Kritikern in Gestalt der Opposition zwischen experimentellem Theater und bürgerlichem (Boulevard)-Theater, eine Opposition, die ja selbst als Wahrnehmungs- und Bewertungsschema fungiert.

Ganz allgemein spielen die heimlichen Gebote und stillen Ordnungsrufe der Strukturen des angeeigneten Raums die Rolle eines Vermittlers, durch den sich die sozialen Strukturen sukzessiv in Denkstrukturen und Prädispositionen verwandeln. Genauer gesagt, vollzieht sich die unmerkliche Einverleibung der Strukturen der Gesellschaftsordnung zweifellos zu einem guten Teil vermittelt durch andauernde und unzählige Male wiederholte Erfahrungen räumlicher Distanzen, in denen sich soziale Erfahrungen behaupten, aber auch – konkreter gesprochen – vermittels der *Bewegungen und Ortswechsel des Körpers* zu räumlichen Strukturen konvertieren und solcherart *naturalisierte* soziale Strukturen gesellschaftlich organisieren und qualifizieren, was dann als Aufstieg oder Abstieg (»nach Paris hochfahren«), Eintritt (Einschluß, Kooptation, Adoption) oder Austritt (Ausschluß, Ausweisung, Exkommunikation), Annäherung oder Entfernung betreffs eines zentralen und wertbesetzten Ortes sprachlich zum Ausdruck gebracht wird. Ich denke z.B. auch an die respektvolle Haltung, die von der Größe und Höhe (die des Denkmals, des Podestes, oder der Tribüne) oder [|163] auch vom frontalen Charakter bildnerischer oder bildhauerischer Werke gefördert wird. Man denke hier aber auch subtiler an die von der schlichten sozialen Qualifizierung des Raums (Ehrenplätze, Logenplätze etc.) und von all den praktischen Hierarchien des Raums (Oberstadt/Unterstadt, nobles Viertel/verrufenes Viertel, Vorderbühne/Hinterbühne, Fassade/Rückwand, rechter Hand/linker Hand usw.) auferlegten Akte der Ehrerbietung und Ehrbekundung.

Dadurch, daß der Sozialraum nicht nur den räumlichen Strukturen, sondern auch den Denkstrukturen, welche ja selbst zu einem guten Teil das Produkt einer Einverleibung dieser Strukturen darstellen, eingeschrieben ist, ist der Raum auch der Ort, wo Macht sich behauptet und manifestiert, wobei sie in ihren subtilsten Formen als symbolische Gewalt zweifellos weitgehend unbemerkt bleibt. Die architektonischen Räume, deren stumme Gebote sich direkt an den Körper wenden, fordern von ihm ebenso zwingend wie im Falle der Etikette der höfischen Gesellschaft die aus der Entfernung oder, besser, aus dem Fernsein bzw. der respektvollen Distanz erwachsende Ehrerbietung ein. Dank ihrer weitgehenden Unsichtbarkeit sind sie die zweifellos wichtigsten Komponenten der Machtsymbolik und der ganz und gar realen Wirkungen symbolischer Macht, die ja auch bei den wissenschaftlichen Betrachtern weiterwirkt, die sich, wie z.B. die Historiker nach Schramm, oft gerade an den sichtbarsten Zeichen symbolischer Macht – Zepter und Krone – festklammern.

## DIE AUSEINANDERSETZUNG UM DIE ANEIGNUNG DES RAUMS

Der Raum, oder besser, die Orte und Plätze des verdinglichten Sozialraums und die von ihnen vermittelten Profite sind selbst Gegenstand von Kämpfen (innerhalb der verschiedenen Felder). Räumliche Profite können die Form von *Lokalisierungs-Profiten* annehmen, welche selbst wieder innerhalb zweier verschiedener Kategorien betrachtet werden können. Auf der einen Seite findet man Erträge, die situationsspezifisch sind und damit einhergehen, daß man sich nahe bei knappen und erstrebenswerten Gütern (z.B. Bildungs-, Gesundheits- oder Kultur-Einrichtungen) befindet. Auf der anderen Seite handelt es sich um *positions- oder rangspezifische Profite* (z.B. diejenigen, die aus einer prestigeträchtigen Anschrift resultieren), welche sich als ein Sonderfall der symbolischen Profite aus »feinen Unterschieden« präsentieren, die mit dem Verfügungsmonopol über eine distinguierende Eigenschaft einhergehen. (Die geographischen Entfernungen können nach einer räumlichen, oder besser, zeitlichen Metrik gemessen werden, insofern ein Ortswechsel, je nach Zugang zu öffentlichen oder privaten Verkehrsmitteln, einen mehr oder weniger langen Zeitaufwand erfordert. Die Macht über den Raum, die vom Kapital in seinen verschiedenen Formen verliehen wird, ist dementsprechend immer zugleich auch Macht über die Zeit). Sie können aber auch die Form von *Besetzungs-* bzw. *Dichte-Profiten* annehmen: die Verfügung [|164] über einen physischen Raum (weitläufige Parks, große Wohnungen etc.) kann ein Mittel darstellen, jedwede Art unerwünschten Eindringens fernzuhalten (dies sind gerade die »erfreulichen Aussichten« des englischen Landhauses, das, wie Raymond William es in *Town and Country* formulierte, das Land und seine Bauern zur Erbauung seiner Bewohner in Landschaft verwandelt, man denke aber auch an die »unverbaubare Aussicht« aus der Immobilien-Werbung).

Die Fähigkeit, den Raum zu beherrschen, hauptsächlich basierend auf der (materiellen oder symbolischen) Aneignung der seltenen (öffentlichen oder privaten) Güter, die sich in ihm verteilt finden, hängt vom Kapitalbesitz ab. Das Kapital erlaubt es, unerwünschte Personen oder Sachen auf Distanz zu halten und zugleich sich den (gerade hinsichtlich ihrer Verfügung über Kapital) erwünschten Personen und Sachen zu nähern. Hierbei werden die zur Aneignung von Kapital nötigen Ausgaben, insbesondere an Zeit, minimiert. Die Nähe im physischen Raum erlaubt es der Nähe im Sozialraum, alle ihre Wirkungen zu erzielen, indem sie die Akkumulation von Sozialkapital erleichtert, bzw. genauer gesagt, indem sie es ermöglicht, dauerhaft von zugleich zufälligen und voraussehbaren Sozialkontakten zu profitieren, die durch das Frequentieren wohlfrequentierter Orte garantiert ist. (Die Verfügung über Kapital sichert des weiteren eine Quasi-Allgegenwart, ermöglicht durch die ökonomische und symbolische Beherrschung von Transport- und Kommunikationsmitteln, und wird darüber hinaus durch den Effekt des Delegierens – das Vermögen, auf Distanz zu existieren und qua vermittelnden Dritten zu agieren – verdoppelt.)

Umgekehrt werden aber die Kapitallosen gegenüber den gesellschaftlich begehrtesten Gütern, sei es physisch, sei es symbolisch, auf Distanz gehalten. Sie sind dazu verdammt, mit den am wenigsten begehrten Menschen und Gütern Tür an Tür zu leben. Der Mangel an Kapital verstärkt die Erfahrung der Begrenztheit: er kettet an einen Ort.[1]

Die Kämpfe um die Aneignung des Raums können eine *individuelle* Form annehmen: die intra- oder intergenerationelle räumliche Mobilität – also z.B. die Ortswechsel zwischen Hauptstadt und Provinz in beiderlei Richtung oder die aufeinanderfolgenden Anschriften innerhalb des hierarchisierten Raumes der Kapitale – sind ein guter Indikator für die in diesen Kämpfen erreichten Erfolge bzw. erlittenen Niederlagen. Aber auch noch in einem breiteren Sinne eignen sie sich als ein guter Anzeiger jedweder gesellschaftlichen Flugbahn (natürlich unter der Vorbedingung, daß bestimmte Faktoren in Rechnung gestellt werden). Als Beispiel mag dienen, daß sich Akteure unterschiedlichen Alters und unterschiedlicher Flugbahn, wie etwa junge Führungskräfte und mittlere Angestellte fortgeschrittenen Alters, zu einem bestimmten Zeitpunkt in denselben Positionen und damit einhergehend – wenn auch nur »vorläufig« – in benachbarten Wohngebieten wiederfinden können.

Der Erfolg hängt bei diesen Kämpfen vom verfügbaren Kapital (in seinen verschiedenen Formen) ab. Tatsächlich konkretisieren sich die mittleren Aneignungschancen hinsichtlich der mit einem bestimmten Wohnsitz verbundenen materiellen oder kulturellen Güter oder Dienste für die verschiedenen Bewohner am Orte nach ihren jeweiligen Aneignungsfähigkeiten und -möglichkeiten (materielle wie Geld oder private Verkehrsmittel, aber auch kulturelle). Man kann eine Wohnung haben,

---

1 Sammelt man alle verfügbaren statistischen Daten hinsichtlich der Verteilung von ökonomischem, kulturellem oder auch sozialem Kapital auf departementaler Ebene, so läßt sich zeigen, daß die wesentlichen regionalen Unterschiede, die man oft geographischen Bestimmungsfaktoren zurechnet, sich in Wirklichkeit auf Kapital-Unterschiede zurückführen lassen. Diese schulden ihre historische Beharrungskraft der Wirkung zirkulärer Verstärkung, die sich im Laufe der Geschichte kontinuierlich zur Geltung bringt (hauptsächlich deswegen, weil Ansprüche und Erwartungen insbesondere in den Bereichen Wohnen und Kultur zum großen Teil von den je objektiv gegebenen Möglichkeiten zu ihrer Befriedigung abhängen). Nur wenn man den relativen Anteil der beobachteten Phänomene, welche scheinbar mit dem physischen Raum verknüpft sind, in Wirklichkeit aber ökonomische und soziale Differenzen widerspiegeln, identifiziert und gemessen hat, kann man hoffen, den nicht weiter auflösbaren Effekt von Nähe und Distanz im rein physischen Raum wirklich zu isolieren und zu identifizieren. Dies ist z.B. beim »Leinwand-Effekt« der Fall, beruhend auf dem anthropologischen Vorrang, welcher der direkt erfahrbaren Gegenwart und somit auch den sichtbaren und greifbaren Gegenständen und Akteuren (direkte Nachbarn) beigemessen wird. Hieraus folgt z.B., daß die mit dieser Nähe im physischen Raum einhergehenden Feindseligkeiten (Nachbarschaftskonflikte etc.) die mit der im Sozialraum eingenommenen Position verknüpften Solidaritäten, sei es im nationalen oder internationalen Kontext, verdecken können. Oder aber es kommt hier dazu, daß die sich unter dem Blickwinkel der jeweiligen Position im lokalen Sozialraum (dem Dorf z.B.) aufdrängenden Repräsentationen eine adäquate Einschätzung und Verortung der im nationalen Sozialraum eingenommenen Positionen verhindern.

ohne sie im eigentlichen Sinne des Wortes zu »bewohnen«, solange man nicht über die stillschweigend vorausgesetzten Mittel, allen voran einen angemessenen Habitus, verfügt.

Wenn die Wohnung dazu beiträgt, Gewohnheiten zu stiften, so findet auch der Habitus mittels der von ihm nahegelegten mehr oder minder adäquaten Gebrauchsweisen im »Habitat«, im Wohnen seinen Niederschlag. Es liegt also nahe, eine gängige Auffassung in Frage zu stellen, nach welcher sich schon allein durch die räumliche Annäherung von im Sozialraum sehr entfernt stehenden Akteuren ein gesellschaftlicher Annäherungseffekt ergeben könnte. Ganz im Gegenteil: nichts ist unerträglicher als die als Promiskuität empfundene physische Nähe sozial fernstehender Personen.

Unter all jenen Eigenschaften, die bei der legitimen Besetzung eines Ortes vorausgesetzt werden, gibt es einige nicht unbeträchtliche, die sich nur durch die langfristige Besetzung dieses Ortes selbst und den kontinuierlichen Kontakt zu seinen legitimen Bewohnern erwerben lassen. Dies gilt natürlich primär für das Sozialkapital an Beziehungen und Verbindungen (und ganz besonders für jene ganz besonderen Verbindungen, die sich aus Freundschaften im Kindes- und Jugendalter entwickeln!), aber auch für die subtilsten Aspekte des kulturellen und sprachlichen Kapitals wie z.B. die körperlichen Ausdrucksformen oder die Aussprache (der Akzent) etc. All dies sind Züge, die dem *Geburtsort* (und in geringerem Maße auch dem Wohnort) sein besonderes Gewicht verleihen.

Wollen sie sich nicht deplaziert fühlen, so müssen diejenigen, die in einen Raum eindringen, die von seinen Bewohnern stillschweigend vorausgesetzten Bedingungen erfüllen. Hierbei kann es sich um den Besitz eines gewissen Ka- [ | 166] pitals handeln, dessen Fehlen allein schon die Aneignung sogenannter öffentlicher Güter untersagt oder gar schon eine solche Absicht von vornherein unterbindet. Man denkt in diesem Zusammenhang natürlich zunächst an die Museen, aber dies gilt ebenso für Dienstleistungen, die man intuitiv mit allgemeinen Bedürfnissen in Zusammenhang bringt: medizinische Einrichtungen oder Institutionen des Rechtswesens. Man hat jeweils das Paris seines eigenen ökonomischen, kulturellen und sozialen Kapitals (sich ins Centre Pompidou begeben, heißt noch lange nicht, sich ein Museum für moderne Kunst zu erschließen). Tatsächlich setzen bestimmte Räume, allen voran die am meisten abgeschotteten und erlauchtesten, nicht nur ein bestimmtes Niveau ökonomischen und kulturellen Kapitals voraus, sondern erfordern auch soziales Kapital. Sie verleihen soziales und symbolisches Kapital durch den ihnen eigenen »Club-Effekt«, basierend auf der dauerhaften Ansammlung (in schicken Wohnvierteln oder in Luxus-Residenzen) von Personen und Dingen, denen es gemein ist, nicht gemein zu sein. Dies gilt in dem Maße, in dem diese Räume rechtlich (durch eine Form des Numerus clausus) oder faktisch (der Eindringling ist zu einem Gefühl des Fremd- und Ausgeschlossenseins verdammt, welches ihm schon als solches bestimmte, mit der Zugehörigkeit an und für sich verknüpfte Gratifikationen versperrt) alle jene ausschließen, die nicht über alle gewünschten Eigenschaften verfügen bzw. (mindestens) eine unerwünschte Eigenschaft an den Tag legen.

Ähnlich wie ein Club, der unerwünschte Mitglieder aktiv ausschließt, weiht das schicke Wohnviertel jeden einzelnen seiner Bewohner symbolisch, indem es ihnen erlaubt, an der Gesamtheit des akkumulierten Kapitals aller Bewohner Anteil zu haben. Umgekehrt degradiert das stigmatisierte Viertel symbolisch jeden einzelnen seiner Bewohner, der das Viertel degradiert, denn er erfüllt die von den verschiedenen gesellschaftlichen Spielen geforderten Voraussetzungen ja nicht. Zu teilen bleibt hier nur die gemeinsame gesellschaftliche Ex-Kommunikation. Die räumliche Versammlung einer in ihrer Besitzlosigkeit homogenen Bevölkerung hat auch die Wirkung, den Zustand der Enteignung zu verdoppeln, insbesondere in kulturellen Angelegenheiten und Praktiken. Die auf der Ebene der Schulklasse oder der Bildungseinrichtung, aber auch auf dem Niveau des Wohnviertels seitens der Ärmsten bzw. den von den Grundstandards der »Normalexistenz« Entferntesten ausgeübten Zwänge erzeugen eine Sogwirkung nach unten und lassen nur einen einzigen, jedoch meistens vom Mangel an Ressourcen verstellten Ausweg: Flucht!

Die Kämpfe um den Raum können aber auch eher kollektive Formen annehmen, sei es in Gestalt der auf gesamtgesellschaftlicher Ebene konzipierten Wohnungspolitiken, sei es in Form des auf lokaler Ebene betriebenen sozialen Wohnungsbaus und dessen Zuteilung, manifestieren sich aber auch bei Fragen öffentlicher Infrastruktur-Entwicklung. Die wichtigsten dieser Kämpfe drehen sich um die staatliche Politik selbst. Der Staat verfügt dank seines maßgeblichen Einflusses auf den Immobilienmarkt, aber auch auf Arbeitsmarkt und Schule, über eine immense Macht über den Raum. So hat sich etwa [|167] die Wohnungsmarkt-Politik in der direkten Konfrontation und Konzertation zwischen den maßgeblichen – untereinander selbst uneinigen – Staatsdienern, den Mitgliedern der großen Finanzgesellschaften, die direkt am Verkauf von Immobilienkrediten interessiert sind, sowie den Repräsentanten lokaler Gebietskörperschaften und öffentlicher Einrichtungen entwickelt. Diese Wohnungsbaupolitik hat vor allem mittels der Steuergesetzgebung und Wohneigentumsförderung buchstäblich eine *politische Konstruktion des Raumes* bewirkt. In dem Maße, in dem sie die *Konstituierung homogener Gruppen auf räumlicher Basis* gefördert hat, ist diese Politik zu einem guten Teil für all das verantwortlich, was sich in den heruntergekommenen Mietblöcken und den vom Staat aufgegebenen Banlieues heute unmittelbar zeigt.

*Aus dem Französischen übertragen von Franz Schultheis*

# ANDERE RÄUME

*Michel Foucault*

Die große Obsession des 19. Jahrhunderts ist bekanntlich die Geschichte gewesen: die Entwicklung und der Stillstand, die Krise und der Kreislauf, die Akkumulation der Vergangenheit, die Überlast der Toten, die drohende Erkaltung der Welt. Im Zweiten Grundsatz der Thermodynamik hat das 19. Jahrhundert das Wesentliche seiner mythologischen Ressourcen gefunden. Hingegen wäre die aktuelle Epoche eher die Epoche des Raumes. Wir sind in der Epoche des Simultanen, wir sind in der Epoche der Juxtaposition, in der Epoche des Nahen und des Fernen, des Nebeneinander, des Auseinander. Wir sind, glaube ich, in einem Moment, wo sich die Welt weniger als ein großes sich durch die Zeit entwickelndes Leben erfährt, sondern eher als ein Netz, das seine Punkte verknüpft und sein Gewirr durchkreuzt. Vielleicht könnte man sagen, daß manche ideologischen Konflikte in den heutigen Polemiken sich zwischen den anhänglichen Nachfahren der Zeit und den hartnäckigen Bewohnern des Raumes abspielen. Der Strukturalismus oder, was man unter diesem ein bißchen allgemeinen Namen gruppiert, ist der Versuch, zwischen den Elementen, die in der Zeit verteilt worden sein mögen, ein Ensemble von Relationen zu etablieren, das sie als nebeneinandergestellte, einander entgegengesetzte, ineinander enthaltene erscheinen läßt: also als eine Art Konfiguration; dabei geht es überhaupt nicht darum, die Zeit zu leugnen; es handelt sich um eine bestimmte Weise, das zu behandeln, was man die Zeit und was man die Geschichte nennt.

Indessen muß bemerkt werden, daß der Raum der heute am Horizont unserer Sorgen, unserer Theorie, unserer Systeme auftaucht, keine Neuigkeit ist. Der Raum selber hat in der abendländischen Erfahrung eine Geschichte, und es ist unmöglich, diese schicksalhafte Kreuzung der Zeit mit dem Raum zu verkennen. Um diese Geschichte des Raumes ganz grob nachzuzeichnen, könnte man sagen, daß er im Mittelalter ein hierarchisiertes Ensemble von Orten war: heilige Orte und profane Orte; geschützte Orte und offene, wehrlose Orte; städtische und ländliche Orte: für das wirkliche Leben der Menschen. Für die kosmologische Theorie gab es die überhimmlischen Orte, die dem himmlischen Ort entgegengesetzt waren; und der himmlische Ort setzte sich seinerseits dem irdischen Ort entgegen. Es gab die Orte, wo sich die Dinge befanden, weil sie anderswo gewaltsam entfernt worden waren, und die Orte, wo die Dinge ihre natürliche Lagerung und Ruhe fanden. Es war diese Hierarchie, diese Entgegensetzung, diese Durchkreuzung von Ortschaften, die konstituierten, was man grob den mittelalterlichen Raum nennen könnte: Ortungsraum.

Dieser Ortungsraum hat sich mit Galilei geöffnet; denn der wahre Skandal von Galileis Werk ist nicht so sehr die Entdeckung, die Wiederentdeckung, daß sich die Erde um die Sonne dreht, sondern die Konstituierung eines unendlichen und unendlich offenen Raumes; dergestalt, daß sich die Ortschaft des Mittelalters gewissermaßen aufgelöst fand: der Ort einer Sache war nur mehr ein Punkt in ihrer Bewegung, so wie die Ruhe einer Sache nur mehr ihre unendlich verlangsamte Bewegung war. Anders gesagt: seit Galilei, seit dem 17. Jahrhundert, setzt sich die Ausdehnung an die Stelle der Ortung.

Heutzutage setzt sich die Lagerung an die Stelle der Ausdehnung, die die Ortschaften ersetzt hatte. Die Lagerung oder Plazierung wird durch die Nachbarschaftsbeziehungen zwischen Punkten oder Elementen definiert; formal kann man sie als Reihen, Bäume, Gitter beschreiben. Andererseits kennt man die Bedeutsamkeit der Probleme der Lagerung in der zeitgenössischen Technik: Speicherung der Information oder der Rechnungsteilresultate im Gedächtnis einer Maschine, Zirkulation diskreter Elemente mit zufälligem Ausgang (wie etwa die Autos auf einer Straße oder auch die Töne auf einer Telefonleitung), Zuordnung von markierten oder codierten Elementen innerhalb einer Menge, die entweder zufällig verteilt oder univok oder plurivok klassiert ist usw. Noch konkreter stellt sich das Problem der Plazierung oder der Lagerung für die Menschen auf dem Gebiet der Demographie. Beim Problem der Menschenunterbringung geht es nicht bloß um die Frage, ob es in der Welt genug Platz für den Menschen gibt – eine immerhin recht wichtige Frage, es geht auch darum zu wissen, welche Nachbarschaftsbeziehungen, welche Stapelungen, welche Umläufe, welche Markierungen und Klassierungen für die Menschenelemente in bestimmten Lagen und zu bestimmten Zwecken gewährt werden sollen. Wir sind in einer Epoche, in der sich uns der Raum in der Form von Lagerungsbeziehungen darbietet.

Ich glaube also, daß die heutige Unruhe grundlegend den Raum betrifft – jedenfalls viel mehr als die Zeit. Die Zeit erscheint wohl nur als eine der möglichen Verteilungen zwischen den Elementen im Raum.

Trotz aller Techniken, die ihn besetzen, und dem ganzen Wissensnetz, das ihn bestimmen oder formalisieren läßt, ist der zeitgenössische Raum wohl noch nicht gänzlich entsakralisiert (im Unterschied zur Zeit, die im 19. Jahrhundert entsakralisiert worden ist). Gewiß hat es eine bestimmte theoretische Entsakralisierung des Raumes gegeben (zu der Galileis Werk das Signal gegeben hat), aber wir sind vielleicht noch nicht zu einer praktischen Entsakralisierung des Raumes gelangt. Vielleicht ist unser Leben noch von Entgegensetzungen geleitet, an die man nicht rühren kann, an die sich die Institutionen und die Praktiken noch nicht herangewagt haben. Entgegensetzungen, die wir als Gegebenheiten akzeptieren: z.B. zwischen dem privaten Raum und dem öffentlichen Raum, zwischen dem Raum der Familie und dem gesellschaftlichen Raum, zwischen dem kulturellen Raum und dem nützlichen Raum, zwischen dem Raum der Freizeit und dem Raum der Arbeit. Alle diese Gegensätze leben noch von einer stummen Sakralisierung. Das – unermeßliche – Werk von Bachelard, die Beschreibungen der Phänomenologen haben uns gelehrt, daß wir nicht in einem homogenen und leeren Raum leben, sondern in einem Raum, der mit Qualitäten aufgeladen ist, der vielleicht auch von Phantasmen bevölkert ist. Der Raum unserer ersten Wahrnehmung, der Raum unserer Träume, der Raum unserer Leidenschaften – sie enthalten in sich gleichsam innere Qualitäten; es ist ein leichter, ätherischer, durchsichtiger Raum, oder es ist ein dunkler, steiniger, versperrter Raum; es ist ein Raum der Höhe, ein Raum der Gipfel, oder es ist im Gegenteil ein Raum der Niederung, ein Raum des Schlammes; es ist ein Raum, der fließt wie das Wasser; es ist ein Raum, der fest und gefroren ist wie der Stein oder der Kristall. Diese für die zeitgenössische Reflexion grundlegenden Analysen betreffen vor allem den Raum des Innen. Ich möchte nun vom Raum des Außen sprechen.

[|338] Der Raum, in dem wir leben, durch den wir aus uns herausgezogen werden, in dem sich die Erosion unseres Lebens, unserer Zeit und unserer Geschichte abspielt, dieser Raum, der uns zernagt und auswäscht, ist selber auch ein heterogener Raum. Anders gesagt: wir leben nicht in einer Leere, innerhalb derer man Individuen und Dinge einfach situieren kann. Wir leben nicht innerhalb einer Leere, die nachträglich mit bunten Farben eingefärbt wird. Wir leben innerhalb einer Gemengelage von Beziehungen, die Plazierungen definieren, die nicht aufeinander zurückzuführen und nicht miteinander zu vereinen sind. Gewiß könnte man die Beschreibung dieser verschiedenen Plazierungen versuchen, indem man das sie definierende Relationenensemble aufsucht. So könnte man das Ensemble der Beziehungen beschreiben, die die Verkehrsplätze definieren: die Straßen, die Züge (ein Zug ist ein außerordentliches Beziehungsbündel, denn er ist etwas, was man durchquert, etwas, womit man von einem Punkt zum anderen gelangen kann, und etwas, was selber passiert). Man könnte mit dem Bündel der sie definierenden Relationen die provisorischen Halteplätze definieren – die Cafés, die Kinos, die Strände. Man könnte ebenfalls mit seinem Beziehungsnetz den geschlossenen oder halbgeschlossenen Ruheplatz definieren, den das Haus, das Zimmer, das Bett bilden ... Aber was mich interessiert, das sind unter allen diesen Plazierungen diejenigen, die die sonderbare Eigenschaft haben, sich auf alle anderen Plazierungen zu beziehen, aber so, daß sie die von diesen bezeichneten oder reflektierten Verhältnisse suspendieren, neutralisieren oder umkehren. Diese Räume, die mit allen anderen in Verbindung stehen und dennoch allen anderen Plazierungen widersprechen, gehören zwei großen Typen an.

Es gibt zum einen die Utopien. Die Utopien sind die Plazierungen ohne wirklichen Ort: die Plazierungen, die mit dem wirklichen Raum der Gesellschaft ein Verhältnis unmittelbarer oder umgekehrter Analogie unterhalten. Perfektionierung der Gesellschaft oder Kehrseite der Gesellschaft: jedenfalls sind die Utopien wesentlich unwirkliche Räume.

Es gibt gleichfalls – und das wohl in jeder Kultur, in jeder Zivilisation – wirkliche Orte, wirksame Orte, die in die Einrichtung der Gesellschaft hineingezeichnet sind, sozusagen Gegenplazierungen oder Widerlager, tatsächlich realisierte Utopien, in denen die wirklichen Plätze innerhalb der Kultur gleichzeitig repräsentiert, bestritten und gewendet sind, gewissermaßen Orte außerhalb aller Orte, wiewohl sie tatsächlich geortet werden können. Weil diese Orte ganz *andere* sind als alle Plätze, die sie reflektieren oder von denen sie sprechen, nenne ich sie im Gegensatz zu den Utopien die *Heterotopien*. Und ich glaube, daß es zwischen den Utopien und diesen anderen Plätzen, den Heterotopien, eine Art Misch- oder Mittelerfahrung gibt: den Spiegel. Der Spiegel ist nämlich eine Utopie, sofern er ein Ort ohne Ort ist. Im Spiegel sehe ich mich da, wo ich nicht bin: in einem unwirklichen Raum, der sich virtuell hinter der Oberfläche auftut; ich bin dort, wo ich nicht bin, eine Art

Schatten, der mir meine eigene Sichtbarkeit gibt, der mich mich erblicken läßt, wo ich abwesend bin: Utopie des Spiegels. Aber der Spiegel ist auch eine Heterotopie, insofern er wirklich existiert und insofern er mich auf den Platz zurückschickt, den ich wirklich einnehme; vom Spiegel aus entdecke ich mich als abwesend auf dem Platz, wo ich bin, da ich mich dort sehe; von diesem Blick aus, der sich auf mich richtet, und aus der Tiefe dieses virtuellen Raumes hinter dem Glas kehre ich zu mir zurück und beginne meine Augen wieder auf mich zu richten und mich da wieder einzufinden, wo ich bin. Der Spiegel funktioniert als eine Heterotopie in dem Sinn, daß er den Platz, den ich einnehme, während ich mich im Glas erblicke, ganz wirklich macht und mit dem ganzen Umraum verbindet, und daß er ihn zugleich ganz unwirklich macht, da er nur über den virtuellen Punkt dort wahrzunehmen ist.

Was nun die eigentlichen Heterotopien anlangt: wie kann man sie beschreiben, welchen Sinn haben sie? Man könnte eine Wissenschaft annehmen – nein, lassen wir das heruntergekommene Wort, sagen wir: eine systematische Beschreibung, deren Aufgabe in einer bestimmten Gesellschaft das Studium, die Analyse, die Beschreibung, die „Lektüre" (wie man jetzt gern sagt) dieser verschiedenen Räume, dieser anderen Orte wäre: gewissermaßen eine zugleich mythische und reale Bestreitung des Raumes, in dem wir leben; diese Beschreibung könnte *Heterotopologie* heißen.

Erster Grundsatz. Es gibt wahrscheinlich keine einzige Kultur auf der Welt, die nicht Heterotopien etabliert. Es handelt sich da um eine Konstante jeder menschlichen Gruppe. Aber offensichtlich nehmen die Heterotopien sehr unterschiedliche Formen an und vielleicht ist nicht eine einzige Heterotopieform zu finden, die absolut universal ist. Immerhin kann man sie in zwei große Typen einteilen.

In den sogenannten Urgesellschaften gibt es eine Form von Heterotopien, die ich die Krisenheterotopien nennen würde; d.h. es gibt privilegierte oder geheiligte oder verbotene Orte, die Individuen vorbehalten sind, welche sich im Verhältnis zur Gesellschaft und inmitten ihrer menschlichen Umwelt in einem Krisenzustand befinden: die Heranwachsenden, die menstruierenden Frauen, die Frauen im Wochenbett, die Alten usw. In unserer Gesellschaft hören diese Krisenheterotopien nicht auf zu verschwinden, obgleich man noch Reste davon findet. So haben das Kolleg des 19. Jahrhunderts oder der Militärdienst für die Knaben eine solche Rolle gespielt – die ersten Äußerungen der männlichen Sexualität sollten „anderswo" stattfinden als in der Familie. Für die Mädchen gab es bis in die Mitte des 20. Jahrhunderts eine Tradition, die sich „Hochzeitsreise" nannte; ein althergebrachtes Phänomen. Die Defloration des Mädchens mußte „nirgendwo" stattfinden – da war der Zug, das Hotel der Hochzeitsreise gerade der Ort des Nirgendwo: Heterotopie ohne geographische Fixierung.

Aber diese Krisenheterotopien verschwinden heute und sie werden, glaube ich, durch Abweichungsheterotopien abgelöst. In sie steckt man die Individuen, deren Verhalten abweichend ist im Verhältnis zur Norm. Das sind die Erholungsheime, die psychiatrischen Kliniken; das sind wohlgemerkt auch die Gefängnisse, und man müßte auch die Altersheime dazu zählen, die an der Grenze zwischen der Krisenheterotopie und der Abweichungsheterotopie liegen; denn das Alter ist eine Krise, aber auch eine Abweichung, da in unserer Gesellschaft, wo die Freiheit die Regel ist, der Müßiggang eine Art Abweichung ist.

[|339] Der zweite Grundsatz dieser Beschreibung der Heterotopien ist, daß eine Gesellschaft im Laufe ihrer Geschichte eine immer noch existierende Heterotopie anders funktionieren lassen kann; tatsächlich hat jede Heterotopie ein ganz bestimmtes Funktionieren innerhalb der Gesellschaft, und dieselbe Heterotopie kann je nach der Synchronie der Kultur, in der sie sich befindet, so oder so funktionieren. Als Beispiel nehme ich die sonderbare Heterotopie des Friedhofs. Der Friedhof ist sicherlich ein anderer Ort im Verhältnis zu den gewöhnlichen kulturellen Orten; gleichwohl ist er ein Raum, der mit der Gesamtheit der Stätten der Stadt oder der Gesellschaft oder des Dorfes verbunden ist, da jedes Individuum, jede Familie auf dem Friedhof Verwandte hat. In der abendländischen Kultur hat der Friedhof praktisch immer existiert. Aber er hat wichtige Mutationen erfahren. Bis zum Ende des 18. Jahrhunderts war der Friedhof im Herzen der Stadt, neben der Kirche, angesiedelt. Da gab es eine ganze Hierarchie von möglichen Gräbern. Da war der Karner, in dem die Leichen jede Individualität verloren; es gab einige individuelle Gräber; und dann gab es innerhalb der Kirche die Grüfte, die wieder von zweierlei Art waren: entweder einfach Steinplatten mit Inschrift oder Mausoleen mit Statuen usw. Dieser Friedhof, der im geheiligten Raum der Kirche untergebracht war, hat in den modernen Zivilisationen eine ganz andere Richtung eingeschlagen; ausgerechnet in der Epoche, in der die Zivilisation, wie man gemeinhin sagt, „atheistisch" geworden ist, hat die abendländische Kultur den Kult der Toten installiert. Im Grunde war es natürlich, daß man in der Zeit, da man tatsächlich an die Auferstehung der Leiber und an die Unsterblichkeit der Seele glaubte, den sterblichen Überresten keine besondere Bedeutung zumaß. Sobald man jedoch nicht mehr ganz sicher ist, daß man eine Seele hat, daß der Leib auferstehen wird, muß man vielleicht dem sterblichen Rest viel mehr Aufmerksamkeit schenken, der schließlich die einzige Spur unserer Existenz inmitten der Welt und der Worte ist. Jedenfalls hat seit dem 19. Jahrhundert jedermann ein Recht auf seinen kleinen Kasten für seine kleine persönliche Verwesung; andererseits hat man erst seit dem 19. Jahrhundert begonnen, die Friedhöfe an den äußeren Rand der Städte zu legen. Zusammen mit der Individualisierung des Todes und mit der bürgerlichen Aneignung des Friedhofs ist die Angst vor dem Tod als „Krankheit" entstanden. Es sind die Toten, so unterstellt man, die den Lebenden die Krankheiten bringen, und es ist die Gegenwart, die Nähe der Toten gleich neben den Häusern, gleich neben der Kirche, fast mitten auf der Straße, es ist diese Nähe, die den Tod selber verbreitet. Das große Thema der durch die Ansteckung der Friedhöfe verbreiteten Krankheit hat das Ende des 18. Jahrhunderts geprägt; und erst im Laufe des 19. Jahrhunderts hat man begonnen, die Verlegung der Friedhöfe in die Vorstädte vorzunehmen. Seither bilden die Friedhöfe nicht mehr den heiligen und unsterblichen Bauch der Stadt, sondern die „andere Stadt", wo jede Familie ihre schwarze Bleibe besitzt.

Dritter Grundsatz. Die Heterotopie vermag an einen einzigen Ort mehrere Räume, mehrere Plazierungen zusammenzulegen, die an sich unvereinbar sind. So läßt das Theater auf dem Viereck der Bühne eine ganze Reihe von einander fremden Orten aufeinander folgen; so ist das Kino ein merkwürdiger viereckiger Saal, in dessen Hintergrund man einen zweidimensionalen Schirm einen dreidimensionalen Raum sich projizieren sieht. Aber vielleicht ist die älteste dieser Heterotopien mit widersprüchlichen Plazierungen der Garten. Man muß nicht vergessen, daß der Garten, diese erstaunliche Schöpfung von Jahrtausenden, im Orient sehr tiefe und gleichsam übereinander gelagerte Bedeutungen hatte. Der traditionelle Garten der Perser war ein geheiligter Raum, der in seinem Rechteck vier Teile enthalten mußte, die die vier Teile der Welt repräsentierten, und außerdem einen noch heiligeren Raum in der Mitte, der gleichsam der Nabel der Welt war (dort befanden sich das Becken und der Wasserstrahl); und die ganze Vegetation des Gartens mußte sich in diesem Mikrokosmos verteilen. Und die Teppiche waren ursprünglich Reproduktionen von Gärten: der Garten ist ein Teppich, auf dem die ganze Welt ihre symbolische Vollkommenheit erreicht, und der Teppich ist so etwas wie ein im Raum mobiler Garten. Der Garten ist die kleinste Parzelle der Welt und darauf ist er die Totalität der Welt. Der Garten ist seit dem ältesten Altertum eine selige und universalisierende Heterotopie (daher unsere zoologischen Gärten).

Vierter Grundsatz. Die Heterotopien sind häufig an Zeitschnitte gebunden, d. h. an etwas, was man symmetrischerweise Heterochronien nennen könnte. Die Heterotopie erreicht ihr volles Funktionieren, wenn die Menschen mit ihrer herkömmlichen Zeit brechen. Man sieht daran, daß der Friedhof ein eminent heterotopischer Ort ist; denn er beginnt mit der sonderbaren Heterochronie, die für das Individuum der Verlust des Lebens ist und die Quasi-Ewigkeit, in der es nicht aufhört, sich zu zersetzen und zu verwischen.

Überhaupt organisieren und arrangieren sich Heterotopie und Heterochronie in einer Gesellschaft wie der unsrigen auf ziemlich komplexe Weise. Es gibt einmal die Heterotopien der sich endlos akkumulierenden Zeit, z.B. die Museen, die Bibliotheken. Museen und Bibliotheken sind Heterotopien, in denen die Zeit nicht aufhört, sich auf den Gipfel ihrer selber zu stapeln und zu drängen, während im 17. und noch bis zum Ende des 18. Jahrhunderts die Museen und die Bibliotheken Ausdruck einer individuellen Wahl waren. Doch die Idee, alles zu akkumulieren, die Idee, eine Art Generalarchiv zusammenzutragen, der Wille, an einem Ort alle Zeiten, alle Epochen, alle Formen, alle Geschmäcker einzuschließen, die Idee, einen Ort aller Zeiten zu installieren, der selber außer der Zeit und sicher vor ihrem Zahn sein soll, das Projekt, solchermaßen eine fortwährende und unbegrenzte Anhäufung der Zeit an einem unerschütterlichen Ort zu organisieren – all das gehört unserer Modernität an. Das Museum und die Bibliothek sind Heterotopien, die der abendländischen Kultur des 19. Jahrhunderts eigen sind.

Gegenüber diesen Heterotopien, die an die Speicherung der Zeit gebunden sind, gibt es Heterotopien, die im Gegenteil an das Flüchtigste, an das Vorübergehendste, an das Prekärste der Zeit geknüpft sind: in der Weise des Festes. Das sind nicht mehr ewigkeitliche, sondern absolut chronische Heterotopien. So die Festwiesen, diese wundersamen leeren Plätze am Rand der Städte, die sich ein- oder zweimal jährlich mit Baracken, Schaustellungen, heterogensten Objekten, Kämpfern, Schlangenfrauen, Wahrsagerinnen usw. bevölkern. Jüngst noch hat man eine neue chronische Heterotopie erfunden, es sind die Feriendörfer: diese polynesischen Dörfer, die den Bewohnern der Städte drei kurze [|340] Wochen einer ursprünglichen und ewigen Nacktheit bieten. Sofern sich da zwei Heterotopien treffen, die des Festes und die der Ewigkeit der sich akkumulierenden Zeit, sind die Strohhütten von Djerba auch Verwandte der Bibliotheken und der Museen; denn indem man ins polynesische Leben eintaucht, hebt man die Zeit auf; aber ebenso findet die Zeit sich wieder, und die ganze Geschichte der Menschheit steigt zu ihrer Quelle zurück wie in einem großen unmittelbaren Wissen.

Fünfter Grundsatz. Die Heterotopien setzen immer ein System von Öffnungen und Schließungen voraus, das sie gleichzeitig isoliert und durchdringlich macht. Im allgemeinen ist ein heterotopischer Platz nicht ohne weiteres zugänglich. Entweder wird man zum Eintritt gezwungen, das ist der Fall der Kaserne, der Fall des Gefängnisses, oder man muß sich Riten und Reinigungen unterziehen. Man kann nur mit einer gewissen Erlaubnis und mit der Vollziehung gewisser Gesten eintreten. Übrigens gibt es sogar Heterotopien, die gänzlich den Reinigungsaktivitäten gewidmet sind – ob es sich nun um die halb religiöse, halb hygienische Reinigung in den islamischen Hammam handelt oder um die anscheinend rein hygienische Reinigung wie in den skandinavischen Saunas. Es gibt aber auch Heterotopien, die ganz nach Öffnungen aussehen, jedoch zumeist sonderbare Ausschließungen bergen. Jeder kann diese heterotopischen Plätze betreten, aber in Wahrheit ist es nur eine Illusion: man glaubt einzutreten und ist damit ausgeschlossen. Ich denke etwa an die berühmten Kammern in den großen Pachthöfen Brasiliens oder überhaupt Südamerikas. Die Eingangstür führte gerade nicht in die Wohnung der Familie. Jeder Passant, jeder Reisende durfte diese Tür öffnen, in die Kammer eintreten und darin eine Nacht schlafen. Diese Kammern waren so, daß der Ankömmling niemals mit der Familie zusammenkam. So ein Gast war kein Eingeladener, sondern nur ein Vorbeigänger. Dieser Heterotopietyp, der in unseren Zivilisationen praktisch verschwunden ist, ließe sich vielleicht in den Zimmern der amerikanischen Motels wiederfinden, wo man mit seinem Wagen und mit seiner Freundin einfährt und wo die illegale Sexualität zugleich geschützt und versteckt ist: ausgelagert, ohne ins Freie gesetzt zu sein.

Der letzte Zug der Heterotopien besteht schließlich darin, daß sie gegenüber dem verbleibenden Raum eine Funktion haben. Diese entfaltet sich zwischen zwei extremen Polen. Entweder haben sie einen Illusionsraum zu schaffen, der den gesamten Realraum, alle Plazierungen, in die das menschliche Leben gesperrt ist, als noch illusorischer denunziert. Vielleicht ist es diese Rolle, die lange Zeit die berühmten Bordelle gespielt haben, deren man sich nun beraubt findet. Oder man schafft einen anderen Raum, einen anderen wirklichen Raum, der so vollkommen, so sorgfältig, so wohlgeordnet ist wie der unsrige ungeordnet, mißraten und wirr ist. Das wäre also nicht die Illusionsheterotopie, sondern die Kompensationsheterotopie, und ich frage mich, ob nicht Kolonien ein bißchen so funktioniert haben. In einigen Fällen haben sie für die Gesamtorganisation des Erdenraums die Rolle der Heterotopie gespielt. Ich denke etwa an die erste Kolonisationswelle im 17. Jahrhundert, an die puritanischen Gesellschaften, die die Engländer in Amerika gründeten und die absolut vollkommene andere Orte waren. Ich denke auch an die außerordentlichen Jesuitenkolonien, die in Südamerika gegründet worden sind: vortreffliche, absolut geregelte Kolonien, in denen die menschliche Vollkommenheit tatsächlich erreicht war. Die Jesuiten haben in Paraguay Kolonien errichtet, in denen die Existenz in jedem ihrer Punkte geregelt war. Das Dorf war in einer strengen

Ordnung um einen rechteckigen Platz angelegt, an dessen Ende die Kirche stand; an einer Seite das Kolleg, an der andern der Friedhof, und gegenüber der Kirche öffnete sich eine Straße, die eine andere im rechten Winkel kreuzte. Die Familien hatten jeweils ihre kleine Hütte an diesen beiden Achsen, und so fand sich das Zeichen Christi genau reproduziert. Die Christenheit markierte so mit ihrem Grundzeichen den Raum und die Geographie der amerikanischen Welt. Das tägliche Leben der Individuen wurde nicht mit der Pfeife, sondern mit der Glocke geregelt. Das Erwachen war für alle auf dieselbe Stunde festgesetzt; die Arbeit begann für alle zur selben Stunde; die Mahlzeiten waren um 12 und 5 Uhr; dann legte man sich nieder, und zur Mitternacht gab es das, was man das Ehewachen nannte, d.h. wenn die Glocke des Klosters ertönte, erfüllte jeder seine Pflicht.

Bordelle und Kolonien sind zwei extreme Typen der Heterotopie, und wenn man daran denkt, daß das Schiff ein schaukelndes Stück Raum ist, ein Ort ohne Ort, der aus sich selber lebt, der in sich geschlossen ist und gleichzeitig dem Unendlichen des Meeres ausgeliefert ist und der, von Hafen zu Hafen, von Ladung zu Ladung, von Bordell zu Bordell, bis zu den Kolonien suchen fährt, was sie an Kostbarstem in ihren Gärten bergen, dann versteht man, warum das Schiff für unsere Zivilisation vom 16. Jahrhundert bis in unsere Tage nicht nur das größte Instrument der wirtschaftlichen Entwicklung gewesen ist (nicht davon spreche ich heute), sondern auch das größte Imaginationsarsenal. Das Schiff, das ist die Heterotopie schlechthin. In den Zivilisationen ohne Schiff versiegen die Träume, die Spionage ersetzt das Abenteuer und die Polizei die Freibeuter.

*Übersetzung: Walter Seitter*

3.

DIE ANGELSÄCHSISCHE DISKUSSION:
»SPACE AND PLACE« UND »SENSE OF PLACE«

# SPACE AND PLACE: HUMANISTIC PERSPECTIVE

*by Yi-Fu Tuan*

> Ce n'est pas la distance qui mesure l'éloignement. Le mur d'un jardin de chez nous peut enfermer plus de secrets que le mur de Chine, et l'âme d'une petite fille est mieux protégée par le silence que ne le sont, par l'épaisseur des sables, les oasis sahariennes.
> Antoine de Saint Exupéry, *Terre des hommes* (1939) [1213]

## I. INTRODUCTION

Space and place together define the nature of geography. Spatial analysis or the explanation of spatial organisation is at the forefront of geographical research. Geographers appear to be confident of both the meaning of space and the methods suited to its analysis. The interpretation of spatial elements requires an abstract and objective frame of thought, quantifiable data, and ideally the language of mathematics. Place, like space, lies at the core of geographical discipline. Indeed an Ad Hoc Committee of American geographers (1965, 7) asserted that 'the modern science of geography derives its substance from man's sense of place'. In the geographical literature, place has been given several meanings (Lukermann, 1964; May, 1970). As location, place is one unit among other units to which it is linked by a circulation net; the analysis of location is subsumed under the geographer's concept and analysis of space. Place, however, has more substance than the word location suggests: it is a unique entity, a 'special ensemble' (Lukermann, 1964, 70); it has a history and meaning. Place incarnates the experiences and aspirations of a people. Place is not only a fact to be explained in the broader frame of space, but it is also a reality to be clarified and understood from the perspectives of the people who have given it meaning.

## II. HUMANISTIC PERSPECTIVE

All academic work extends the field of consciousness. Humanistic studies contribute, in addition, towards self-consciousness, towards man's increasing awareness of the sources of his knowledge. In every major discipline there exists a humanistic subfield which is the philosophy and history of that discipline. Through the subfield, for instance, geography or physics knows itself, that is, the origins of its concepts, presuppositions, and biases in the experiences of its pioneer scholars and scientists (Wright 1966; Glacken, 1967; Gilbert, 1972). The study of space, from the humanistic perspective, is thus the study of a people's spatial feelings and ideas in the stream of experience. Experience is the totality of means by which we come to know the world: we know the world through sensation (feeling), perception, and conception (Oakeshott, 1933; Dardel, 1952; Lowenthal, 1961; Gendlin, 1962). The geographer's understanding of space is abstract, though less so than that of a pure mathematician. The spatial apprehension of the man in the street is abstract, though less so [1214] than that of a scientific geographer. Abstract notions of space can be formally taught. Few people know from direct experience that France is bigger than Italy, that settlements in the American Middle West are arranged in nested hexagons, or even that the size of their own piece of real estate is 1.07 acres. Less abstract, because more closely tied to sense experience, is the space that is conditioned by the fact of my being in it, the space of which I am the centre, the space that answers my moods and intentions. A comprehensive study of experiential space would require that we examine successively felt, perceived, and conceptual spaces, noting how the more abstract ideas develop out of those given directly to the body, both from the standpoint of individual growth and from the perspective of history. Such an undertaking is beyond my present purpose. Here I shall attempt to sketch spaces that are sense-bound, spaces that respond to existential cues and the urgencies of day-to-day living. A brief discussion of mythical space will serve as a bridge between the sense-bound and the conceptual.

The importance of 'place' to cultural and humanistic geography is, or should be, obvious (Hart, 1972; Meinig, 1971; Sopher, 1972). As functional nodes in space, places yield to the techniques of spatial analysis. But as unique and complex ensemble – rooted in the past and growing into a future – and as symbol, place calls for humanistic understanding. Within the humanistic tradition places have been studied from the historical and literary-artistic perspectives. A town or neighbourhood comes alive through the artistry of a scholar who is able to combine detailed narrative with discerning vignettes of description, perhaps further enriched by old photographs and sketches (Gilbert, 1954; Swain and Mather, 1968; Lewis, 1972; Santmyer, 1962). We lack, however, systematic analysis. In general, how does mere location become place? What are we trying to say when we ascribe 'personality' and 'spirit' to place, and what is the sense of 'the sense of place'? Apart from Edward Relph's dissertation (1973), the literature on this topic – surely of central importance to geographers – has been and remains slight. We have learned to appreciate spatial analysis, historical scholarship, and fine descriptive prose, but philosophical understanding, based on the method and insight of the phenomenologists, lies largely beyond our ken (Mercer and Powell, 1972). In this essay the phenomenological perspective will be introduced. I shall not, however, confine myself to it and will try to avoid its technical language. [1215]

## III SPACE

The space that we perceive and construct, the space that provides cues for our behaviour, varies with the individual and cultural group. Mental maps differ from person to person, and from culture to culture (Hall, 1966; Downs, 1970). These facts are now well known. What is the nature of the objective space over which human beings have variously projected their illusions? It is common to assume that geometrical space is the objective reality, and that personal and cultural spaces are distortions. In fact we know only that geometrical space is cultural space, a sophisticated human construct the adoption of which has enabled us to control nature to a degree hitherto impossible. The question of objective reality is tantalising but unanswerable, and it may be meaningless. However, we can raise the following question and expect a tentative answer: if geometrical space is a relatively late and sophisticated cultural construct, what is the nature of man's original pact with his world, his original space? The answer can be couched only in general terms, for specification would lead to the detailing of richly-furnished personal and cultural worlds. We can say little more than that original space possesses structure orientation by virtue of the presence of the human body. Body implicates space; space coexists with the sentient body. This primitive relationship holds when the body is largely a system of anonymous functions, before it can serve as an instrument of conscious choice and intentions directed towards an already defined field (Merleau-Ponty, 1962; Ricoeur, 1965). Original space is a contact with the world that precedes thinking: hence its opaqueness to analysis. Like all anthropological spaces it presupposes a natural (i.e., non-human) world. This natural world is not geometrical, since it cannot be clearly and explicitly known. It can be known only as resistances to each human space, including the geometric, that is imposed thereon. Experientially, we know the non-human world in the moments that frustrate our will and arbitrariness (Floss, 1971). These are the moments that cause us to pause and pose the question of an objective reality distinct from the one that our needs and imagination call into being.

Visual perception, touch, movement, and thought combine to give us our characteristic sense of space. Bifocal vision and dexterous hands equip us physically to perceive reality as a world of objects rather than as kaleidoscopic patterns. Thought greatly enhances our ability to recognise and structure persisting objects among the wealth of fleeting impressions. The recognition of objects implies the recognition of intervals and distance relation among objects, and hence of space. The self is a persisting object which is able to relate to other selves and objects; it can move towards them and carry out its intentions among them (Hampshire, 1960, 30). [1216] Space is oriented by each centre of consciousness, and primitive consciousness is more a question of 'I can' than 'I think'. 'Near' means 'at hand'. 'High' means 'too far to reach' (Heidegger, 1962).

## 1 Space and Time

The notion of 'distance' involves not only 'near' and 'far' but also the time notions of past, present and future. Distance is a spatio-temporal intuition. 'Here' is 'now', 'there' is 'then'. And just as 'here' is not merely a point in space, so 'now' is not merely a point in time. 'Here' implies 'there', 'now' 'then', and 'then' lies both in the past and in the future. Both space and time are oriented and structured by the purposeful being. Neither the idea of space nor that of time need rise to the level of consciousness when what I want is at hand, such as picking up a pencil on my desk; they are an indissoluble part of the experience of arm movement. Units of time are often used to secure the meaning of long distances: it takes so many days to go from here to there. Distant places are also remote in time, lying either in the remote past or future. In non-Western societies, distant places are located in the mythical past rather than future, but since time tends to be perceived as cyclical remote past and remote future converge. In Western society, a distant place can suggest the idea of a distant past: when explorers seek the source of the Nile or the heart of a continent they appear to be moving back in time. But in science fiction distant stars are presented as distant future worlds.

*a The primacy of time* Though time and space are inseparable in locomotor activity, they are separable in speech and thought (Booth, 1970). We can talk abstractly about areas and volumes without introducing the concept of time, and we can talk about duration and time without introducing the concept of space, although the latter is much more difficult to achieve in Indo-European languages. Experience in the real world supports both the primacy of time and of space. Confusion arises out of the different ideas that are grouped under these two terms. The time dimension matters more, one may say, because people appear to be more interested in narratives than in static pictures, in events that unfold in time (drama) than in objects deployed in space that can be comprehended simultaneously. That unique endowment of the human species, language, is far better suited to the narration of events than to the depiction of scenes. The apprehension of distance, we know, often rests on measures of time. Nature's periodicities, such as night and day, the changing phases of the moon and the seasonal cycle, provide units for calculating time. But nature, other than the human body itself, doesn't seem to provide convenient yardsticks for the measurement of space. The psychological [|217] reason for the inclination to estimate space in time units may be this. Man's ability to negotiate and manipulate the world depends ultimately on his biological energy. That energy is renewable. For each individual, however, it has a limit that is circumscribed by his expectable life-span. Man can annul space with the help of technology but he has little control over his allotted life-span, which remains at the Biblical three scores and ten, and is subject to termination through all manner of contingencies. Man feels vulnerable to events; he is more constrained by time than by the curbs that space may impose. Significantly we say of a prisoner in his cell that he is doing time. Fate is event, a temporal category.

In philosophical discourse, with the notable exception of Kantians (May, 1970) time has assumed greater importance than space since Leibniz (Jammer, 1969, 4). Both positivists and phenomenologists believe that time is logically prior to space. Among scientific philosophers the increasing interest in the nature of cause puts the limelight on time, for the direction of the flow of time is thought to be determined by the causal interconnection of phenomena. Space, in contrast, is only the order of coexisting data. Among phenomenologists time is believed to be more fundamental than space, a belief that seems to rest on their concern with the nature of being, becoming, duration, and experience.

*b The primacy of space:* It is possible to argue for the primacy of space on the ground that space can be comprehended more directly than time; that a concept of space can give rise to theoretical science whereas, in Kant's view, one-dimensional time cannot (May, 1970, 116); and that spatialisation is a capacity developed in tandem with the evolution of human speech, utterance directed toward the creation of a public world. From the psychological viewpoint, knowledge of space is much more direct simpler than knowledge of time. We can perceive the whole of a spatial dimension, such as a straight line, simultaneously. 'A temporal duration, however, no matter how short it is, cannot be apprehended at once. Once we are at the end of it, the beginning can no longer be perceived. In other words, any knowledge of time presupposes a reconstruction on the part of the knower, since the beginning of any duration has already been lost and we cannot go back in time to it again' (Piaget, 1971, 61). Children apprehend space before time. A one-year-old child plays 'peek-a-boo' and can ask to be picked up or let down. At eighteen months a child plays 'hide-and-seek' and knows how to find his way in the house. But only some six months later does he acquire a rudimentary knowledge of time, recognising, for instance, the return of the father as the signal for supper (Sivadon, 1970, 411). At seven years a child shows an interest in distant countries and an elementary understanding of geography; he has some idea concerning the relative size and distance of [1218] places. But the appreciation of historical time comes much later. In treating mentally disturbed patients, psychiatrists are beginning to find that they respond more readily to attempts at restoring their fragmented spatial world than their fractured past (Mendel, 1961; Izumi, 1965; Osmond, 1966). The structure of the present world can be elucidated and enforced by architectural means: spatial coherence can be perceived. But the past is gone and can be recalled only with the help of language. Dreams, when we remember them, centre on a few images. These remain, often with great vividness, while the narrative itself fades (Langer, 1972, 284). The causal link of events in dreams has a slender hold on our memory, but certain pictures can make an indelible impress. For some people, not only spatial relationships but, the complex flow of events are not clearly understood without the aid of diagrams, that is, explication in space.

Human speech is unlike animal utterance because it strives to create a stable and public realm to which all who speak the same language have access. Psychic states find public expression in the objective correlates that are visible in space. Ideas are 'bright' as the sun is bright and souls can be 'lost' like the bodies they inhabit. Sensations, perceptions, and ideas occur under two aspects: the one clear and precise, but impersonal; the other confused, ever changing, and inexpressible, because language cannot clothe it without arresting its flux and making it into public property. 'We instinctively try to solidify our impressions in order to express them in language. Hence we confuse the feeling itself, which is a perpetual state of becoming, with its permanent external object, and especially with the word which expresses this object' (Bergson, 1910, 129–30). Speech creates social reality (Rosenstock-Hussey, 1970). In the social world the private lived-time of individuals is mapped onto space, where confused feelings and ideas are made sensible and can be tagged and counted. Pure duration thus becomes homogeneous time, which is reducible to space because its units are not successive but lie side by side. Heterogeneous and changing psychic states become discrete sensations and feelings; quality becomes quantity; intensity extensity.

Language is suited to the telling of stories and poor at depicting simultaneous order. On the other hand, Benjamin Whorf (1952) has made us aware that a characteristic of Indo-European languages is to spatialise time. Thus time is 'long' or 'short', 'thenafter' is 'thereafter', 'alltimes' is 'always'. European languages lack special words to duration, intensity and tendency. They use explicit spatial metaphors of size, number (plurality), position, shape and motion. It is as though European speech tries to make time and feelings visible, to constrain them to possess spatial dimensions that can be pointed to, if not measured. Not all languages attempt this to the same degree. Hopi speech, for example, eschews spatial [1219] metaphors. It has ample conjugational and lexical means to express duration and intensity, qualities and potentials, directly. Terms descriptive of space have much in common whether Indo-European or Hopi. The experience and apprehension of space is substantially the irrespective of language (Whorf, 1952, 45). In this sense, space is more basic to human experience than time, the meaning of which varies fundamentally from people to people.

## 2 Space, biology and symbolism

Anthropological studies have familiarised us with the idea that people's conception of, and behaviour in, space differs widely. At a more exalted level, mathematicians appear to pull geometries out of a hat. We need, however, to be reminded of spatial perceptions and values that are grounded on common traits in human biology, and hence transcend the arbitrariness of culture. Although spatial concepts and behavioural patterns vary enormously, they are all rooted in the original pact between body and space. Spatial concepts may indeed soar nearly out of sight from this original pact, but spatial behaviour among ordinary objects can never stray very far from it. As C.H. Waddington puts it, 'Although in mathematics we are free to choose whether to build up our geometry on Euclidean or non-Euclidean axioms, when we need to deal with the world of objects of the size of our own bodies, we find that it is the Euclidean axioms which are by far the most appropriate. They are so appropriate, indeed, that we almost certainly have some genetic predisposition to their adoption built into our genotypes, for example the capacity of the eye to recognise a straight line' (1970, 102).

Human beings are more sensitive to vertical and horizontal lines than to oblique lines, more responsive to right angles and symmetrical shapes than to acute or obtuse angles and irregular shapes (Figure 1). An increasing array of evidence supports this view. Thus children aged three to four soon learn to choose | from — , but most of them have difficulty learning to choose / and not \. They can easily discriminate ⊓ from ⊔ but not ⊏ from ⊐ (Howard and Templeton, 1966, 183). The bilateral organization of the human body and the direction of gravity have been suggested as the causes of such bias. Furthermore, orientations provide ecological cues for movement, and their invariance is a decided advantage. When we move about, oblique lines are not invariant; left-right differences are similarly low in invariance, but up-down differences are relatively stable (Olson, 1970, 177). An angle of 93° is not seen as an angle in its own right but as a 'bad' right angle. Streets that

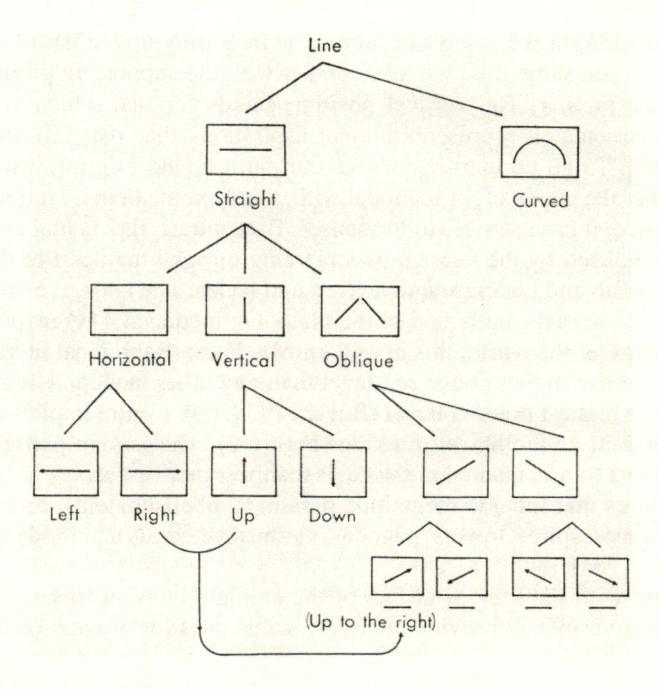

Fig. 1 A possible hierarchical schema for orientation in English: more words exist for horizontal and vertical orientations than for curved and oblique lines. Vocabulary – richness in some expressions, paucity in others – is a guide to what a culture considers important. (Based on *Olson*, 1970)

join at an angle are recalled as joining at right angles or nearly so. North and South America are not aligned along the same meridian but in memory they tend to do [1220] so (Arnheim, 1969, 82, 183). In general, shapes that have their main axes tilted tend to be reproduced in a vertical orientation. Horizontally symmetrical shapes are sometimes reproduced in a vertically symmetrical position whereas vertically symmetrical figures are always recalled in their correct position. Two shapes are best discriminated when they are vertical. The apparent length of a line tends to be maximally exaggerated in the neighbourhood of the vertical, and it tends to be minimised at about the horizontal position (Pollock and Chapanis, 1952).

Human beings are not alone in their greater sensitivity to vertical cues in their environment. Like the human child, an octopus can readily discriminate vertical from horizontal rectangles, but confuses rectangles oriented obliquely in different directions (Sutherland, 1957). Of course only among human beings do these natural biases acquire symbolical meaning. The direction upward, against gravity, is then not only a feeling that guides movement but a feeling that leads to the inscription of regions in space to which we attach values, such as those expressed by high and low, rise and decline, climbing and falling, superior and inferior, elevated [1221] and downcast, looking up in awe and looking down in contempt. Prone we surrender to nature, upright we assert our humanity. In getting up we gain freedom and enjoy it, but at the same time we lose contact with the supporting ground, mother earth, and we miss it. The vertical position stands for that which is instituted, erected, constructed; it represents human aspirations that risk fall and collapse (Straus, 1966). To go up is to rise above our earth-bound origin towards the sky, which is either the abode of, or identical with, the supreme being. Horizontal space is secular space; it is accessible to the senses. By contrast, the mental and mythical realm is symbolised by the vertical axis piercing through the heart of things, with its poles of zenith and underground, heaven and hades. The gods live on the mountain peak while mortals are bound to the plain. On medieval T–O maps Jerusalem lies at the centre of the world; this is well known, but in Rabbinical literature Israel is perceived to rise higher above sea-level than any other land, and Temple Hill is taken to be the highest point in Israel (Bevan, 1938, 66). Centre implies the vertical and vice versa in mythological thinking (Figure 2). The human partiality for the vertical, with its transcendental message, is manifest in a vast array [1222] of architectural features that include megaliths, pyramids, obelisks, tents, arches, domes, columns, terraces, spires, towers, pagodas, Gothic cathedrals and modern skyscrapers (Giedion, 1964).

We begin with the biological fact of the animate body in space. Vertical elements in the environment provide relatively stable cues for orientation as the body

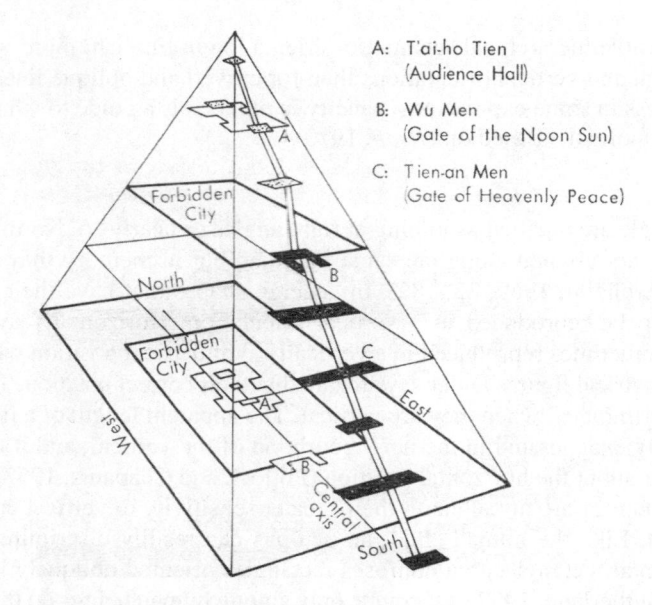

Fig. 2 The northern city of traditional Peking in a diagram of the Chinese conception of cosmic order. The emperor at the centre, in his Audience Hall, looks southwards down the central (meridional) axis to the world of man. The city's plan can be interpreted three dimensionally as a pyramid: going towards the centre is also to go up symbolically. (Based on *Wu*, 1963)

## Table 1

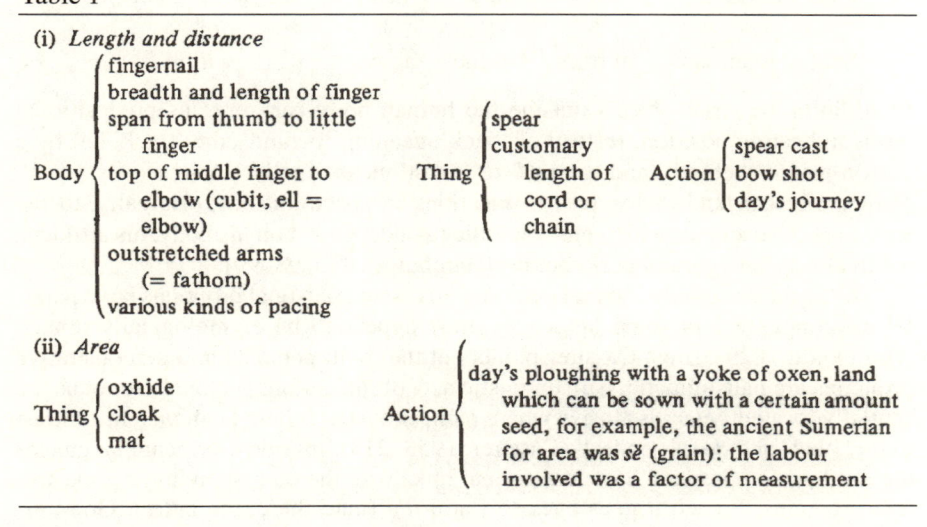

**(i) Length and distance**

Body:
- fingernail
- breadth and length of finger
- span from thumb to little finger
- top of middle finger to elbow (cubit, ell = elbow)
- outstretched arms (= fathom)
- various kinds of pacing

Thing:
- spear
- customary length of cord or chain

Action:
- spear cast
- bow shot
- day's journey

**(ii) Area**

Thing:
- oxhide
- cloak
- mat

Action:
- day's ploughing with a yoke of oxen, land which can be sown with a certain amount seed, for example, the ancient Sumerian for area was *sĕ* (grain): the labour involved was a factor of measurement

moves. In action vertical and horizontal figures are easier to distinguish than those which are oriented obliquely in different directions. Gravity is the pervasive environment for all living things. Animals, no less than human beings, feel the strain of defying it: to move vertically is to make the maximum effort. From this common biological fundament the human being has elaborated a world of meaning that pervades his every act and accomplishment, from bodily postures to the verticality and horizontality of buildings. In the following sections I shall attempt to clarify further the nature of space as it is grounded in the needs of the human ego and of social groups.

### 3 Spatial references and the ego

(a) Primitive measures of length are derived from parts of the body. They also depend on the dimensions of commonly used objects, and on the actions that one performs with one's body, such as a day's journey, or with an object, such as the distance of a bow shot. The move from the biologic base, then, is from the body to the object, and to acts performed with the object. Measures of area seem less bound to parts of the human body. They are based on the size of common objects, those which have been made or partly processed by man, and to acts performed with them. Unlike the segmentation of time, nature itself doesn't seem to provide suitable units for the measurement of either distance or area. (See table 1).

[1223] The parts of the human body serve as a model for spatial organisation. Central African and South Sea languages, in particular, use nouns (names for parts of body) rather than abstract prepositional terms to spatial relations, thus:

| Parts of body: | face | back | head | mouth or stomach |
|---|---|---|---|---|
| | ‖ | ‖ | ‖ | ‖ |
| Spatial relations: | in front | behind | above | within |

In addition, material objects outside the human body can serve as prepositional terms indicating position. Instead of 'back' meaning 'behind', the 'track' left by a person means 'behind'; and 'ground' or 'earth' means 'under', 'air' means 'over'. Natural objects lend themselves to locations in space but not, originally, to the measures of space, for which pre-scientific man depended on his body, his artifacts, habitual acts, and natural periodicities (Hamburg, 1970, 98–99).

(b) Locative adverbs, spatial demonstratives and personal pronouns have parallel meanings, and in some languages, they appear to be etymologically related (Humboldt, 1829). Ernst Cassirer points out that both personal and demonstrative pronouns are half-mimetic, half-linguistic acts of indication: personal pronouns are spatially located. '*Here* is always where *I* am, and what is here I call *this*, in contrast to *das* [that] and *dort* [yonder]' (Cassirer, 1953, 213). In Indo-Germanic languages the third person pronoun has close formal links with the corresponding demonstrative pronouns. French *il* goes back to Latin *ille* (that, there, the latter); Gothic *is* (modern German *er*) corresponds to Latin *is* (that, that way). In Semitic, Altaic, American Indian and Australian languages, I-thou pronouns appear to have close ties with demonstrative pronouns (Cassirer, 1953, 214). Egocentrism prevails everywhere. We make fun of the capitalisation of the 'I' in English, but in Chinese and Japanese *pen jen* (I) means 'this very self', the person at the 'origin' or 'centre'. As to the egocentrism of spatial demonstratives, consider the expression, 'We talked of this and that – but mostly that.' 'Why,' Bertrand Russell asked, 'does the »that« imply the triviality of the topics talked about?' (Figure 3a and b).

(c) To the speaker of an European language, a striking feature of some American Indian languages, and of Kwakiutl in particular, is the specificity with which location in relation to the speaker is expressed, both in nouns and in verbs. Spatial designations have almost mimetic immediacy; they bind actors to specific contexts and activities. Various languages can say 'the man is sick' only by stating at the same time whether the subject of the statement is at a greater or lesser distance from the speaker or the listener and whether he is visible or invisible to them; and often the place, position and posture of the sick man are indicated by the form of the word sentence (Boas, 1911, 445). [1224]

## 4 Personal experiential space

The structure and feeling-tone of space is tied to the perceptual equipment, experience, mood, and purpose of the human individual. We get to know the world through the possibilities and limitations of our senses. The space that we can perceive spreads out before and around us, and is divisible into regions of differing quality. Farthest removed and covering the largest area is visual space. It is dominated by the broad horizon and small, indistinct objects. This purely visual region seems static even though things move in it. Closer to us is the visual-aural space: objects in it can be seen clearly and their noises are heard. Dynamism characterises the feel of the visual-aural zone, and this sense of a lively world is the result of sound as much as spatial displacements that can be seen (Knapp, 1948). When we turn from the distant visual space to the visual-aural zone, it is as though a silent movie comes into focus and is provided with sound tracks. Next to our body is the affective zone, which is accessible to the senses of smell and touch besides those of sight and hearing. In fact, the relative importance of sight diminishes in affective space: to appreciate the objects that give it its high emotional tone our eyes may even be closed. We cannot attend to all three zones at the same time. In particular, attendance to the purely visual region in the distance excludes awareness of the affective region. Normally we focus on the proximate world, either the intimate affective space or the more public visual-aural space.

Here is an example of how the visual-aural zone can be further subdivided. I am engaged with people and things: they are in focus and lie at the foreground of my awareness. Beyond, in the middle ground, is the physical setting for the people and things that engage me fully. The middle ground may be the walls of a room or hall. It is visible but unfocused. Foreground and middle ground constitute the patent zone. Beyond the patent zone is the latent zone of habituality (the past), which is also the latent zone of potentiality (the future). Although I cannot see through the walls of the hall, the unfocused middle ground, I am subliminally aware of the existence of a world, not just empty space, beyond the walls. That latent zone is the zone of one's past experience, what I have seen before coming into the hall; it is also potentiality, what I shall see when I leave the hall. The latent zone is the invisible but necessary frame to the patent zone (Ortega y Gasset, 1963, 67; Ryan, 1940). It acts as a ballast to activity, freeing activity from complete dependence on the patent, i.e., visible space and present time.

In characterising the structure of space, I introduce the terms past, present, and future. The analysis of spatial experience seems to require the usage of time categories. This is because our awareness of the spatial relations of objects is never limited to the perceptions of the objects them- [1225] selves; present awareness itself is imbued with past experiences of movement and time, with memories of past expenditures of energy, and it is drawn towards the future by the perceptual objects' call to action. A tree at the end of the road stretches out in advance, as it were, the steps I have to take in order to reach it (Brain, 1959). Distance, depth, height, and breadth are not terms necessary to scientific discourse; they are part of common speech and derive their multiple meanings from commonplace experiences (Kockelmans, 1964; Straus, 1963, 263). Spatial dimensions are keyed to the human sense of adequacy, purpose, and standing. Certain heights are beyond my reach, given my present position or status. I feel inadequate and the objects around me appear alien, distant, and unapproachable. The window that is near seems very far once I have snuggled into bed. Distance shrinks and stretches in the course of the day and with the seasons as they affect my sense of well-being and adequacy (Dardel, 1952, 13).

A far-sighted person is not necessarily someone with good eyesight. He is a person who has a grasp of the future. Yet the popular image of farsightedness is someone gazing into the distant and open horizon. Statues of eminent statesmen often overlook sweeping vistas. Their gaze into the distant horizon is intended to suggest that they have the people's present and future well-being in mind. The open horizon stands for the open future (Minkowski, 1970, 81–90). What is ahead is what is not yet – and beckons. Hope implies the capacity to act and opens up space. However, specific hope or expectation inhibits activity: it is a kind of waiting during which the expected event appears to move towards oneself, and the coordinate spatial feeling is one of contraction.

Many of our waking hours are spent in historical or directed space (Straus, 1966, 3–37). Such space is structured around the spatio-temporal points of here (now) and there (then), and around a system of directions, ahead-behind, over-under, right-left. In walking from here to there, energy and time are consumed to overcome distance. The pedestrian advances by leaving step after step behind him, and by aiming at the destination ahead as though it were at the end of a time-demarcated line. This commonplace observation gains interest if we think how radically space-and-time changes when a person is not walking but marching with a band. The marching man still moves, objectively, from A to B; however, in feeling open space displaces the constrained space of linear distance and point locations. Instead of advancing by leaving steps behind the marching man enters space ahead. The sense of beginning and end weakens as also the articulation of directions. Directed, historical space acquires some of the characteristics of homogeneous space – the space of present time without past or future.

In historical space, moving forwards and moving back may cover the [1226] same route, but psychologically they are quite different activities. We move forwards or out to our place of work even if we are driven there and have our back to the direction the car is moving; and we return or move back home even as we drive the car forward on the same road. On a map the two routes are identical and may be shown by the same line with arrows pointing in opposite directions. However, strictly speaking, what is mapped is the route of the car and not that of its human occupant, for whom not only does the scenery change in major ways, depending on whether he is moving in one direction or another, but the route itself acquires different feeling-tones depending on whether the driver is moving *forwards* (as to dinner party or office) or *back* home. Distance is asymmetric for reasons more fundamental than the example of the one-way street that Nystuen gives (1963, 379). On the scale of moving one's own body, walking backwards is painfully difficult: one is afraid of falling over unseen obstacles or even of plunging into emptiness: in walking backwards the space that cannot be seen does not exist. Physiologically the human person is not built to walk backwards. There seems no need to look beyond this evident fact. Yet, as Erwin Straus has pointed out, when we dance to music, moving backwards does not feel awkward: we have no fear of it, it does not feel unnatural despite the fact that on a crowded dance floor moving backward may mean bumping into others. When we dance we are in homogeneous, nondirected 'presentic' space (Straus, 1966, 33).

Just as the human bias in favour of the vertical finds expression in the semiotics of body posture and in architecture, so the structures of experiential space are manifest in spatial behaviour and in the physical setting. The space of work is essentially directed. A project has a beginning and an end. In mental work it could occur entirely in the brain and leave no trace in the external world. The logic of such work is characterised, however, by the spatial metaphor 'linear'. Physical work requires the physical organisation of space: a manufacturing process, for example, starts here (now) and ends there (then). The space is historical and directed; it is elongated. The factory itself, of course may be square in shape, for any single work process can be repeated: individual work spaces can be placed side by side to form a more isometric figure. The historical, oriented space *par excellence* is the highway or railroad. The straight rail tracks leading from one station to the next show a perfect correspondence between single-minded intention, process, and form.

In contrast to work space, sacred and recreational spaces are essentially ahistorical and non-directed along the horizontal plane. Sacred structures such as temples and altars tend to be isometric; where they depart from equidimensionality it is the result of the need to compromise eternity in the interest of time-bound human beings who feel more comfortable in directed pace. Sacred monuments that are solid and cannot admit people are almost invariably equidimensional in ground plan. Recreational space is essentially ho [1227]mogeneous, 'presentic' space in which means and ends, here and now, there and then, can be forgotten. Gardens of contemplation are isometric. Where recreational space is elongated it may well be in response to the demands of the physical environment, such as the bank of a river or a main thoroughfare; it is not required by the inherent character of recreation or the enjoyment of nature. Many modern recreational activities (mountain climbing and snow skiing, for instance) are as oriented as work, and hence require and acquire the elongated space of the work line. Race tracks, it is true, are oval-shaped. The starting and terminating points are clearly marked, but in racing the destination itself has no inherent significance; it can indeed be identical with the starting point. What is important is speed – speed in non-directed space. Race tracks in the desert or on the beach, drag-strips for hot-rodders, are linear yet non-directed, for the sensation of speed itself, within an abstract world, is the essential experience (Jackson, 1957–58).

The type of directed space most familiar to geographers is that in which arrows are drawn to indicate the direction of movement of people, goods, and cultural traits. One map might show the flow of oil out of the Middle East to European ports; another the movement of people from America's eastern seaboard into the interior. We are used to seeing the one map as a cartographic device summarising certain economic facts, and the other as a means for representing events in historical geography. But the humanist geographer can read between the lines. From his perspective, the arrows symbolise directed activities that give rise to oriented, historical spaces on a world stage. Instead of a mere short walk from here (now) to there (then), the journey of a tanker over thousands of miles of water, taking several weeks around the Cape of Good Hope, acquires a little of the drama of an odyssey. Home port and destination, to the captain of the tanker, are hardly the indifferent points that they appear to be on a map. The arrow symbolises his lived-space, which is also his lived-time. If, instead of an oil tanker one thinks of a ship embarking on a voyage of exploration into the unknown, then destination is destiny. On maps that depict historical movements, the arrows appear to show mere routes in space; but they also represent the temporal dimension. Months, and perhaps years, have lapsed between the stem and the tip of the arrow. For the individual emigrants the journey takes them not only to a place that can be marked on the map, or to a point later in time that can be shown on the calendar, but a place that symbolises their future.

## 5 Group experiential space

Personal experiential space focuses on the experience of space in which the effect of the presence of *other* persons is left out of account. This does not [|228] mean that the structure of the personally experienced space is unique and private to the individual. Enough people normally share its essential elements to have an impact on the physical setting. The sharing is made possible through 'intersubjectivity', a concept often explored by phenomenologists. By group experiential space, I mean the spatial experience that is defined by the presence of other people. The point of departure is no longer 'person – space', but 'person – other persons – space' (Buttimer, 1969; Claval, 1970; Caruso and Palm, 1973).

Consider the feeling of spatial constraint, the prickly sense that there are too many people. Students of animal behaviour have applied their findings to problems of human space with mixed results (Callan, 1970; Esser, 1971; Lyman and Scott, 1967; Getis and Boots, 1971). As a feeling, 'crowdedness' is not something that one can easily measure. It is only roughly correlated with the arithmetic expression of density. A phenomenological description of 'crowdedness', applicable to human beings, is needed to complement the floodtide of ethological literature based on the observation of animals. The idea that we can best (i.e., scientifically) understand humans by *not* studying them directly has, perhaps, been carried to undue extreme. As to the type of description a humanist geographer might undertake, I shall attempt to illustrate with a brief sketch of one type of socio-spatial experience, namely, crowdedness.

Nature is not ordinarily perceived to be crowded. Not only is this true of the great open space but also of forested wildernesses. A boulder field is a solitary place however densely it might be packed with boulders; forests and fields are a joy of 'openness' to the city man even though they are certain to throng with pulsating organic life. Even people do not make a crowd if they seem an organic part of the environment, as, for example, when we contemplate an early evening scene in which fishermen intone in unison as they haul in their catch, or undulating fields specked by peasants harvesting their crops. Two may be a crowd if both are poets of nature (McCarthy, 1970, 203). On the other hand, a baseball stadium packed with 30,000 people is certainly crowded in a numerical sense, but it doesn't follow that the spectators feel the spatial constraint, particularly when an exciting game is going on. The sense of spatial constraint and of crowding is more likely to occur on the highways leading to the ball park, although – objectively – the human density then is lower than it is later in the stadium itself. The two poets of nature sense each other's presence as obtrusion because each requires, in psychological necessity, the entire field to himself: their purposes conflict despite the fact that they are identical.

In the stadium, the eyes of the spectators are all turned to the same event; by focusing on the event the remainder of the visual field, including their neighbours, becomes an unoffending blur.

A well-attended ball game and a mass political or religious rally are [1229] alike in that the crowds do not detract, but enhance the significance of the events: vast numbers of people do not necessarily generate the feeling of spatial oppressiveness. On the other hand, a large classroom packed with students may well create a sense of overcrowding, even though – as in the ball game or political rally – the students' eyes are all focused on a performance occurring beyond the space they themselves occupy. Superficially and objectively the situations are alike – crowd on the one side and an event of narrow focus on the other – but psychologically they are worlds apart. The student feels that ideally learning is a leisurely dialogue between the teacher and himself: the more packed the classroom the further it deviates from the perceived ideal, and hence the more urgent the sense of crowding.

Where peasant farmers are barely able to eke out a livelihood on limited land, one might think that the sense of crowding would be prevalent. Yet it is possible that the half-starved peasants do not see it that way. Foremost in their minds are too many mouths to feed and not enough food to go around, but these facts do not add up to the sensation of crowding. To see the farmyard bustling with the activities of one's own half-naked children is to feel oppressed by fate and a sense of inadequacy rather than that there are too many people. Crowding, in this situation, would be the result of rational calculation, not a direct perception. The direct perception of crowding occurs when, for example, a person, desperately in need of a job, pushes open the door of the employment office and finds long lines of people waiting.

## 6 Mythical-conceptual space

In distinction to the types of felt space described thus far, the space that I call 'mythical-conceptual' (see Figures 3 and 4) is more the product of the generalising mind. On the scale of total human experience, it occupies a position between the space of sense perception and the space of pure cognition (geometry). Mythical-conceptual space is still bound to the ego and to direct experience but it extrapolates beyond sensory evidence and immediate needs to a more abstract structure of the world. The defect of distance from immediate needs is more than compensated by the ability of mythical-conceptual space to satisfy the stable and recurrent needs of a large community.

Different types of mythical-conceptual space exist. One type is of outstanding importance because it is both sophisticated and widespread: this is the space that is focused on the centre (the place of men) and partitioned by a system of cardinal directions (Durkheim and Mauss, 1967; Marcus, 1973; Müller, 1961; Wheatley, 1971). Among the scattered tribes and nations in the New World, and among the disparate peoples in [1230] the ancient civilised centres of the Orient, we find space organised according to the same broad principles of centre, cardinal directions and the four quarters. The spatial co-ordinates are but a part of a total world view that embraces the cyclical rounds of nature, the constituent elements of the world, animals, people and social institutions. Spatial co-ordinates provide the ostensive frame to which the less tangible experiences in nature and society can relate. The centre of the universe is the human order. Mythical-conceptual space is egregiously anthropocentric. It differs from personal experiential space, not only in conceptual complexity, but also in the grandiose scale of its anthropocentrism. Instead of subsuming a sector of perceived space to the needs of the moment, the entire universe is conceptually organised around the world of man. The system thus conceived is so large and elaborate that, paradoxically, the human king-pin – from a certain perspective – appears only as one gear in the total mechanism. However, only from a certain perspective can the people of non-literate and traditional societies claim that their world view recognises the necessity for human beings to submit and adapt to the forces of nature; from the standpoint of their world view's organising principle, it is the universe that is adapting to man. The pueblo Indians of the American Southwest, for example, believe that people should not attempt to dominate nature. Yet

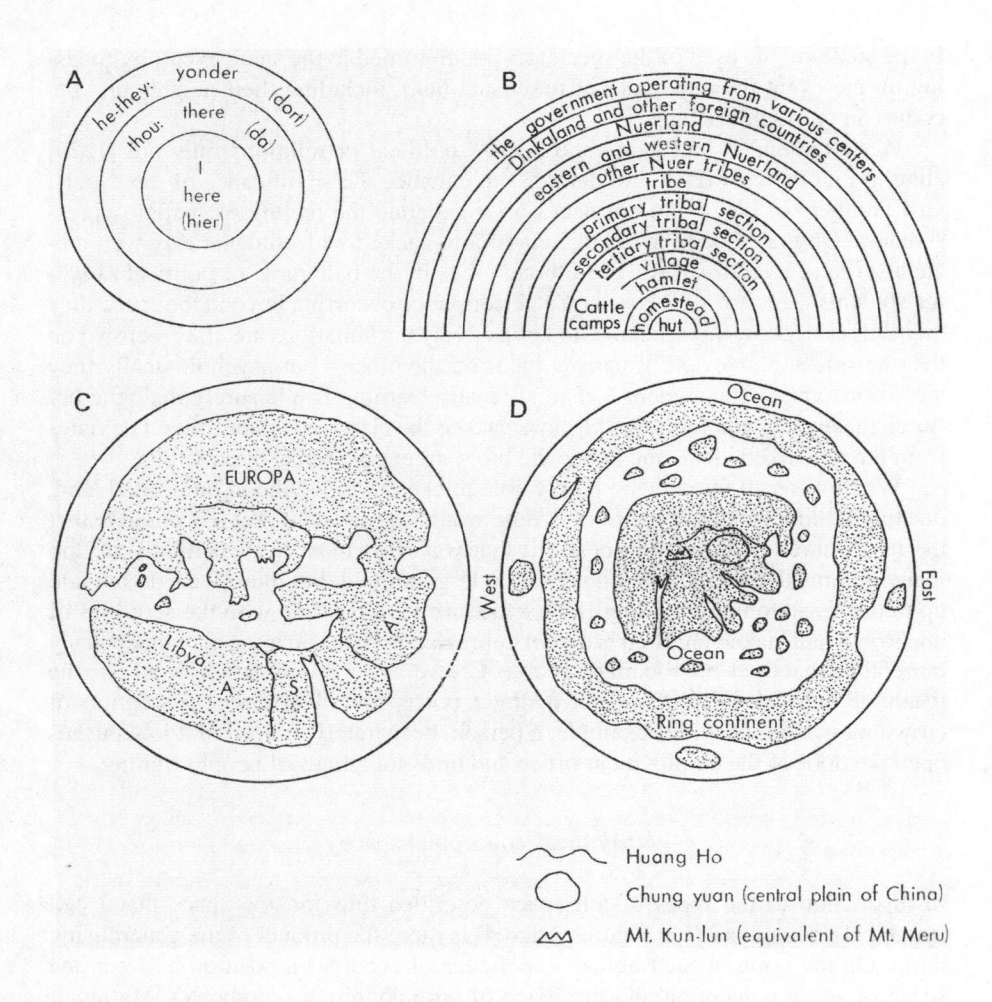

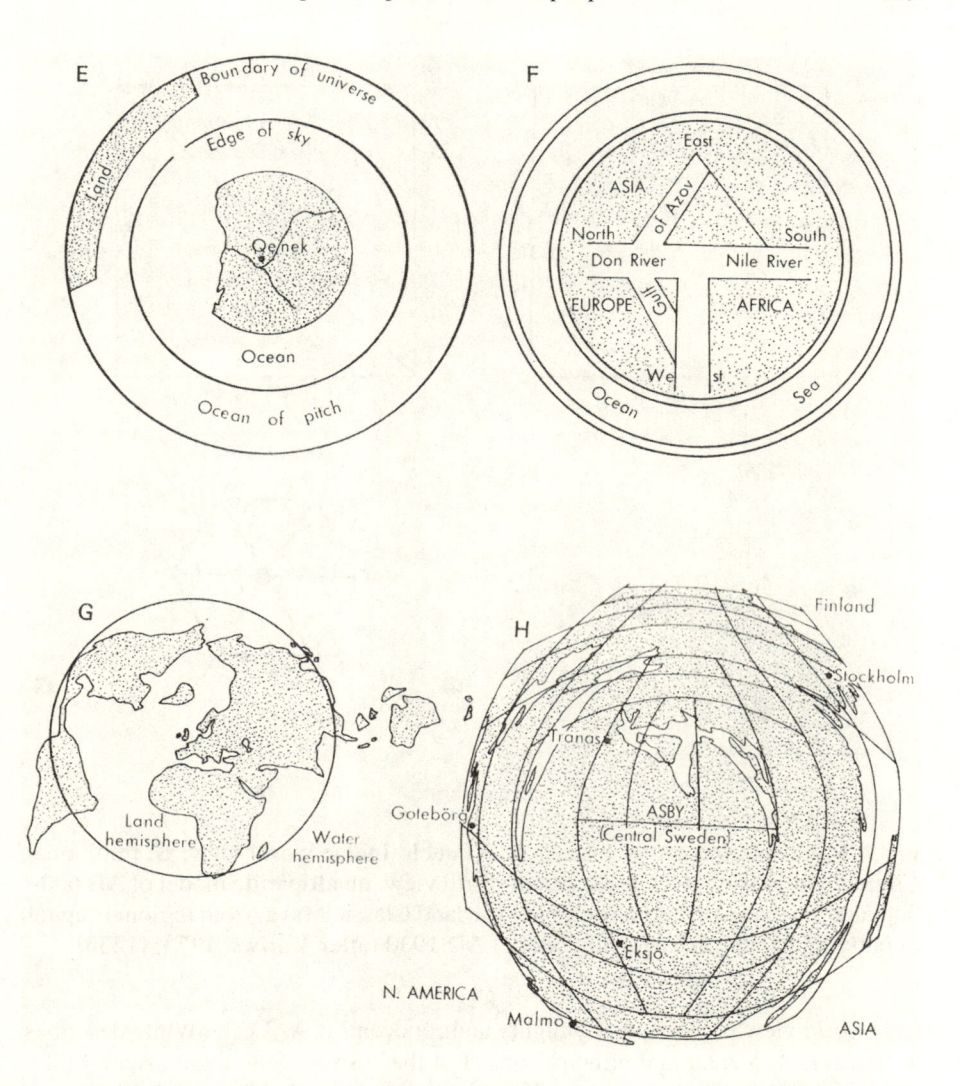

Fig. 3 [1231] Ego- and ethnocentric organisations of space (I) and (II), illustrating increasing cartographic sophistication at the service of persistent self-centred viewpoints, necessary to practical life: **A:** personal pronouns and spatial demonstratives; **B:** Nuer socio-spatial categories (after Evans-Pritchard, 1940); **C:** the world of Hecateus (fl. 520 BC); **D:** religious cosmography in East Asia; **E:** Yurok (California Indian) idea of the world (after Waterman, 1920); **F:** T-O map, after Isidore, Bishop of Seville (AD 570–636); **G:** Land and water hemispheres centred on northern France; **H:** Map with azimuthal logarithmic distance scale, centred on central Sweden (after *Hägerstrand*, 1953) [1232]

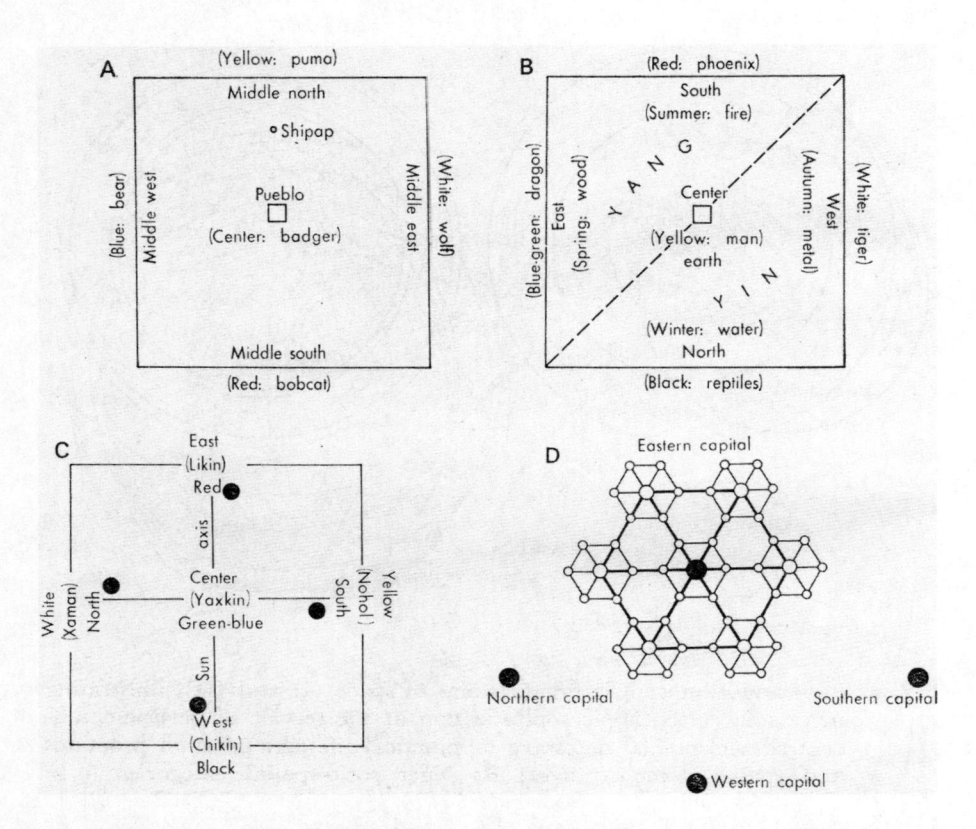

Fig. 4 Mythical-conceptual spaces: **A:** a Pueblo Indian world view; **B:** traditional Chinese world view; **C:** Classic Maya world view: quadripartite model of AD 600–900; and **D:** the spatial organisation of lowland Classic Maya, from regional capital to outlying hamlet: hexagonal model of AD 1930 (after *Marcus*, **1973**) [1233]

their world view is conceptually highly anthropocentric. As Leslie White describes it, 'Earth is the center and principal object of the cosmos. Sun, moon, stars, Milky Way [are] accessories to the earth. Their function is to make the earth habitable for mankind' (1942, 80).

A central theme in this survey of space is the bond between space and the human existential: body implicates space; spatial measures are derived from dimensions of the body; spatial qualities characterised as static, dynamic and affective, patent and latent, high and low, near and far are clearly called into being by the human presence; depth and distance are a function of the human sense of purpose and adequacy; 'crowdedness' is less an expression of density than a psychological condition. Mythical space is a sophisticated product of the mind answering the needs of the communal group. Conceptualisation progressively removes spatial structures from the unstable requirements of the individual ego, and even from the biases of culture, so that in their most ethereal form they appear as pure mathematical webs, creations of the disembodied intelligence, maps of the mind – and hence, maps of nature insofar as mind is a part of nature.

## IV PLACE

### 1 Definition

In ordinary usage, place means primarily two things: one's position in society and spatial location. The study of status belongs to sociology whereas the study of location belongs to geography. Yet clearly the two meanings overlap to a large degree: one seems to be a metaphor for the other. We may ask, which of the two meanings is literal and which a metaphorical extension? Consider, first, an analogous problem the word 'close'. Is it primarily a measure of human relationship, in the sense that 'John and Joe are close friends', or is it primarily an expression of relative distance as, for example, when we say that 'the chair is close to the window'? From my discussion of space, it is clear that I believe the meaning of human relationship to be basic. Being 'close' is, first, being close to another person, on whom one depends for emotional and material security far more than on the world's non-human facts (Erickson, 1969). It is possible, as Marjorie Grene suggests, that the primary meaning of 'place' is one's position in society rather than the more abstract understanding of location in space (1968, 173). Spatial location derives from position in society rather than vice versa (Sorokin, 1964). The infant's place is the crib; the child's place is the playroom; the social distance between the chairman of the board and myself is as evident in the places we sit at the banquet table as in the places we domicile; the Jones's live on the wrong side of the tracks because of their low socio-economic position; prestige industries requiring skilled workers are located at different places from lowly industries manned by unskilled labour. Such examples can be multiplied endlessly. People are defined first by their positions in society; their characteristic life styles [|234] follow. Life style is but a general term covering such particulars as the clothes people wear, the foods they eat, and the places at which they live and work. Place, however, is more than location and more than the spatial index of socio-economic status. It is a unique ensemble of traits that merits study in its own right.

### 2 Meaning of place

*a Spirit and personality:* A key to the meaning of place lies in the expressions that people use when they want to give it a sense carrying greater emotional charge than location or functional node. People talk of the 'spirit', the 'personality' and the 'sense' of place. We can take 'spirit' in the literal sense: space is formless and profane except for the sites that 'stand out' because spirits are believed to dwell in them. These are the sacred places. They command awe. 'Personality' suggests the unique: places, like human beings, acquire unique signatures in the course of time. A human personality is a fusion of natural disposition and acquired traits. Loosely speaking, the personality of place is a composite of natural endowment (the physique of the land) and the modifications wrought by successive generations of human beings. France, according to Vidal de la Blache (1903), Britain, according to Cyril Fox (1932), and Mexico, according to Carl Sauer (1941), have 'personality'. These regions have acquired unique 'faces' through the prolonged interaction between nature and man. Despite the accretion of experience the child is recognisable in the adult; and so too the structural lineaments of a region – its division into highland and lowland, north and south – remain visible through the successive phases of change.

Personality has two aspects: one commands awe, the other evokes affection. The personality that commands awe appears as something sublime and objective, existing independently of human needs and aspirations. Such is the personality of monumental art and holy places. Powerful manifestations of nature, like the Grand Canyon and the Matterhorn, are also commanding personalities. By contrast, a place that evokes affection has personality in the same sense that an old raincoat can be said to have character. The character of the raincoat is imparted by the person who wears it and grows fond of it. The raincoat is for use, and yet in time it acquires a personality, a certain wayward shape and smell that is uniquely its own. So too a place, through long association with human beings, can take on the familiar contours of an old but still nurturing nanny. When the geographer talks of the personality of a region, he may have both aspects in mind. The region can be both cozy and sublime: it is deeply humanised and yet the physical fundament is fundamentally indifferent to human purpose. [1235]

*b A sense of place:* Place may be said to have 'spirit' or 'personality', but only human beings can have a sense of place. People demonstrate their sense of place when they apply their moral and aesthetic discernment to sites and locations. Modern man, it is often claimed, has lost this sensitivity. He transgresses against the genius loci because he fails to recognise it; and he fails to recognise it because the blandness of much modern environment combined with the ethos of human dominance has stunted the cultivation of place awareness.

Sense, as in a sense of place, has two meanings. One is visual or aesthetic. The eye needs to be trained so that it can discern beauty where it exists; on the other hand beautiful places need to be created to please the eye. From one limited point of view, places are locations that have visual impact. On a flat plain, the buttes and silos are places; in a rugged karst landscape, the flat poljes are places. However, other than the all-important eye, the world is known through the senses of hearing, smell, taste, and touch. These senses, unlike the visual, require close contact and long association with the environment. It is possible to appreciate the visual qualities of a town in an afternoon's tour, but to know the town's characteristic odours and sounds, the textures of its pavements and walls, requires a far longer period of contact.

To sense is to know: so we say 'he senses it', or 'he catches the sense of it'. To see an object is to have it at the focus of one's vision; it is explicit knowing. I see the church on the hill, I know it is there, and it is a place for me. But one can have a sense of place, in perhaps the deeper meaning of the term, without any attempt at explicit formulation. We can know a place subconsciously, through touch and remembered fragrances, unaided by the discriminating eye. While the eye takes in a lovely street scene and intelligence categorises it, our hand feels the iron of the school fence and stores subliminally its coolness and resistance in our memory (Santmyer, 1962, 50). Through such modest hoards we can acquire in time a profound sense of place. Yet it is possible to be fully aware of our attachment to place only when we have left it and can *see* it as a whole from a distance.

## 3 Stability and place

> We shall not cease from exploration
> And the end of all our exploring
> Will be to arrive where we started
> And know the place for the first time.
>
> T.S. Eliot, *The Four Quartets*

An argument in favour of travel is that it increases awareness, not of exotic places but of home as a place. To identify wholly with the ambiance [1236] of a place is to lose the sense of its unique identity, which is revealed only when one can also see it from the outside. To be always on the move is, of course, to lose place, to be placeless and have instead, merely scenes and images. A scene may be of a place but the scene itself is not a place. It lacks stability: it is in the nature of a scene to shift with every change of perspective. A scene is defined by its perspective whereas this is not true of place: it is in the nature of place to appear to have a stable existence independent of the perceiver.

A place is the compelling focus of a field: it is a small world, the node at which activities converge. Hence, a street is not commonly called a place, however sharp its visual identity. L'Etoile (Place de Charles de Gaulle) is a place but the Champs-Elysées is not: one is a node, the other is a through-way. A street corner is a place but the street itself is not. As we have noted earlier, a street is directed, historical space: on the horizontal plane, only non-directed homogeneous spaces can be places. When a street is transformed into a centre of festivities, with people milling around in no particular direction, it becomes non-directed space – and a place. A great ocean liner is certainly a small world, but it is not rooted in location; hence it is not a place. These are not arbitrary judgments. They are supported by the common use and understanding of language. It is a great wit who asks: 'When is this place (the *Queen Mary*) going to New York?'

## 4 Types of place

In the discussion on the personality and sense of place, I distinguished between places that yield their meaning to the eye, and places that are known only after prolonged experience. I shall call the one type 'public symbols', and the other 'fields of care' (Wild, 1963, 47). Public symbols tend to have high imageability because they often cater to the eye. Fields of care do not seek to project an image to outsiders; they are inconspicuous visually. Public symbols command attention and even awe; fields of care evoke affection. It is relatively easy to identify places that are public symbols; it is difficult to identify fields of care for they are not easily identifiable by external criteria, such as formal structure, physical appearance, and articulate opinion (see Table 2 opposite).

Obviously, many – perhaps most – places are both public symbols and fields of care in varying degree. The Arch of Triumph is exclusively a symbol; the secluded farmstead, the focus of bustling rural activities, is exclusively a field of care. But the city may be a public (national) symbol as well as a field of care, and the neighbourhood may be a field of care and a public symbol, a place that tourists want to see. What do the Arch of Triumph and the secluded farmstead have in common so that both may be [1237] called places? I believe the answer to be that each is, in its own way, a small world, i.e., a centre of power and meaning relative to its environs. With a monument the question that arises is how a lifeless object can seem to be a vital centre of meaning. With a field of care the question is one of maintenance, that is, what forces in experience, function, and religion can sustain cohesive meaning in a field of care that does not depend on ostentatious visual symbols?

## 5 Public symbols

In the ancient world, as well as among many non-literate peoples, the landscape was rich in sacred places (White, 1967). Let a thunderbolt strike the ground and the Romans regarded it as holy, a spot that emitted power and should be fenced off (Fowler, 1911, 36–7; Wissowa, 1912, 467–8, 477, 515). In ancient Greece Strabo's description suggests that one could hardly step out of doors without meeting a shrine, a sacred enclosure, an image, a sacred stone or tree (Book 8, 3: 12). Spirits populated the mountains and forests of China. Some were endowed with human pedigrees and carried official ranks (De Groot, 1892, 223). Although an entire landscape could embody power (Scully, 1962, 3), yet it was often the case that spirits lent numen to particular localities at which they received periodic homage. Examples of the holy place can be multiplied endlessly from all parts of the world. The essential point is that location, not necessarily remarkable in itself, nonetheless ac-

Table 2

| *Places as public symbols* | *Places as fields of care* |
|---|---|
| (high imageability) | (low imageability) |
| sacred places | park |
| formal garden | home, drugstore, tavern |
| monument | street corner, neighbourhood |
| monumental architecture | marketplace |
| public square | town |
| ideal city | |

quires high visibility and meaning because it harbours, or embodies, spirit (Eliade, 1963, 367–87; Van der Leeuw, 1963, 393–402). The belief system of many cultures encourages one to speak, literally, of the spirit of place. Modern secular society discourages belief in spirit, whether of nature or of the illustrious dead, but traces of it still linger in people's attitudes toward burial places, particularly those of national importance; and of course in the attitudes of ardent preservationists who tend to view wilderness areas, nature's cathedrals, as sacred. Wilderness areas in the United States are sacred places with well-defined boundaries, into which one enters with, metaphorically speaking, unshod feet. [1238]

Public monuments create places by giving prominence and an air of significance to localities (Figure 5). Monument building is a characteristic activity of all high civilisations (Johnson, 1968). Since the nineteenth century, however, monument building has declined and with it the effort to generate foci of interest (places) that promote local and national pride. Most monuments of modern times commem-

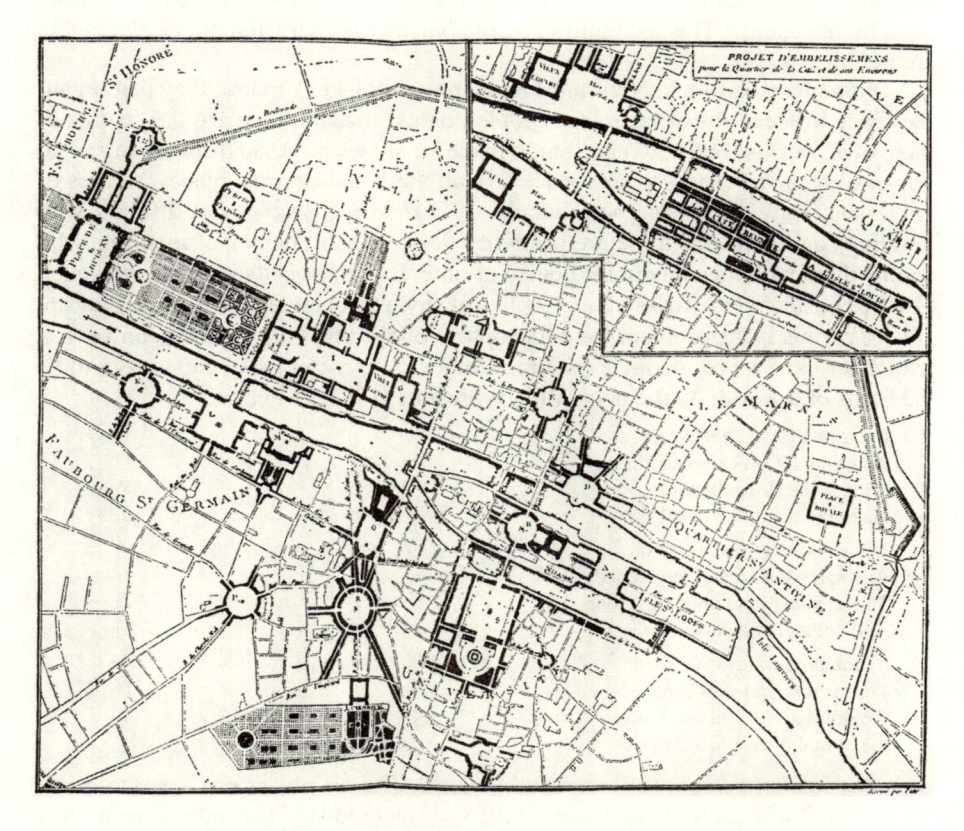

Fig. 5 Place as highly visible public symbol, something that architects can create. M. Patte's prize-winning plan for the Paris of Louis XV, in which the place royale is extremely prominent. Each place royale has a statue of the monarch at the centre, and streets faning out like rays. (Based on *Moholy-Nagy*, 1968) [1239]

orate heroes, but there are important exceptions. St Louis' Gateway Arch (St Louis, United States), for example, commemorates a pregnant period in the city's, and nation's, history. Public squares often display monuments and they are also a type of 'sacred area', in the sense that they may be dedicated to heroic-figures transcend purely utilitarian ends. Certain public buildings are also symbols: the Houses of Parliament, Chartres Cathedral, the Empire State Building, and, in the United States, the palatial railway stations. To modern geographers, it may seem lax usage to call monuments and buildings 'places', just like towns and cities, but this reflects our parochialism and distance from phenomenological reality. Elizabethan geographers of the early seventeenth century did not labour under such constraint and freely described towns and buildings at the same level of concreteness (Robinson, 1973). Cities are of course places, and ideal cities are also monuments and symbols. In the second world war, Coventry and Hiroshima were destroyed but Oxford and Kyoto were spared from aerial decimation (Lifton, 1967, 16). Thus the cultural and historical significance (the symbolic value) of Oxford and Kyoto was recognised even by the enemy. This recognition by the outsider is characteristic of places that are public symbols.

Monuments, artworks, buildings and cities are places because they can organize space into centres of meaning. People possess meaning and are the centres of their own worlds, but how can things made of stone, brick, and metal appear to possess life, wrap (so to speak) space around them and become places, centres of value and significance (Norberg-Schulz, 1971)? The answer is not difficult with buildings and cities for these are primarily fields of care, habitats for people who endow them with meaning in the course of time. Buildings and cities can, however, also be considered as works of art, as piles of stone that create places. How they are able to do this is the problem for philosophers of art: that they have this power is a matter for experience. A single inanimate object, useless in itself, can appear to be the focus of a world. As the poet Wallace Stevens (1965, 76) put it:

> I placed a jar in Tennessee,
> And round it was, upon a hill.
> It made the slovenly wilderness
> Surround that hill. [1240]
>
> The wilderness rose up to it,
> And sprawled around, no longer wild.
> The jar was round upon the ground
> And tall and of a port in air.
>
> It took dominion everywhere.
> The jar was gray and bare.
> It did not give of bird or bush,
> Like nothing else in Tennessee.

Only the human person can command a world. The art object can seem to do so because its form, as Susanne Langer (1953, 40) would say, is symbolic of human feeling. Perhaps this can be put more strongly. Personhood is incarnate in a piece of sculpture; and by virtue of this fact it seems to be the centre of its own world. Though a statue is an object in our perceptual space, we see it as the centre of a space all its own. If sculpture is personal feeling made visible, then a building is an entire functional realm made visible, tangible, and sensible: it is the embodiment of the life of a culture. Thus monuments and buildings can be said to have vitality and spirit. The spirit of place is applicable to them, but in a sense different from holy places in which spirits are believed to dwell literally.

Some symbols transcend the bounds of a particular culture: for example, such large architectural forms as the square and the circle, used to delimit ideal (cosmic) cities, and such smaller architectural elements as the spire, the arch, and the dome, used in buildings with cosmic pretensions (Moholy-Nagy, 1968). Certain structures persist as places through aeons of time; they appear to defy the patronage of particular cultures. Perhaps any overpowering feature in the landscape creates its own world, which may expand or contract with the passing moods of the people, but which never completely loses its identity. Ayer's Rock in the heart of Australia, for example, dominated the mythical and perceptual field of the aborigines who lived there, but it remains a place for modern Australians who are drawn to visit the monolith by its awe-inspiring image. Stonehenge is an architectural example. No doubt it is less a place for British tourists than for its original builders: time has caused its dread, no less than its stones, to erode, but nonetheless Stonehenge is still very much a place (Dubos, 1972, 111–34; Newcomb, 1967). What happens is that a large monument like Stonehenge carries both general and specific import: the specific import changes in time whereas the general import remains. The Gateway Arch of St Louis, for example, has the general import of 'heavenly dome' and 'gate' that transcends American history (Smith, 1950), but it also has the specific import of a unique period in American history, namely, the opening of the West to settlement. Enduring places, [|241] of which there are very few in the world, speak to humanity. Most public symbols cannot survive the decay of their particular cultural matrix: with the departure of Britain from Egypt, the statues of Queen Victoria no longer command worlds but merely stand in the way of traffic. In the course of time, most public symbols lose their status as places and merely clutter up space.

## 6 Fields of care

Public symbols can be seen and known from the outside: indeed, with monuments there is no inside view. Fields of care, by contrast, carry few signs that declare their nature: they can be known in essence only from within. Human beings establish fields of care, networks of interpersonal concern, in a physical setting (Wagner, 1972). From the viewpoint that they are places, two questions arise. One is, to what degree is the field of care emotionally tied to the physical setting? The other is, are the people aware of the identity and limit of their world? The field of care is indubitably also a place if the people are emotionally bound to their material environment, and if, further, they are conscious of its identity and spatial limit.

Human relationships require material objects for sustenance and deepening. Personality itself depends on a minimum of material possessions, including the possession of intimate space. Even the most humble object can serve to objectify feelings: like words – only more permanent – they are exchanged as tokens of affective bond. The sharing of intimate space is another such expression. But these myriad objects and intimate spaces do not necessarily add up to place. The nature of the relationship between interpersonal ties on the one hand and the space over which they extend on the other is far from simple. Youth gangs have strong interpersonal ties, and they have a strong sense of the limits of space: gang members know well where their »turf« ends and that of another begins. Yet they have no real affection for the space they are willing to defend. When better opportunity calls from the outside world, the local turf – known to the gang members themselves for its shoddiness – is abandoned without regret (Eisenstadt, 1949; Suttles, 1968). Strong interpersonal ties require objects: English gypsies, for example, are avid collectors of china and old family photographs (Lynch, 1972, 40). But the resilience of the gypsies shows that the net of human concern does not require emotional anchoring in a particular locality for its strength. Home is wherever we happen to be, as all carefree young lovers know. Place is position in society as well as location in space: gypsies and young lovers are placeless in both senses of the word and they do not much care.

The emotion felt among human beings finds expression and anchorage [1242] in things and places. It can be said to create things and places to the extent that, in its glow, they acquire extra meaning. The dissolution of the human bond can cause the loss of meaning in the material environment. St Augustine left his birthplace, Thagaste, for Carthage when his closest friend died in young manhood. 'My heart was now darkened by grief, and everywhere I looked I saw death. My native haunts became a scene of torture to me, my own home a misery. Without him everything we had done together turned into excruciating ordeal. My eyes kept looking for him without finding him. I hated all the places where we used to meet, because they could no longer say to me, »Look, here he comes«, as they once did' (*Confessions*, Book 4: 4–9). On the other hand, it is well known that the dissolution of a human bond can cause a heightening of sentimental attachment to material objects and places because they then seem the only means through which the dead can still speak. Sense of place turns morbid when it depends wholly on the memory of past human relationships.

What are the means by which affective bond reaches beyond human beings to place? One is repeated experience: the feel of place gets under our skin in the course of day-to-day contact (Rasmussen, 1962). The feel of the pavement, the smell of the evening air, and the colour of autumn foliage become, through long acquaintance, extensions of ourselves – not just a stage but supporting actors in the human drama. Repetition is of the essence: home is 'a place where every day is multiplied by days before it' (Stark, 1948, 55). The functional pattern of our lives is capable of establishing a sense of place. In carrying out the daily routines we go regularly from one point to another, following established paths, so that in time a web of nodes and their links is imprinted in our perceptual systems affects our bodily expectations. A 'habit field', not necessarily one that we can picture, is thus established: in it we move comfortably with the minimal challenge of choice. But the strongest bond to place is of a religious nature. The tie is one of kinship, reaching back in time from proximate ancestors to distant semi-divine heroes, to the gods of the family hearth and of the city shrines. A mysterious continuity exists between the soil and the gods: to break it would be an act of impiety. This religious tie to place has almost completely disappeared from the modern world. Traces of it are left in the rhetoric of nationalism in which the state itself, rather than particular places, is addressed as 'father land' or 'mother land' (Gellner, 1973; Doob, 1964). Religion is maintained by rites and celebrations; these, in turn, strengthen the emotional links between people and sacred places. Celebrations as such demarcate time, that is, stages in the human life cycle, seasons in the year, and major events in the life of a nation; but notwithstanding this temporal priority celebrations, wherever they occur, lend character to place. The progres- [1243] sive decline in the sense of place, then, is the result of various factors, among them being: the demise of the gods; the loosening of local networks of human concern, with their intense emotional involvements that could have extended to place; the loss of intimate contact with the physical setting in an age when people seldom walk and almost never loiter; and the decline of meaningful celebrations, that is, those that are tinged with religious sentiment and tied to localities (James, 1961).

Unlike public symbols, fields of care lack visual identity. Outsiders find it difficult to recognise and delimit, for example, neighbourhoods which are a type of the field of care (Keller, 1968). Planners may believe an area to be a neighbourhood, and label it as such on the ground that it is the same kind of physical environment and people come from a similar socio-economic class, only to discover that the local residents do not recognise the area as a neighbourhood: the parts with which they identify may be much smaller, for instance, a single street or an intersection (Gans, 1962, 11). Moreover, although the residents of an area may have a strong sense of place, this sense is not necessarily self-conscious. Awareness is not self-awareness. Total immersion in an environment means to open one's pores, as it were, to all its qualities, but it also means ignorance of the fact that one's place as a whole has a personality distinct from that of all other places. As Dardel puts it (1952, 47):

> La réalité géographique exige une adhésion si totale du sujet, à travers sa vie affective, son corps, ses habitudes, qu'il lui arrive de l'oublier, comme il peut oublier sa propre vie organique. Elle vit pourtant, cachée et prête à se reveiller. L'éloignement, l'exil, l'invasion tirent l'environnement de l'oubli et le font apparaître sous le mode de la privation, de la souffrance ou de la tendresse. La nostalgie fait apparaître le pays comme absence, sur le fond d'un dépaysement, d'une discordance profonde. Conflit entre le géographique comme intériorité, comme passé, et le géographique tout extérieur du maintenant.

The sense of place is perhaps never more acute than when one is homesick, and one can only be homesick when one is no longer at home (Starobinski, 1966). However, the loss of place need not be literal. The threat of loss is sufficient. Residents not only sense but know that their world has an identity and a boundary when they feel threatened, as when people of another race wants to move in, or when the area is the target of highway construction or urban renewal (Suttles, 1972). Identity is defined in competition and in conflict with others: this seems true of both individuals and communities (Figure 6). We owe our sense of being not only to supportive forces but also to those that pose a threat. Being has a centre and an edge: supportive forces nurture the centre while threatening forces strengthen the edge. In theological language, hell bristles with places that have sharply drawn – indeed fortified – boundaries but no [1244] centre worthy of defence; heaven is full of glowing centres with the vaguest boundaries; earth is an uneasy compromise of the two realms.

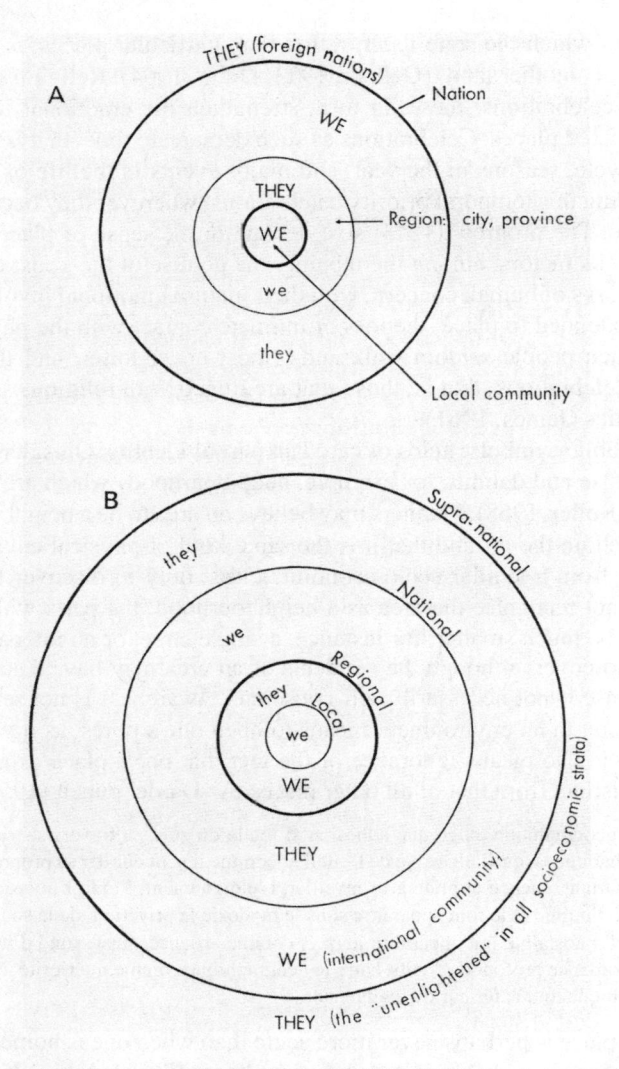

Fig. 6 The 'we-they' syndrome in the definition of space. Among people of the lower middle socio-economic class: **A**: the 'we-they' distinctions tend to be clearly recognized at the local and national (superpatriotic) levels. The suspicion of strangers and foreigners extends to their lands. Among the cosmopolitan and highly educated types: **B**: the home base is broadened beyond the local neighbourhood to a region, and nationalism (national boundary) is transcended by familiarity with the international life style. [1245]

## 7 What is a place?

The infant's place is in the crib, and the place of the crawling child is under the grand piano. Place can be as small as the corner of a room or large as the earth itself: that earth is our place in the universe is a simple fact of observation to homesick astronauts. Location can become place overnight, so to speak, through the ingenuity of architects and engineers. A striking monuments creates place; a carnival transforms temporarily an abandoned stockyard or cornfield into place; Disneylands are permanent carnivals, places created out of wholecloth. On the other hand, places are locations in which people have long memories, reaching back beyond the indelible impressions of their own individual childhoods to the common lores of bygone generations. One may argue that engineers create localities but time is needed to create place (Lowenthal, 1966; Lynch, 1972). It is obvious that most definitions of place are quite arbitrary. Geographers tend to think of place as having the size of a settlement: the plaza within it may be counted a place, but usually not the individual houses, and certainly not that old rocking chair by the fireplace. Architects think on a smaller scale. To many of them places are homes, shopping centres, and public squares that can be taken from the drawing boards and planted on earth: time, far from 'creating' place, is a threat to the pristine design of their handiworks. To poets, moralists, and historians, places are not only the highly visible public symbols but also the fields of care in which time is of the essence, since time is needed to accumulate experience and build up care. All places are small worlds: the sense of a world, however, may be called forth by art (the jar placed on the hill) as much as by the intangible net of human relations. Places may be public symbols or fields of care, but the power of the symbols to create place depends ultimately on the human emotions that vibrate in a field of care. Disneyland, to take one example, draws on the capital of sentiments that has accumulated in inconspicuous small worlds elsewhere and in other times.

## V CONCLUDING REMARKS

Space and place lie at the core of our discipline. From the positivist perspective, geography is the analysis of spatial organisation. From the humanist perspective, space and place take on rather different characteristics. Showing what these are in a coherent structure is the humanist's [1246] first task. If it is true that 'The modern science of geography derives from man's sense of place,' then the humanist geographer would ask, 'What *is* this sense of place on which we have not only erected a spatial geography of considerable elegance but, more important, on which we still depend for the decisions and acts in our daily lives?' Unlike the spatial analyst, who must begin by making simplifying assumptions concerning man, the humanist begins with a deep commitment to the understanding of human nature in all its intricacy. The relevance of positivist and humanist geography to each other appears to be this. To the humanist, positivist concepts are themselves material for further thought because they represent for him an extreme example of the universal human tendency toward abstraction. It is not only the social scientist but the man in the street who constantly shuns direct experience and its implications in favour of the abstract typologies of people, space, and place (Schutz, 1970, 96). The broad aim of the humanist geographer must be: Given human nature and the direct experience of space and place in the ordinary world, how can man have conceived different worlds, more or less abstract, among which being the maps of utopia and the geographer's own concepts of location? As distinct from the concepts, the conclusions of the positivist geographer are of primary interest to the humanist because, like the findings of other scientists, they show him the limits to human freedom that he cannot otherwise know. Do the works of the humanist have any value for the positivist? I suggest that they do for two reasons. One is that they draw attention to, and clarify, certain kinds of human experience, at least some of which may be amenable to the positivist's own methods of research. The second reason is that humanist findings promote self-knowledge. The promotion of self-knowledge is perhaps the ultimate value of the humanities; and we are told on good authority that the unexamined life is not worth living.

## VI ACKNOWLEDGEMENTS

First, I should thank my colleagues at the University of Minnesota for their tolerance – and even encouragement – of the humanistic approach to geography. Minnesota's benign climate makes it possible for at least twenty flowers (the present size of our faculty) to bloom. Among geographers I owe a special debt to Hildegard Binder Johnson for her knowledge of the European literature, her sympathy (and tea!); and to my former colleague at Toronto, J.A. May, whose training in philosophy enables him to resist, rationally, the doctrine that positivistic science [1247] monopolises sense and meaning in human discourse. This particular paper has benefited from the gentle surgery of Ward J. Barrett, Anne Buttimer, J.A. May, Risa Palm, and P.W. Porter; needless to add, I alone am responsible for its remaining warts and heteronomy.

## VII REFERENCES

Ad Hoc Committee on Geography, 1965: The science of geography. *National Academy of Sciences – National Research Council Publication* 1277, Washington, D.C. (80 pp.)
Arnheim, R. 1969: *Visual thinking*. Berkeley and Los Angeles: University of California Press. (345 pp.)
Bergson, H. 1910: *Time and free will*. London: Allen and Unwin. (252 pp.) Translation of *Essai sur les données immédiates de la conscience*. Paris: Alcan, (seventh edition, 1909)
Bevan, E.R. 1938: *Symbolism and belief*. London: Allen and Unwin. (391 pp.)
Boas, F. 1911: Kwakiutl. In Boas, F., editor, Handbook of American Indian Languages, *Bureau of American Ethnology Bulletin* 40, Washington, D.C.: Smithsonian Institute, 425–557.
Booth, S. 1970: The temporal dimensions of existence. *Philosophical Journal* 7, 48–62.
Brain, R. 1959: *The nature of experience*. London: Oxford University Press. (73 pp.)
Bunge, W. 1962: Theoretical geography. *Lund Studies in Geography, Series C, General and Mathematical Geography* 1, Lund: Gleerup. (210 pp.) (Revised edition, 1966).

Buttimer, A. 1969: Social space in interdisciplinary perspective. *Geographical Review* 59, 417–26.
Callan, M. 1970: *Ethology and society, towards an anthropological view.* Oxford: Clarendon Press. (176 pp.)
Caruso, D. and Palm, R. 1973: Social space and social place. *Professional Geographer* 25, 221–5.
Cassirer, E. 1953: *The Philosophy of symbolic forms.* New Haven: Yale University Press. (328 pp.) Translation of *Philosophie der symbolischen Formen*, Berlin: Cassirer, 1923.
Claval, P. 1970: L'Espace en géographie humaine, *Canadian Geographer* 14, 110–24.
Dardel, E. 1952: *L'homme et la terre: nature de la réalité géographique.* Paris: Presses Universitaires de France. (133 pp.) [1248]
De Groot, J.J.M. 1892: *The religious system of China.* Leiden: Brill (360 pp.)
Doob, L. 1964: *Patriotism and nationalism: their psychological foundations.* New Haven: Yale University Press. (297 pp.)
Downs, R.M. 1970: Geographic space perception. In Board, C. *et al.*, editors, *Progress in geography* 2, London: Arnold, 67–108.
Dubos, R. 1972: *A god within.* New York: Scribner. (325 pp.)
Durkheim, E. and Mauss, M. 1967: *Primitive classification.* Phoenix edition: University of Chicago Press. (96 pp.) Translation of De quelques formes primitives de classification: contribution à l'étude des représentations collectives, *Année Sociologique* 6 (1901–2), Paris, 1903.
Eisenstadt, S.N. 1949: The perception of time and space in a situation of culture-contact. *Journal of the Royal Anthropological Institute of Great Britain and Ireland* 79, 63–8.
Eliade, M. 1963: *Patterns in comparative religion.* Cleveland, Ohio: World Publishing Co. (484 pp.) Translation of *Traité d'histoire des religions*, Paris: Payot, 1953.
Erickson, S.A. 1969: Language and meaning. In Edie, J.M., editor, *New essays in phenomenology.* Chicago: Quadrangle Books, 39–49.
Esser, A.H., editor, 1971: *Behavior and environment, the use of space by animals and men.* New York – London: Plenum Press. (411 pp.)
Evans-Pritchard, E.E. 1940: *The Nuer.* Oxford: Clarendon Press. (271 pp.)
Floss, L. 1971: Art as cognitive: beyond scientific realism. *Philosophy of Science* 38, 234–50.
Fowler, W.W. 1911: *The religious experience of the Roman people.* London: Macmillan. (504 pp.)
Fox, C.F. 1932: *The personality of Britain: its influence on inhabitant and invader in prehistoric and early historic times.* Cardiff: National Museum of Wales and the Press Board of the University of Wales. (84 pp.)
Gans, H.J. 1962: *The urban villagers.* New York: Free Press. (367 pp.)
Gellner, E. 1973: Scale and nation. *Philosophy of the social sciences* 3, 1–17.
Gendlin, E.T. 1962: *Experiencing and the creation of meaning.* New York: Free Press of Glencoe. (302 pp.)
Getis, A. and Boots, B.N. 1971: Spatial behavior: rats and man. *Professional Geographer* 23, 11–14.
Giedion, S. 1964: *The eternal present: the beginnings of architecture.* New York: Pantheon Books. (583 pp.)
Gilbert, E.W. 1954: *Brighton, old ocean's bauble.* London: Methuen. (275 pp.)
— 1972: *British pioneers in geography.* Newton Abbot: David and Charles. (271 pp.)
Glacken, C.J. 1967: *Traces on the Rhodian shore.* Berkeley and Los Angeles: University of California Press. (763 pp.) [1249]
Grene, M. 1968: *Approaches to a philosophical biology.* New York: Basic Books. (295 pp.)
Hägerstrand, T. 1953: *Innovations förloppet ur Korologisk Synpunkt.* Lund: Gleerup.
Hall, E.T. 1966: *The hidden dimension.* New York: Doubleday. (201 pp.)
Hamburg, C.H. 1970: *Symbol and reality: studies in the philosophy of Ernst Cassirer.* The Hague: Nijhoff. (172 pp.)
Hampshire, S. 1960: *Thought and action.* New York: Viking. (276 pp.)
Hart, J.F. (editor) 1972: *Regions of the United States.* New York: Harper and Row. (374 pp.)
Howard, I.P. and Templeton, W.B. 1966: *Human spatial orientation.* New York: Wiley. (533 pp.)
Humbolt, W. 1829: Über die Verwandtschaft der Ortsadverbien mit dem Pronomen in einigen Sprachen. *Gesammelte Werke* 6, 304–30.

Izumi, K. 1965: Psychosocial phenomena and building design. *Building Research* 2, 9–11.
Jackson, J.B. 1957–58: The abstract world of the hot-rodder. *Landscape* 7, 22–7.
James, E.O. 1961: *Seasonal feasts and festivals*. London: Thames and Hudson. (336 pp.)
Jammer, M. 1969: *Concepts of space: history of theories of space in physics*. Cambridge: Harvard University Press. (221 pp.)
Johnson, P. 1968: Why we want our cities ugly. In *The fitness of man's environment*, Washington, D.C.: Smithsonian Annual 2, 145–60.
Keller, S.I. 1968: *The urban neighborhood*. New York: Random House. (201 pp.)
Kockelmans, J.A. 1964: Merleau-Ponty on space-perception and space. *Review of Existential Psychology and Psychiatry* 4, 69–105.
Knapp, P.H. 1948: Emotional aspects of hearing loss. *Psychosomatic Medicine* 10, 203–22.
Langer, S.K. 1953: *Feeling and form*. New York: Scribner. (431 pp.)
  1972: *Mind: an essay on human feeling*. Baltimore: Johns Hopkins University Press. (400 pp.)
Lewis, P.F. 1972: Small town in Pennsylvania. *Annals of the Association of American Geographers* 62, 323–51.
Lifton, R.J. 1967: *Death in life: survivors of Hiroshima*. New York: Random House. (594 pp.)
Lowenthal, D. 1961: Geography, experience, and imagination: towards a geographical epistemology. *Annals of the Association of American Geographers* 51, 241–60.
  1966: The American way of history. *Columbia University Forum* 9, 27–32. [1250]
Lukermann, F.E. 1964: Geography as a formal intellectual discipline and the way in which it contributes to human knowledge. *Canadian Geographer* 8, 167–72.
Lyman, S.M. and Scott, M.B. 1967: Territoriality: a neglected sociological dimension. *Social Problems* 15, 236–49.
Lynch, K. 1972: *What time is this place?* Cambridge, Mass.: MIT Press. (277 pp.)
McCarthy, M. 1970: One touch of nature. In *The writing on the wall and other literary essays*, New York: Harcourt, Brace and World, 189–213.
Marcus, J. 1973: Territorial organisation of the lowland classic Maya. *Science* 180, 4089, 911–16.
May, J.A. 1970: Kant's concept of geography and its relation to recent geographical thought. *University of Toronto Department of Geography Research Publications* 4, Toronto: University of Toronto Press. (281 pp.)
Meinig, D.W. 1971: Environmental appreciation: localities as a humane art. *Western Humanities Review* 25, 1–11.
Mendel, W. 1961: Expansion of a shrunken world. *Review of Existential Psychology and Psychiatry* 1, 27–32.
Mercer, D.C. and Powell, J.M. 1972: Phenomenology and related non-positivistic viewpoints in the social sciences. *Monash Publications in Geography* 1. (62 pp.)
Merleau-Ponty, M. 1962: *Phenomenology of perception*. London: Routledge and Kegan Paul. (466 pp.) Translation of *Phénoménologie de la perception*, Paris: Gallimard, 1945.
Minkowski, E. 1970: *Lived time: phenomenological and psychopathological studies*. Evanston: Northwestern University Press. (455 pp.) Translation of *Le temps vécu*. Neuchâtel: Delachaux and Niestlé, 1968.
Moholy-Nagy, S. 1968: *Matrix of man: an illustrated history of urban environment*. New York: Praeger. (317 pp.)
Müller, W. 1961: *Die heilige Stadt*. Stuttgart: Kohlhammer. (304 pp.)
Newcomb, R.M. 1967: Monuments three millenia old – the persistence of place. *Landscape* 17, 24–6.
Norberg-Schulz, C. 1971: *Existence, space and architecture*. New York: Praeger. (120 pp.)
Nystuen, J.D. 1963: Identification of some fundamental spatial concepts. *Papers of the Michigan Academy of Science, Arts, Letters* 48, 373–84.
Oakeshott, M. 1933: *Experience and its modes*. Cambridge University Press. (359 pp.)
Olson, D.R. 1970: *Cognitive development: the child's acquisition of diagonality*. New York: Academic Press. (220 pp.)
Ortega y Gasset, J. 1963: *Man and People*. New York: Norton Library. [1251] (272 pp.) Translation of *El hombre y la gente*. Madrid: Revista de Occidente, 1957.

Osmond, H. 1966: Some psychiatric aspects of design. In Holland, L.B., editor, *Who designs America?* Garden City, New York: Doubleday. (357 pp.)
Piaget, J. 1971: *Genetic epistemology.* New York: Norton Library. (84 pp.)
Pollock, W.T. and Chapanis, A. 1952: The apparent length of a line as a function of its inclination. *Quarterly Journal of Experimental Psychology* 4, 170–8.
Rasmussen, S.E. 1962: *Experiencing architecture.* Cambridge: MIT Press. (245 pp.)
Relph, E. 1973: *The phenomenon of place.* University of Toronto: unpublished PhD thesis.
Ricoeur, P. 1965: *Fallible man.* Chicago: Regnery. (224 pp.) Translation of *Philosophie de la volonté*, Paris: Aubier, 1950.
Robinson, B.S. 1973: Elizabethan society and its named places. *Geographical Review* 63, 322–33.
Rosenstock-Hussey, E. 1970: *Speech and reality.* Norwich, Vermont: Argo Books. (201 pp.)
Ryan, T.A. and Ryan, M.S. 1940: Geographical orientation. *American Journal of Psychology* 55, 204–15.
Santmyer, H.H. 1962: *Ohio town.* Columbus: Ohio State University Press. (309 pp.)
Sauer, C.O. 1941: The personality of Mexico. *Geographical Review* 31, 353–64.
Schutz, A. 1970: The problem of rationality in the social world. In Emmet, D. and Macintyre, A., editors, *Sociological theory and philosophical analysis*, New York: Macmillan, 89–114.
Scully, V. 1962: *The earth, the temple, and the gods.* New Haven and London: Yale University Press. (257 pp.)
Sivadon, P. 1970: Space as experienced: therapeutic implications. In Proshausky, H.M., Ittelson, W.H., and Rivlin, L.G., editors, *Environmental psychology: man and his physical setting*, New York: Holt, Rinehart and Winston, 409–19.
Smith, E.B. 1950: *The dome, a study in the history of ideas.* Princeton, New Jersey: Princeton University Press. (164 pp.)
Sopher, D.E. 1972: Place and location: notes on the spatial patterning of culture. *Social Science Quarterly*, September, 321–37.
Sorokin, P.A. 1964: *Sociocultural causality, space, time.* New York: Russell and Russell. (246 pp.)
Stark, F. 1948: *Perseus in the wind.* London: John Murray. (168 pp.)
Starobinski, J. 1966: The idea of nostalgia. *Diogenes* 54, 81–103.
Stevens, W. 1965: *Collected poems.* New York: Knopf. (534 pp.) [1252]
Straus, E.W. 1963: *The primary world of senses.* New York: The Free Press. (428 pp.) Translation of *Vom Sinn der Sinne*, Berlin: Springer, 1956.
—— 1966: *Phenomenological psychology.* New York: Basic Books. (353 pp.)
Sutherland, N.S. 1957: Visual discrimination of orientation and shape by octopus. *Nature* 179, 11–13.
Suttles, G.D. 1972: *The social construction of communities.* Chicago: University of Chicago Press. (278 pp.)
Swain, H. and Mather, E.C. 1968: *St Croix border country.* Prescott, Wisconsin: Pierce County Geographical Society. (91 pp.)
Van der Leeuw, G. 1963: *Religion in essence and manifestation.* (2 vols., 714 pp.) Translation of *Phänomenologie der Religion*, Tübingen: Mohr 1933.
Vidal de la Blache, Paul 1903: La personnalité géographique de la France. In E. Lavisse, editor, *Histoire de France* 1 (1), Paris: Hachette.
Waddington, C.H. 1970: The importance of biological ways of thought. In Tiselius, A. and Nilsson, S., editors, *The Place of value in a world of facts.* New York: Wiley, 95–103.
Wagner, P. 1972: *Environments and peoples.* Englewood Cliffs, New Jersey: Prentice-Hall. (110 pp.)
Waterman, T.T. 1920: Yurok Geography. *University of California Publications in American Archaeology and Ethnography* 16, 182–200.
Wheatley, P. 1971: *The pivot of the four quarters.* Chicago: Aldine. (602 pp.)
White, L.A. 1942: The pueblo of Santa Ana, New Mexico. *American Anthropological Association, Memoir* 60. (300 pp.)
White, L. 1967: The historical roots of our ecologic crisis. *Science* 155, 1203–7.
Whorf, B.L. 1952: Relation of thought and behavior in language. *Collected Papers on Metalinguistics.* Washington, D.C.: Foreign Service Institute, 27–93.

Wild, J. 1963: *Existence and the world of freedom*. Englewood Cliffs, New Jersey: Prentice-Hall. (243 pp.)
Wissowa, G. 1912: *Religion und Kultur der Römer*. Munich: Beck'sche. (612 pp.)
Wright, J.K. 1966: *Human nature in geography*. Cambridge: Harvard University Press. (361 pp.)
Wu, N.I. 1963: *Chinese and Indian architecture*. New York: Braziller. (128 pp.)

# ZWISCHEN RAUM UND ZEIT: REFLEKTIONEN ZUR GEOGRAPHISCHEN IMAGINATION[1]

*David Harvey*

Das Thema, mit dem ich mich auseinandersetzen will, ist die Konstruktion einer historischen Geographie von Raum und Zeit. Da dies nach einem doppelten Spiel mit den Konzepten „Raum" und „Zeit" klingt und tatsächlich auch ein solches ist, sind einige einleitende Bestimmungen dieser Idee vonnöten. Danach will ich die Implikationen dieser Idee bezogen auf die historische Geographie des alltäglichen Lebens und die sozialen Praxen derer, die sich Geograph/inn/en nennen, untersuchen.

## DIE RÄUME UND ZEITEN DES SOZIALEN LEBENS

Durkheim hat in *Die elementaren Formen des religiösen Lebens* (1981 [1915]) darauf hingewiesen, dass Raum und Zeit soziale Konstrukte sind. Die Arbeiten von Anthropologen wie Hallowell (1955), Lévi-Strauss (1967), Hall (1966), und in jüngerer Zeit Bourdieu (1977) und Moore (1986) bestätigen diese Ansicht: unterschiedliche Gesellschaften produzieren qualitativ verschiedene Raum- und Zeitkonzepte (vgl. Tuan 1977). Ich will bei der Interpretation dieser anthropologischen Ergebnisse zwei Besonderheiten hervorheben.

Erstens wirken die sozialen Definitionen von Raum und Zeit mit der ganzen Macht objektiver Fakten. Alle Individuen und Institutionen müssen sich zu ihnen verhalten. So akzeptieren wir z.B. in modernen Gesellschaften die Zeit der Uhr, obschon eine soziale Konstruktion, als objektive Tatsache des täglichen Lebens; sie hält einen geteilten Standard bereit, der außerhalb des Einflusses Einzelner steht und dessen wir uns immer wieder bedienen, um unsere Leben zu organisieren und nach dem wir alle möglichen sozialen Verhaltensweisen und subjektiven Gefühle einschätzen und bewerten. Selbst wenn wir uns ihr nicht anpassen, wissen wir genau, woran wir uns nicht anpassen.

Zweitens sind Bestimmungen von Raum und Zeit tief in Prozesse gesellschaftlicher Reproduktion verankert. Bourdieu (1977) etwa zeigt, wie im Fall der nordaf-

---

1 Anm. d. Hrsg.: Dieser Beitrag erschien 1990 unter den Titel *Between Space and Time: Reflections on the Geographical Imagination* in der Zeitschrift *Annals of the Association of American Geographers* 80(3). Er basiert auf einem Vortrag, der am 21.03.1989 bei der – im Text mehrfach erwähnten – Jahreskonferenz der *Association of American Geographers* in Baltimore gehalten wurde. Kürzere Passagen, die sich speziell mit zu diesem Zeitpunkt aktuellen Streitfragen innerhalb der US-amerikanischen Geographie befassen, wurden weggelassen.

rikanischen Kabylen die räumliche und zeitliche Organisation (Kalender, Einteilung des Hauses etc.) dazu dient, die gesellschaftliche Ordnung mittels Zuordnung von Menschen und Aktivitäten zu bestimmten Orten und Zeiten zu festigen. Die [137] Gruppe ordnet ihre Hierarchien, ihre Geschlechterrollen und ihre Arbeitsteilungen in Übereinstimmung mit einem spezifischen Modus räumlicher und zeitlicher Organisation. Die Rolle der Frau in der kabylischen Gesellschaft etwa ist vermittels der Räume definiert, die sie zu bestimmten Zeiten besetzt. Eine bestimmte Art Raum und Zeit zu repräsentieren leitet also räumliche und zeitliche Praktiken an, die wiederum die soziale Ordnung absichern.

Derartige Praktiken sind auch dem fortgeschrittenen Kapitalismus nicht fremd. Zunächst einmal sind Raum und Zeit stets ein elementares Mittel von Individuation und sozialer Differenzierung. Die Definition räumlicher Einheiten als Verwaltung-, Rechts- und Bilanzierungsentitäten legt Felder sozialen Handelns fest, die weit reichenden Einfluss auf die Organisation des sozialen Lebens nehmen. Der bloße Akt, geographischen Entitäten Namen zu geben, schließt eine Macht über sie ein, insbesondere über die Art und Weise, in der Orte, ihre Bewohner/innen und ihre sozialen Funktionen repräsentiert werden. Wie Edward Said (1981) in seiner Studie zum *Orientalismus* so brillant demonstriert hat, kann die Identität heterogener Völker durch Verbindungen und Assoziationen, die mittels eines Namen von außen auferlegt werden, verborgen, geformt und manipuliert werden. Ideologische Kämpfe über Bedeutung und Art solcher Orts- und Identitätsrepräsentationen liegen im Überfluss vor. Doch über den bloßen Akt des Identifizierens hinaus verweist die Zuweisung eines Ortes innerhalb einer sozialräumlichen Struktur auf bestimmte Rollen, Handlungsmöglichkeiten und Zugänge zu Macht in der gesellschaftlichen Ordnung. Das wann und wo gesellschaftlicher Aktivitäten beinhaltet klare gesellschaftliche Aussagen. Wir erklären zum Beispiel Kindern, dass „alles zu seiner Zeit" geschehen soll und jeder weiß, was es bedeutet zu wissen „wo unser Platz [*place*] ist" (ob wir damit zufrieden sind, ist eine ganz andere Frage). Auch wissen wir alle, was es bedeutet, „einen Platz zugewiesen zu bekommen" [*to be "put in one's place"*], und dass diesen, sei er physisch oder sozial, in Frage zu stellen die soziale Ordnung fundamental in Frage zu stellen bedeuten kann. Sit-ins, Demonstrationen, der Sturm auf die Bastille oder der US-Botschaft in Teheran,[2] der Fall der Berliner Mauer oder die Besetzung einer Fabrik oder einer Universitätsverwaltung sind Zeichen des Angriffs auf eine eingerichtete Ordnung.

Angesichts der zahlreichen vorliegenden Aufarbeitungen derartiger Phänomene ist es an dieser Stelle nicht notwendig zu belegen, dass sie verallgemeinerbar sind. Allerdings ist die genaue Art und Weise, in der Raum- und Zeitkonzepte bei der Reproduktion der Gesellschaft funktionieren, so subtil und nuanciert, dass wir, um sie richtig zu verstehen, ein äußerst anspruchsvolles Untersuchungsdesign benöti- [138] gen. Die Belege sind solide genug, um folgenden Vorschlag zu formulieren: *Jede gesellschaftliche Formation konstruiert objektive Konzeptionen von*

---

2   Anm. d. Übers.: Am 04.11.1979 stürmten ca. 400 Student/inn/en die US-Botschaft in Teheran, nahmen 66 Geiseln und verlangten die Auslieferung des gestürzten und in die USA geflüchteten Ex-Schahs Mohammed Resa Pahlawi.

*Raum und Zeit entsprechend ihrer jeweiligen Bedürfnisse und Zwecke in Bezug auf ihre materielle und soziale Reproduktion und organisiert ihre materiellen Praktiken in Übereinstimmung mit diesen Konzepten.*

Doch Gesellschaften verändern sich und wachsen, sie werden von innen transformiert und müssen sich an Einflüsse und Druck von außen anpassen. Objektive Raum- und Zeitkonzeptionen müssen sich verändern, um sich neuen materiellen Praktiken sozialer Reproduktion anzupassen. Wie werden solche Veränderungen allgemeingültiger und objektiver Raum- und Zeitkonzeptionen bewerkstelligt? In manchen Fällen ist die Antwort einfach, nämlich wenn neue Raum- und Zeitkonzeptionen durch Eroberung, imperiale Expansion und neokoloniale Herrschaft machtvoll übergestülpt wurden. Indem etwa die europäische Besiedlung Nordamerikas den Ureinwohner/innen fremdartige Raum- und Zeitkonzeptionen aufzwang, veränderte sie für immer den sozialen Rahmen, innerhalb dessen die soziale Reproduktion dieser Völker, wenn überhaupt, stattfinden konnte. Wie Mitchell (1988) zeigt, waren die machtvolle Implementierung einer mathematisch rationalen räumlichen Ordnung von Haus, Klassenzimmer, Dorf, Kasernen und selbst der gesamten Stadt Kairo im späten 19. Jahrhundert zentrale Bestandteile der Anpassung Ägyptens an die disziplinären Rahmenbedingungen des europäischen Kapitalismus. Derartige Auferlegungen müssen nicht unbedingt willkommen sein. Die Verbreitung kapitalistischer Gesellschaftsverhältnisse hat oft zu harten Kämpfen geführt, wenn Völker in das allgemeingültige Netz der Zeitdisziplin hineinsozialisiert werden sollten, das der industriellen Organisation der Produktion implizit ist, oder wenn sie die in exakten mathematischen Begrifflichkeiten festgelegte Aufteilung territorialer und Landrechte anerkennen sollten (vgl. Sack 1986). Doch auch wenn sich allerorten Widerstand dagegen rührte – weiten Teilen der heutigen Welt wurden im Zuge der kapitalistischen Entwicklung erfolgreich allgemeingültige Definitionen von Raum und Zeit übergestülpt.

Noch interessantere Probleme treten auf, wenn das allgemeingültige Verständnis von Zeit und Raum von innerhalb der betroffenen Gesellschaft in Frage gestellt wird. Solche Anfechtungen entstehen in gegenwärtigen Gesellschaften zum Teil aus dem individuellen und subjektiven Widerstand gegen die Autorität der Uhr und die Tyrannei der Katasterkarte. Moderne und postmoderne Literatur und Malerei sind voller Anzeichen einer Revolte gegen einfache mathematische und materielle Messungen von Raum und Zeit, und Psycholog/inn/en und Soziolog/inn/en haben hochkomplizierte und oft verwirrende Welten der persönlichen und sozialen Repräsentationen von Raum und Zeit erforscht, die sich oft deutlich von den herrschenden Praktiken abheben. Persönliche Räume und Zeiten stimmen nicht automatisch mit den vorherrschenden Vorstellungen überein. Wie Tamara Harevey (1982) zeigt, gibt es komplexe Methoden mittels derer die „Zeit der Familie" in die „Zeit der Industrie" – die Zeit des [139] De- und Re-Qualifizierens der arbeitenden Bevölkerung und der zyklischen Muster der Beschäftigung – integriert werden kann, und in der sie deren drückende Macht zugleich außer Kraft setzen kann. Wichtiger noch: Die Differenzierungen von Raum- und Zeitkonzeptionen nach Klasse, Geschlecht, kultureller, religiöser und politischer Orientierung werden selbst zu Arenen sozialer Konflikte. Aus solchen Kämpfen können neue Definitionen sowohl der richtigen

Orte und Zeiten für alles als auch der tatsächlichen objektiven Qualitäten von Raum und Zeit hervorgehen.

Einige Beispiele solcher Konflikte mögen hilfreich sein. Das erste ist dem Kapitel *Der Arbeitstag* in Band 1 von *Das Kapital* (MEW 23: 245–320) entnommen, in dem Marx einen Kapitalisten und einen Arbeiter eine fiktive Unterhaltung führen lässt. Ersterer besteht darauf, dass ein gerechter Arbeitstag sich nach der Zeit bemisst, die ein Arbeiter benötigt, um sich von den Anstrengungen des Tages ausreichend zu erholen, so dass er sie am nächsten Tag erneut auf sich nehmen kann, und dass sich die gerechte Entlohnung für die Arbeit eines Tages aus den individuellen Reproduktionskosten ergibt. Der Arbeiter antwortet, dass diese Berechnung ignoriert, dass seine Lebenszeit durch die unaufhörlichen Mühen verkürzt wird, und dass die Maßstäbe gerechter Arbeitsdauer und Entlohnung vollkommen anders aussehen, wenn man ein ganzes Arbeiterleben zugrundelegt. Marx argumentiert, dass beide vom Standpunkt der Tauschgesetze Recht haben, doch dass unterschiedliche Klassenlagen unterschiedliche Zeithorizonte der Kalkulation nahe legen. Zwischen solchen gleichen Rechten, so Marx, entscheidet die Gewalt (MEW 23: 248).

Das *gendering* der Zeit der „Vaterschaft" [*father time*] liefert ein zweites Beispiel. Nicht nur wird Zeit wegen der seltsamen Angewohnheit, als Arbeitszeit nur diejenige gelten zu lassen, die mit dem Verkauf der Arbeitskraft an andere einhergeht, je nach Geschlechterrolle unterschiedlich interpretiert. Darüber hinaus hat, wie Forman (1989) zeigt, die Reduzierung der Welt von Frauen auf die zyklische Zeit der Natur zur Folge, dass sie aus der linearen Zeit der patriarchalen Geschichtsschreibung ausgeschlossen sind, was sie zu „Fremden in der Welt der männlich definierten Zeit" macht. Der Kampf besteht in diesem Fall darin, die Welt aus Mythos, Ikonographie und Ritual in Frage zu stellen, in der die männliche Herrschaft über die Zeit mit der Herrschaft über Natur und Frauen als „natürlichen Wesen" einhergeht. Wenn Blake[3] etwa ausführt: „Zeit und Raum sind reale Wesen. Die Zeit ist ein Mann, der Raum eine Frau und ihr maskuliner Anteil ist der Tod", dann spricht er weit verbreitete allegorische Annahmen aus, deren Auswirkungen zum Teil noch heute zu spüren sind. Die Unfähigkeit, die Zeit des Gebärens (und von allem, was damit einher geht) in Beziehung zur maskulinen Beschäftigung mit Geschichte und Tod zu setzen, ist für Forman eines der fundamentaleren psychologischen Schlachtfelder zwischen Frauen und Männern. [140]

Das dritte Beispiel bezieht sich auf eine fiktive Konversation zwischen einer Geologin und einem Ökonomen über den Zeithorizont für den optimalen Abbau einer mineralischen Ressource. Während der eine den Zeithorizont durch Zinssatz und Marktpreis bestimmt sieht, argumentiert die andere auf der Basis einer vollkommen anderen Zeitkonzeption, dass es die Verpflichtung jeder Generation sei, einen aliquoten Teil jeder Ressource der folgenden zu überlassen. Allein mit logischen Argumenten lässt sich dieser Streit nicht beilegen. Auch er wird in der Wirklichkeit durch Machtmittel entschieden. Die herrschenden Marktinstitutionen legen im Kapitalismus durch den Zinssatz den Zeithorizont fest, und in nahezu allen Be-

---

3 Anm. d. Übers.: Englischer Dichter und Maler (1757–1827)

reichen ökonomischer Kalkulation (inklusive etwa des Hauskaufs auf Kredit) ist die Frage damit endgültig beantwortet.

Dieses Beispiel demonstriert das Konfliktpotential, das allein der Zeithorizont beinhaltet, über den sich eine Entscheidung auswirken soll. Die meisten Ökonomen teilen die keynesianische Maxime, nach der wir „langfristig alle tot sind", und argumentieren deswegen, dass alle ökonomischen und politischen Entscheidungen sinnvoll nur bezogen auf einen kurzfristigen Zeithorizont getroffen werden können. Umweltschützer/innen dagegen bestehen darauf, dass Verantwortung sich auf einen unendlichen Zeithorizont bezieht, und dass in diesem alle Lebensformen (einschließlich der menschlichen) zu erhalten sind. Die gegensätzlichen Verständnisse von Zeit sind offensichtlich. Auch wenn, wie in der Theorie von Pigou, lange Zeithorizonte in die Kalkulation eingeführt werden, so geschieht dies immer mittels einer Diskontrate, die notwendig auf einer ökonomischen Kalkulation basiert und nicht auf einer ökologischen, religiösen oder sozialen (vgl. etwa Pearce/Markandya/Barbier 1989, für die in *Blueprint for a Green Economy* alle Umweltauswirkungen monetarisierbar sind und eine Diskontrate ein perfektes Instrument ist, um langfristige Umweltauswirkungen zu berücksichtigen). Der gesamte polit-ökonomische Verlauf von Entwicklung und Veränderung hängt davon ab, welche objektive Definition wir in die soziale Praxis übernehmen. Wenn die Praktiken kapitalistische sind, können die Zeithorizonte nicht diejenigen sein, an denen Umweltschützer/innen festhalten.

Auch räumliche Nutzungen und Definitionen sind in praktischer und konzeptueller Hinsicht umkämpftes Terrain. Auch hier neigen Umweltschützer/innen zu einer wesentlich weiteren Konzeption der räumlichen Sphäre sozialen Handelns, wenn sie auf die ortsübergreifenden Effekte lokaler Aktivitäten hinweisen, die als Klimaveränderung, saurer Regen und weltweite Plünderung natürlicher Ressourcen globale Auswirkungen zeitigen. Diese räumliche Konzeption gerät mit Entscheidungen in Konflikt, die für ein bestimmtes Grundstück eine Maximierung der Grundrente anstreben, die auf einen bestimmten Zeithorizont kalkuliert und durch Bodenpreis und Zinsrate bestimmt ist. Was die Umweltbewegung von anderen Gruppen unterscheidet (und sie in vielerlei Hinsicht so besonders und interessant macht) ist die Anwendung eigener Raum- und Zeitkonzeption auf Fragen sozialer Reproduktion und Organisation. [141]

Auf solch tiefgreifende Fragen zur Bedeutung und sozialen Definition von Raum und Zeit stößt man selten unmittelbar. Sie ergeben sich üblicherweise aus viel simpleren Konflikten über die Aneignung von und die Kontrolle über bestimmte Räume und Zeiten. Ich habe z.B. viele Jahre gebraucht, um zu verstehen, warum die Kommunard/inn/en in Paris 1871, anstatt die Verteidigung der Stadt zu organisieren, die Vendôme-Säule niederrissen. Die Säule war das verhasste Symbol einer fremden Macht, die lange über sie geherrscht hatte; sie war ein Symbol der räumlichen Organisation der Stadt, die so vielen Teilen der Bevölkerung durch den Bau der Haussmann'schen Boulevards und die Entfernung der Arbeiterklasse aus der Innenstadt „ihren Platz zugewiesen" hat. Haussmann hatte eine vollkommen neue Konzeption des Raums in die physische Form der Stadt eingeführt, eine Konzeption, die zu einer neuen, auf (vor allem finanz-)kapitalistischen Werten basierenden sozialen Ordnung passte. Die Vorstellungen der Revolution von 1871 von der Transformierung der sozialen Verhältnisse und des alltäglichen Lebens, so empfanden es die Kommunard/inn/en, beinhaltete die räumliche Rekonstruktion von Paris in nicht-hierarchischer Weise. Dieser Drang war so machtvoll, dass das öffentliche Spektakel des Niederreißens der Vendôme-Säule zu einem katalytischen Moment wurde, in dem sich die Macht der Kommunard/inn/en über die Stadt geltend machte (Ross 1988). Sie wollten eine alternative soziale Ordnung aufbauen, indem sie die Räume, aus denen sie zuvor so ungezwungen vertrieben wurden, nicht nur wiederbesetzten, sondern indem sie die objektiven Eigenschaften des städtischen Raums selbst auf nicht-hierarchische und kommunitäre Weise neu zu gestalten versuchten. Der spätere Wiederaufbau der Säule war wie der Bau der Basilika von Sacré Coeur auf dem Montmartre als Buße der vermeintlichen Sünden der Kommune ein deutliches Zeichen der Reaktion (vgl. Harvey 1985a).

Die Konferenz der *Association of American Geographers* fand 1989 in Baltimore in einem Territorium statt, das mir völlig unbekannt war, und das, obwohl ich zu diesem Zeitpunkt schon seit über 18 Jahren in dieser Stadt gelebt hatte. Die derzeitige karnevaleske Maske der Stadterneuerung um den *Inner Harbor* herum verbirgt eine lange Geschichte des Kampfes um diesen Raum. Der Prozess der Stadterneuerung begann in den 1960ern unter der Führung von kommerziellen Entwickler/inne/n und Finanzinstitutionen, die sich anschickten den, wie sie empfanden, strategisch wichtigen aber heruntergekommenen Stadtkern zu rekolonialisieren. Die Anstrengungen wurden durch die Unruhen der 1960er Jahre behindert, während derer Downtown von Anti-Kriegs Demonstrationen, gegenkulturellen Veranstaltungen und, am schlimmsten für mögliche Investor/inn/en, Straßenaufständen v.a. seitens der verarmten afroamerikanischen Bevölkerung heimgesucht wurde. Das Stadtzentrum war ein Raum sozialer Spaltung und bar jeder Solidarität. Doch in der Folge des Ausbruchs der Gewalt nach dem Martin Luther King-Attentat 1968 entstand eine Koalition, die sich darum bemühte ein Gefühl von Zusammengehörigkeit und Zugehörigkeit zur Stadt wiederherzustellen. Die Koalition hatte eine breite Basis; zu ihr [|42] gehörten die Kirchen (v.a. die *Black Ministerial Alliance*), lokale Persönlichkeiten, Universitätsmitarbeiter/innen, Anwälte aus der Innenstadt, Politiker/innen, Gewerkschaftler/innen, die Verwaltung und – ausgerechnet – Geschäftsleute, die nicht so recht zu wissen schienen, was zu tun sei und wie es weitergehen könnte. So begann der Kampf um den Versuch die Stadt als geschlossene soziale Einheit wieder zusammenzusetzen, als Arbeits- und Lebensgemeinschaft, die wachsam gegen rassistische und soziale Ungerechtigkeiten ist.

Eine der Ideen, die aufkam, war die eines Stadtfestes im Zentrum. Auf der Basis der spezifischen religiösen, ethnischen und rassischen[4] Zusammensetzung der Stadt sollten dort „Andersartigkeit" und Unterschiedlichkeit und zugleich die bürgerschaftlichen Gemeinsamkeiten jenseits der Diversität gefeiert werden. Das erste Fest fand 1970 statt. An diesem Wochenende kam eine Viertelmillion Menschen aus allen Teilen der Stadt in den entfremdeten Raum der Innenstadt. 1973 waren es

---

4   Anm. d. Übers.: Im Englischen ist Rasse („race") nicht eine biologische, sondern eine soziale Kategorie.

bereits zwei Millionen, und der *Inner Harbor* war in einer Art und Weise von der normalen Stadtbevölkerung wiederentdeckt worden, wie es noch in den 1960er Jahren nicht für möglich gehalten worden wäre. Er wurde zu einem Ort lokaler Zusammengehörigkeit und Gemeinsamkeit in der Differenz.

Während der 1970er Jahre eroberten sich allerdings die Kräfte von Kommerz und Eigentumsentwickler/inne/n den Raum zurück, trotz beträchtlichen Widerstands seitens der Bevölkerung. Er wurde zum Ort einer *public private partnership*, in der immense Summen öffentlichen Geldes eingesetzt wurden, die privaten – und nicht bürgerschaftlichen – Interessen zugute kamen. Das Hyatt-Regency Hotel, in dem der Kongress der *Association of American Geographers* stattfand, wurde mit $5 Mio. privaten Geldes und $10 Mio. aus einem *Urban Development Action Grant* gebaut. Außerdem flossen dank eines komplizierten Deals $20 Mio. aus städtischen Anleihen in Infrastruktur und Rohbau. Der innerstädtische Raum wurde zu einem Raum demonstrativen Konsums, in dem nunmehr Waren und nicht mehr bürgerschaftliche Werte gefeiert wurden. Er wurde zum Ort des „Spektakels", in dem Leute von aktiven Teilnehmer/inne/n der Raumaneignung zu passiven Zuschauer/inne/n reduziert werden (Debord 1978). Dieses Spektakel lenkt den Blick weg von der entsetzlichen Armut im Rest der Stadt und erzeugt das Bild einer erfolgreichen Dynamik, obschon die Realität aus Verarmung und Machtlosigkeit besteht (Levine 1987). Während all das erwähnte Geld in die Entwicklung der Innenstadt floss, gewann der Rest der Stadt nur wenig bzw. verlor in einigen Fällen viel. Es entstand eine Insel des Reichtums in einem Meer des Niedergangs (Szanton 1986). Der Glanz des *Inner Harbor* lenkt den Blick weg von der Tragödie jenes anderen Baltimore, das nunmehr (scheinbar) sicher in den unsichtbaren Elendsquartieren verstaut ist. [143]

Mit diesen Beispielen sollte gezeigt werden, dass sozialer Raum neue Bedeutungen annehmen kann, wenn er im Rahmen einer gesellschaftlichen Formation umkämpft ist. In beiden Fällen, in Paris und in Baltimore, ist der Kampf um innerstädtischen Raum im Kontext eines größeren Kampfes zu betrachten, in dem Hierarchien und ihre Manifestationen und die nackte Macht des Geldes durch einen sozialen Raum der Gleichheit und Gerechtigkeit ersetzt werden sollen. Auch wenn beiden Kämpfen kein Erfolg beschieden war so illustrieren sie doch, dass herrschende und hegemoniale Definitionen sozialen Raums (und sozialer Zeit) stets in Frage gestellt werden und veränderbar sind.

## MATERIALISTISCHE PERSPEKTIVEN DER HISTORISCHEN GEOGRAPHIE VON RAUM UND ZEIT

Wenn Raum und Zeit gleichermaßen gesellschaftlich wie objektiv sind, dann spielen soziale Prozesse (einschließlich sozialer Konflikte wie die eben skizzierten) eine Rolle bei ihrer Verobjektivierung. Wie können wir die Art und Weise untersuchen, in der sozialer Raum und soziale Zeit unter verschiedenen historischen und geographischen Umständen geformt wurden? Auf diese Frage kann es keine Antwort unabhängig von unserem ontologischen und epistemologischen Standpunkt geben. Der meine ist bekanntlich ein explizit marxistischer, was ein Vorgehen nach den Prinzipien des historischen Materialismus mit sich bringt. Die objektiven Bestimmungen sind demnach nicht mit Rückgriff auf die Welt des Denkens und der Ideen zu verstehen, sondern aus der Untersuchung der materiellen Prozesse gesellschaftlicher Reproduktion. Wie Smith (2007: 62) formuliert, wird „die Relativität des Raums nicht zu einem rein philosophischen Betrachtungsgegenstand, sondern zu einem Produkt sozialer und historischer Praxis".

Ich will dieses Prinzip in der Praxis illustrieren. Ich fordere Erstsemester zum Einstieg oft auf, sich zu überlegen, woher ihre letzte Mahlzeit kam. Wenn man alle Bestandteile zurückverfolgt, die in die Herstellung dieser Mahlzeit eingegangen sind, zeigt sich, dass sie von einer Vielzahl gesellschaftlicher Arbeiten abhängen, die an den unterschiedlichsten Orten und unter verschiedensten gesellschaftlichen Verhältnissen und Produktionsbedingungen erbracht wurde. Gleichwohl können wir die Mahlzeit in der Praxis verzehren, ohne irgendetwas über die komplexe Geographie der Produktion und die Vielzahl gesellschaftlicher Beziehungen zu wissen, die in dem System enthalten sind, durch das hindurch sie auf unseren Tisch gekommen ist.

Um derartige Phänomene ging es Marx im Kapital (MEW 23), als er einen seiner aufschlussreichsten Begriffe entwickelte – den des *Warenfetischs*. Mit ihm wollte er erfassen, wie durch den Markt soziale (und geographische) Informationen und Verhältnisse verborgen werden. Der Ware sieht man nicht an, ob sie von glücklichen Arbeiter/inne/n einer italienischen Kooperative, von aufs Schlimmste ausgebeuteten [144] Arbeiter/inne/n unter Apartheidsbedingungen in Südafrika oder von durch angemessene Arbeitsrechte und Lohnübereinkünfte geschützte Lohnarbeiter/inne/n in Schweden hergestellt wurde. Die Trauben im Supermarktregal sind stumm; wir können keine Spuren der Ausbeutung an ihnen erkennen, und auch ihre geographische Herkunft verraten sie uns nicht unmittelbar. Natürlich können wir den Schleier der sozialen und geographischen Unwissenheit lüften und etwas über die Bedingungen herausfinden, unter denen sie produziert wurden (und uns dann z.B. einem Boykott von Trauben aus Südafrika anschließen). Doch wenn wir das tun, merken wir, dass wir hinter das blicken müssen, was der Markt preisgibt, und verstehen müssen, wie die Gesellschaft funktioniert. Genau dies war Marx' Ansatz. Wir müssen hinter den Schleier und hinter den Fetischismus des Marktes blicken, um alles über die gesellschaftliche Reproduktion zu erfahren.

Die geographische Ignoranz, die sich aus dem Warenfetischismus ergibt, ist für sich genommen ein Grund zur Sorge. Die räumliche Reichweite unserer individuellen Erfahrung beim Einkauf steht in keinem Zusammenhang mit derjenigen, in der die Herstellung der Ware stattfand. Die beiden Raumhorizonte sind deutlich verschieden. Entscheidungen, die vom ersten Standpunkt aus vernünftig erscheinen, mögen vom zweiten aus unangemessen sein. Auf welches Set an Erfahrungen sollen wir uns beziehen, wenn wir die historische Geographie von Raum und Zeit untersuchen wollen? Meine Antwort darauf ist: auf beide, denn beide sind gleichermaßen materiell. Doch bestehe ich an dieser Stelle darauf, Marx' Analyse des Warenfetischs ernst zu nehmen. Wenn wir uns lediglich mit der Sphäre individueller Erfahrung beschäftigen (also mit dem Einkaufen, dem Weg zur Arbeit, dem Geldabheben etc.), verbleiben wir bei einer fetischisierten Interpretation der Welt (einschließlich der objektiven sozialen Definitionen von Raum und Zeit). Die genannten Aktivitäten sind real und materiell, aber sie verbergen jene anderen Definitionen von Raum und Zeit, die in Übereinstimmung mit den Erfordernissen von Warenproduktion und Kapitalzirkulation und mit Märkten, auf denen Preise festgesetzt werden, festgelegt werden.

Ein Interesse für die materielle Basis unserer täglichen Reproduktion sollte uns ausreichende Kenntnisse über die Geographien der Warenproduktion und die Definitionen von Raum und Zeit, die in den Praktiken von Warenproduktion und -zirkulation verankert sind, an die Hand geben. Doch in der Praxis kommen die meisten Leute auch ohne diese aus. Damit sind auch wichtige normative Fragen verbunden. Wenn wir es zum Beispiel für richtig und angemessen halten, ein moralisches Interesse an denjenigen zu zeigen, die uns das Abendessen servieren, dann impliziert das die Ausweitung der moralischen Verantwortung auf die gesamte komplexe Geographie und Gesellschaftlichkeit sich überschneidender Märkte. Es ist dann nicht konsequent, sonntags in die Kirche zu gehen, Geld für die Armen der Gemeinde zu spenden und am nächsten Tag im Supermarkt Weintrauben zu kaufen, die unter Apartheidsbedingungen produziert wurden. Und es ist nicht konsequent, für höhere Umwelt- [145] standards in der eigenen Nachbarschaft einzutreten und gleichzeitig auf einen Lebensstandard zu bestehen, der notwendig zur Luftverschmutzung anderswo führt (was ja das zentrale Argument der Umweltschützer/innen ist). Auf eben solche Probleme wollte Marx uns hinweisen. Um sie zu erkennen, müssen wir den Schleier des Fetischismus durchdringen, der uns auf Grund der Warenproduktion notwendig umgibt, und entdecken, was dahinter liegt. Insbesondere müssen wir wissen, wie Raum und Zeit durch die materiellen Praktiken, die uns unser täglich Brot liefern, definiert werden.

## DIE HISTORISCHE GEOGRAPHIE VON RAUM UND ZEIT IN DER KAPITALISTISCHEN EPOCHE

Untersuchungen zur historischen Geographie von Raum und Zeit in der Ära des westlichen Kapitalismus illustrieren, wie Konzeptionen und Praktiken in Bezug auf beide sich in Übereinstimmung mit polit-ökonomischen Praktiken verändert haben. Der Übergang von Feudalismus zu Kapitalismus, so Le Goff (1970, 1980), ging mit einer grundsätzlichen Neudefinition von Raum- und Zeitkonzepten einher, die dazu dienten, die Welt nach ganz neuen gesellschaftlichen Prinzipien zu ordnen. Die Stunde war eine Erfindung des 13. Jahrhunderts, die Minute und die Sekunde wurden erst im 17. Jahrhundert zu allgemein verbreiteten Maßeinheiten. Während die erstgenannte religiösen Ursprungs war (und die Kontinuität zwischen dem jüdisch-christlichen Weltbild und dem Aufkommen des Kapitalismus illustriert), hat die Verbreitung mit für die Zeitmessung adäquaten Maßeinheiten viel mehr mit der wachsenden Sorge um Produktion, Tausch, Handel und Verwaltung zu tun. Es war eine von den Städten ausgehende Revolution „der Denkstrukturen und ihres materiellen Ausdrucks" und sie war nach Le Goff (1970, 1980) „in den Mechanismen des Klassenkampfes angelegt" (1980: 36). „Die Einführung der gleichlangen Stunde", so Landes (1983: 78), „verkündete den Siegeszug einer neuen Kultur und einer neuen

Wirtschaftsordnung". Aber dieser Sieg war partiell und lückenhaft, denn ein großer Teil der westlichen Welt wurde bis ins 19. Jahrhundert hinein nicht von ihm erfasst.

Die Geschichte der Kartographie im Übergang von Feudalismus zu Kapitalismus hatte, ähnlich der Geschichte der Zeitmessung, viel mit der Verbesserung der Raumvermessung und seiner Repräsentation nach mathematischen Prinzipien zu tun. Auch hier waren die Interessen von Gewerbe und Handel, von Eigentum und Landrechten (in Formen, die der feudalen Welt unbekannt waren) für die Veränderung mentaler Strukturen und materieller Praktiken von überragender Bedeutung. Als deutlich wurde, dass geographisches Wissen eine entscheidende Quelle militärischer und ökonomischer Macht war, gewann die Verbindung von Karte und Geld an Bedeutung (Landes 1983: 110). Die Einführung der Ptolemäischen Karte in Florenz im Jahr 1400 und ihre Benutzung zur Raumbeschreibung und zur Verwahrung von Lageinformationen war wohl der Durchbruch für die Konstruktion geographischen Wissens wie wir es [146] heute kennen. In der Folge wurde es grundsätzlich möglich, die Welt als globale Einheit zu betrachten.

Die politische Bedeutung dieser kartographischen Revolution verdient es näher betrachtet zu werden. Rationale mathematische Konzeptionen von Raum und Zeit waren beispielsweise notwendige Voraussetzungen für die Doktrine von Gleichheit und gesellschaftlichem Fortschritt der Aufklärung. Eine der ersten Amtshandlungen der revolutionären Nationalversammlung Frankreichs war die systematische Kartierung des Landes, um Gleichheit und politische Repräsentation zu gewährleisten. Dieses verfassungsrechtliche Thema ist in heutigen Demokratien so gängig (man denke nur an die Geschichte des Zuschnitts von Wahlkreisen nach parteipolitischem Kalkül), dass das innige Verhältnis von Demokratie und rationaler Kartographie als selbstverständlich erscheint. Aber stellen wir uns vor, ein egalitäres System politischer Repräsentation auf der Basis der Mappa Mundi zu erstellen! Auch das unter Jefferson ersonnene Netz der Demarkierungen mit dem noch heute dominierenden Muster der quadratischen Landparzellierung in den USA strebte eine rationale Aufteilung des Raums an, um eine agrarische Demokratie zu fördern. In der Praxis erwies sich dieses System als bewundernswert geeignet für die kapitalistische Raumaneignung und -spekulation, was zwar Jeffersons Ziele unterlief, aber demonstriert, wie eine bestimmte Definition des gesellschaftlichen Raums (in diesem Fall in strikt rationalistisch-aufklärerischer Hinsicht) die Etablierung einer neuen gesellschaftlichen Ordnung erleichtert.

Untersuchungen wie die von Le Goff und Landes zeigen, dass Konzepte von Raum und Zeit und die mit ihnen verbundenen Praktiken gesellschaftlich keineswegs neutral für das Zusammenleben sind. Aus eben diesem Grund bleibt das Verständnis von Raum und Zeit umkämpft und weit problematischer als wir zuzugeben gewohnt sind. Helgerson (1986) etwa verweist auf die enge Verbindung von Renaissancekarten Englands (wie jenen von Speed, Nordon, Caxton und anderen), dem Kampf gegen dynastische Privilegien und der Verdrängung dieser durch eine Politik, in der das Verhältnis von Individuum und Nation hegemonial wurde. Er argumentiert, dass die neuen Mittel kartographischer Repräsentation es den Individuen erlaubten, sich auf eine Art zu sehen, die besser zu diesen neuen politischen und gesellschaftlichen Verhältnissen passte. Und auch in der Kolonialzeit, um ein späteres Beispiel heranzuziehen, spiegelten die Karten der Kolonialverwaltung ihre spezifischen gesellschaftlichen Zwecke wider (Stone 1988).

Da ich mich diesen Fragen an anderer Stelle ausführlicher gewidmet habe (Harvey 1985a, 1989a), soll hier der Hinweis genügen, dass die Konstruktion neuer mentaler Konzeptionen und materieller Praktiken im Bezug auf Raum und Zeit von entscheidender Bedeutung für den Aufstieg des Kapitalismus als System sozioökonomischer Beziehungen war. Diese Konzeptionen und Praktiken waren stets partiell (auch wenn sie mit der Entwicklung des Kapitalismus hegemonialer wurden) und in je spezi- [147] fischen geographischen und historischen Zusammenhängen immer umkämpft. Gleichwohl war ihre tiefgreifende Implementierung in der Welt der Ideen für die gesellschaftliche Reproduktion im Kapitalismus notwendig.

Doch der Kapitalismus ist eine revolutionäre Produktionsweise, stets auf der Suche nach neuen Organisationsweisen, Technologien, Lebensstilen und Modalitäten von Produktion und Ausbeutung. Und der Kapitalismus war stets auch revolutionär, was seine objektiven Bestimmungen von Raum und Zeit angeht. Verglichen mit fast allen anderen Bereichen der Innovation ist die radikale Reorganisation der räumlichen Verhältnisse und Raumrepräsentationen tatsächlich außerordentlich machtvoll gewesen. Autobahnen und Kanäle, Züge, Dampfschiffe und Telegraphen, Radios und Automobile, Containerisierung, Luftfrachttransport, Fernsehen und Telekommunikation haben die räumlichen und zeitlichen Verhältnisse verändert und uns neue materielle Praktiken und Raumrepräsentationen aufgezwungen. Die Fähigkeit die Zeit zu messen und aufzuteilen wurde ebenfalls revolutioniert, zunächst durch die Erfindung immer kleinerer Zeiteinheiten und in der Folge, weil der Geschwindigkeit und der zeitlichen Koordination der Produktion sowie der Geschwindigkeit der Zirkulation von Gütern, Menschen, Informationen und Nachrichten etc. eine immer höhere Bedeutung zukam. Die materielle Basis objektiven Raums und objektiver Zeit wird von Menschen gemacht, sie ist in steter Bewegung und keine fixe Gegebenheit.

Woher diese Bewegung? Da ich die Wurzeln dieser Frage an anderer Stelle ausführlicher untersucht habe (Harvey 1982, 1989a) fasse ich hier nur das grundlegende Argument zusammen. Zeit ist im Kapitalismus eine entscheidende Größe, weil gesellschaftliche Arbeit die Wertgröße bestimmt und gesellschaftliche Mehrarbeit der Quell des Profits ist. Außerdem ist die Umschlagszeit des Kapitals von großer Bedeutung, weil ihre Beschleunigung (in Produktion oder Marketing) ein machtvolles Konkurrenzmittel individueller Kapitalist/inn/en darstellt, um den Profit zu erhöhen. In Zeiten ökonomischer Krise und besonders starken Wettbewerbs überleben Kapitalist/inn/ en mit einer höheren Umschlagfrequenz besser als ihre Rival/inn/en, was dazu führt, dass sich die gesellschaftlichen Zeithorizonte typischerweise verkürzen, die Arbeit und das Leben intensiver werden und die Geschwindigkeit des Wandels sich erhöht. Diese Aussage trifft übertragen auch auf den Raum zu. Die Eliminierung aller räumlichen Barrieren und die Bemühungen um „die Vernichtung des Raums durch die Zeit" (MEW 42: 430) sind für die gesamte Akkumulationsdynamik essentiell und werden insbesondere in Zeiten der Überakkumulation akut. Die Absorption überschüssigen Kapitals (und mitunter auch überschüssiger Arbeitskraft) mittels geographischer Expansion und der Konstruktion völlig neuer Sets räumlicher Beziehungen in der Vergangenheit ist bemerkenswert. Die Konstruktion und Rekonstruktion räumlicher Beziehungen und der globalen Raumökonomie war, wie Henri Lefebvre (1974a) zu Recht feststellt, eines der wichtigsten Mittel, die das Überleben des Kapitalismus bis ins 20. Jahrhundert ermöglicht hat. [148]

Die allgemeinen Charakteristika (im Gegensatz zum detaillierten wo, wann und wie) der historischen Geographie von Raum und Zeit, die daraus resultieren, sind nicht willkürlich oder zufällig, sondern in den Bewegungsgesetzen des Kapitals enthalten. Der generelle Trend geht in Richtung einer Beschleunigung der Umschlagzeit (die Sphären von Produktion, Tausch und Konsum tendieren allesamt zur Erhöhung der Geschwindigkeit) und des Schrumpfens von Raumhorizonten. Populär ausgedrückt könnte man sagen, dass Tofflers (1970) Welt des „Zukunftsschock" quasi McLuhans (1968) „globales Dorf" trifft. Die periodischen Revolutionen der objektiven Qualitäten von Raum und Zeit entbehren nicht der Widersprüchlichkeiten. So sind z.B. häufig langfristige und kostenintensive Investitionen in fixes Kapital notwendig, die nur langsam umschlagen (z.B. Computerhardware), um die Umschlagszeit des übrigen Kapitals zu beschleunigen. Und die Produktion eines spezifischen Sets räumlicher Beziehungen (z.B. eines Schienennetzes) kann notwendig sein, um Raum durch Zeit zu vernichten. Deshalb beinhaltet das Revolutionieren von Raum- und Zeitbeziehungen nicht nur die Zerstörung von Lebensweisen und sozialen Praktiken, die um ein vorangegangenes Raum-Zeit-System herum entstanden sind, sondern geht auch mit einer „schöpferischen Zerstörung"[5] einer großen Anzahl physischer Vermögenswerte einher, die in Grund und Boden verankert sind. Die jüngere Geschichte der Deindustrialisierung illustriert dies nachdrücklich.

Die marxistische Theorie der Kapitalakkumulation ermöglicht theoretische Einblicke in die widersprüchlichen Veränderungen, die in der Dimensionalität von Raum und Zeit im westlichen Kapitalismus aufgetreten sind. Wenn also die raumzeitliche Welt der Wall Street verschieden ist von derjenigen einer Börse des 19. Jahrhunderts, und wenn beide sich von derjenigen des ländlichen Frankreichs (damals wie heute) oder von schottischen Kleinpächter/inne/n (damals wie heute) unterscheiden, dann müssen diese alle jeweils als spezifisches Set von Reaktionen auf einen um sich greifenden Gesamtzustand begriffen werden, der von den Regeln von Warenproduktion und Kapitalakkumulation geformt wird. Die darin enthaltenen Widersprüche und Spannungen will ich im Folgenden näher untersuchen.

## KULTURELLE UND POLITISCHE ANTWORTEN AUF DIE SICH VERÄNDERNDE DIMENSIONALITÄT VON RAUM UND ZEIT

Schnelle Veränderungen der objektiven Qualitäten von Raum und Zeit sind sowohl verwirrend als auch verstörend, eben weil ihre revolutionären Implikationen für die Gesellschaftsordnung so schwer vorauszusehen sind. Die nervöse Verwunderung darüber ist in der *Quarterly Review* von 1839 wunderbar getroffen: [149]

---

5   Anm. d. Übers.: Harvey bezieht sich hier auf die Formulierung „creative destruction", die Joseph Alois Schumpeter in *Capitalism, Socialism and Democracy* (New York 1942) geprägt hat.

# Zwischen Raum und Zeit: Reflektionen zur Geographischen Imagination

> Nehmen wir beispielsweise an, dass plötzlich in ganz England Eisenbahnen angelegt werden; dies würde selbst bei der gegenwärtig noch bescheidenen Geschwindigkeit bedeuten, dass sich die gesamte Bevölkerung in Bewegung setzt und, metaphorisch gesprochen, ihre Plätze um zwei Drittel der Zeit näher an den Kamin der Hauptstadt rückt [...] Verkürzt man die Entfernungen auf diese Weise weiter, so würde die Fläche unseres Landes zur Größe einer einzigen Metropole zusammenschrumpfen. (zit. nach Schivelbusch 2000: 36)

Auch Heinrich Heine notierte das „unheimliche Grauen", das ihn anlässlich der Eröffnung der Bahnstrecke Paris – Rouen ergriff:

> Welche Veränderungen müssen jetzt eintreten in unserer Anschauungsweise und in unseren Vorstellungen! Sogar die Elementarbegriffe von Zeit und Raum sind schwankend geworden. Durch die Eisenbahnen wird der Raum getötet, und es bleibt uns nur noch die Zeit übrig [...] Mir ist als kämen die Berge und Wälder aller deutschen Länder auf Paris angerückt. Ich rieche schon den Duft der deutschen Linden; vor meiner Tür brandet die Nordsee. (zit. nach Schivelbusch 2000: 38 f.)

Von einem ähnlichen Schockgefühl in einem zeitgenössischen Kontext berichtet der deutsche Theaterdirektor Johannes Birringer (1989). Bei der Ankunft in Dallas und Houston empfand er ein „ungeahntes Kollabieren des Raums" in dem „die Zerstreuung und die Auflösung des Stadtkörpers (der physischen und kulturellen Repräsentation von Gemeinschaft) die Stufe der Halluzination erreichte". Weiterhin erwähnt er:

> die unvermeidbare Verschmelzung und Verwirrung geographischer Realitäten, oder die Austauschbarkeit aller Orte, oder das Verschwinden sichtbarer (statischer) Referenzpunkte zu einer steten Kommutation oberflächlicher Bilder.

Um etwas von Heines Eindruck des „Grauens" und von Birringers Gefühl des „Kollabierens" zu erfassen, will ich diesen Eindruck einer überwältigenden Veränderung der Raum-Zeit-Dimensionalität als „Raum-Zeit-Verdichtung" bezeichnen. Sie zu erfahren zwingt uns alle unsere Begriffe von Raum und Zeit anzupassen und die Aussichten auf soziales Handeln zu überdenken. Dieses Überdenken ist, wie bereits ausgeführt, stets verankert in polit-ökonomischen Kämpfen. Aber es steht zugleich im Fokus intensiver kultureller, ästhetischer und politischer Debatten. Dieser Gedanke kann uns dabei helfen, das Durcheinander im Bereich kultureller und politischer Produktion in der kapitalistischen Ära zu verstehen.

Der aktuelle Komplex von Bewegungen etwa, der unter dem Label „Postmodernismus" firmiert, wird in Arbeiten von so unterschiedlichen Autor/inn/en wie Jameson (1984), Berman (1982) und Daniel Bell (1979) mit einer neuen Erfahrung von Raum und Zeit in Verbindung gebracht. Interessanterweise verrät uns aber keiner von ihnen, was genau sie darunter verstehen. Die materielle Basis, auf der diese neue Erfahrung von Raum und Zeit aufbaut, und ihr Verhältnis zur politischen Ökonomie des Kapitalismus bleiben nebulös. Was mich dabei besonders interessiert, ist die Frage, inwieweit wir den Postmodernismus in Bezug auf die neue Erfahrung von Raum und Zeit verstehen können, die durch die polit-ökonomische Krise von 1973 hervorgebracht wurde (Harvey 1989a). [150]

Ein großer Teil der entwickelten kapitalistischen Welt war zu dieser Zeit zu einer größeren Revolutionierung von Produktionstechniken, Konsumgewohnheiten und polit-ökonomischen Praxen gezwungen. Starke Innovationstendenzen waren zu verzeichnen, die sich auf eine Beschleunigung der Umschlagszeiten konzentriert haben. Die Zeithorizonte von Entscheidungen (im Bereich der internationalen Finanzmärkte heute nur noch wenige Minuten) wurden verkürzt, und Moden haben sich rasant verändert. All dies war gepaart mit einer radikalen Reorganisation der räumlichen Verhältnisse, dem weiteren Abbau räumlicher Barrieren und dem Entstehen einer neuen Geographie kapitalistischer Entwicklung. Diese Ereignisse haben ein machtvolles Gefühl von Raum-Zeit-Verdichtung hervorgerufen, das alle Bereiche des kulturellen und politischen Lebens erfasst hat. Ganze Landschaften mussten zerstört werden, um für die Kreation neuer Platz zu machen. Phänomene der schöpferischen Zerstörung, der zunehmenden Fragmentierung und der Flüchtigkeit (im Gemeinschaftsleben, von Qualifikationen, von Lebensstilen) machen sich in literarischen und philosophischen Debatten bemerkbar zu einer Zeit, in der die Restrukturierung von allem Möglichen (von der Industrienproduktion bis zu den Innenstädten) ein wichtiges Thema geworden sind. Wenn man dies alles zusammennimmt, scheint die Transformation der „Gefühlsstruktur", die der Trend zum Postmodernismus anzeigt, sehr viel mit den Veränderungen der polit-ökonomischen Praktiken in den letzten beiden Dekaden zu tun zu haben.

Betrachten wir nun weiter die komplexe kulturelle Bewegung, die als Modernismus firmiert (und auf die der Postmodernismus vermeintlich reagiert). Nach 1848 ist in Paris in der Tat etwas Besonderes geschehen, und es lohnt sich, dies vor dem Hintergrund der dortigen polit-ökonomischen Entwicklung jener Zeit zu betrachten. Heines vages Grauen wurde 1848 zu einer ebenso dramatischen wie traumatischen Erfahrung. Erstmals in der kapitalistischen Welt sah sich die politische Ökonomie einer unerwünschten Gleichzeitigkeit ausgesetzt. Der ökonomische Zusammenbruch und die Revolutionen, die die europäischen Hauptstädte in jenem Jahr überzogen, verwiesen darauf, dass die kapitalistische Welt in einer Weise vernetzt war, die bis dahin unvorstellbar erschien. Geschwindigkeit und Gleichzeitigkeit der Ereignisse verunsicherten zutiefst und erforderten neue Arten der Repräsentation, mittels derer diese vernetzte Welt besser zu verstehen wäre. Realistische Repräsentationsarten anhand einfacher Erzählstrukturen waren dafür ungeeignet (auch wenn Dickens Raum und Zeit in einem Roman wie *Bleak House* noch so brillant überblickt).

Baudelaire (1981) stellte sich der Herausforderung, indem er die Problematik der Moderne als die Suche nach ewiger Wahrheit inmitten von (räumlicher) Fragmentierung, (temporaler) Flüchtigkeit und schöpferischer Zerstörung bestimmte. Die komplexe Satzstruktur seiner Romane und die Pinselstriche Manets definieren völlig neue Arten Raum und Zeit zu repräsentieren, die neue Wege des Nachdenkens über gesellschaftliches und politisches Handeln eröffnen. Kerns Untersuchung der Revo- [151] lution der Raum- und Zeitrepräsentationen, die unmittelbar vor 1914 stattfand (eine Zeit außergewöhnlichen Experimentierens in so unterschiedlichen Bereichen wie Physik, Literatur, Malerei und Philosophie) ist bisher eine der eindeutigsten Studien, die zeigen, wie Raum-Zeit-Verdichtung Erfahrungen hervorbringt, aus denen wiederum neue Konzepte hervorgehen. Die kulturelle Avantgarde reflektierte Definitionen von Raum und Zeit und strebte zugleich danach eben diese in den Strudel gewaltiger Veränderungen des westlichen Kapitalismus einzuführen.

Ein genauerer Blick auf die Widersprüche innerhalb dieser kulturellen und politischen Bewegungen verdeutlicht, wie diese die grundsätzlichen Widersprüche der politischen Ökonomie des Kapitalismus widerspiegeln. Dies zeigt sich an den Reaktionen auf die derzeitige Beschleunigung der Kapitalumschlagszeit. Diese geht mit einer Beschleunigung von Konsumgewohnheiten und Lebensstilen einher, die damit in den Mittelpunkt kapitalistischer Produktions- und Konsumptionsverhältnisse geraten. Die kapitalistische Durchdringung der Sphäre kultureller Produktion wird besonders attraktiv, weil der Konsum von Bildern – im Gegensatz zu handfesteren Gegenständen wie Autos oder Kühlschränken – praktisch unmittelbar geschieht. In letzter Zeit wurde eben darauf eine Menge Kapital und Arbeit verwendet. Dies wurde von einem Wiederaufleben des kontrollierten Spektakels begleitet (wofür die Olympiade in Los Angeles ein Paradebeispiel ist), das praktischerweise zugleich ein Mittel von Kapitalakkumulation und sozialer Kontrolle ist (was auf das politische Interesse am römischen „Brot und Spiele" zu Zeiten verstärkter Unsicherheit verweist).

Die Reaktionen auf den Kollaps räumlicher Barrieren sind nicht weniger widersprüchlich. Je globaler die Vernetzung, je internationaler die Bestandteile unseres Abendessens und die Geldzirkulation und je mehr die räumlichen Barrieren bröckeln, desto größer ist der Anteil der Weltbevölkerung, der an konkretem Ort und Nachbarschaft, an Nation, ethnischer Gruppe oder Religion festhält. Diese Suche nach sichtbaren und handfesten Kennzeichen der Identität ist angesichts der Raum-Zeit-Verdichtung völlig verständlich. Auch wenn der Kapitalismus die Erfindung von Tradition (die Wiederentdeckung alter Gebräuche und Feste und die Exzesse des „kulturellen Erbes") als neues Geschäftsfeld entdeckt hat, gibt es noch immer ein Bedürfnis nach Verwurzelung in einer Welt der sich beschleunigenden Images, die immer ortloser wird (außer man betrachtet den Fernsehbildschirm als Ort). Das Grauen, das vom Eindruck der Implosion des sozialen Raums um uns herum hervorgebracht wird (und die gekennzeichnet ist von den täglichen Nachrichten, unvorhersehbaren Akten internationalen Terrorismus' oder globaler Umweltzerstörung), wird zur Identitätskrise. Wer sind wir und wohin gehören wir? Bin ich Welt-, Staats- oder Stadtbürger? Wenn wir Kerns (1983) Analyse der Zeit vor dem Ersten Weltkrieg glauben schenken, ist es nicht das erstemal, dass der Abbau räumlicher Barrieren Nationalismus, extremen Lokalpatriotismus sowie exzessive geopolitische Rivalitäten und Spannungen hervorbringt, eben weil die Kraft räumlicher Barrieren abnimmt, uns von [152] dem Anderen abzutrennen und uns vor ihm zu schützen. In der offensichtlichen Spannung zwischen *Raum* und *Ort* spiegelt sich jener grundsätzliche Widerspruch der kapitalistischen Produktionsweise wider, den ich bereits angedeutet habe, dass es nämlich für den Versuch, Raum durch Zeit zu vernichten, einer spezifischen Organisation des Raums bedarf, und dass langfristige Investitionen nötig sind, um dem restlichen Kapital einen kurzfristigeren Umschlag zu ermöglichen. Diese Spannung kann auch von einem anderen Standpunkt aus untersucht werden. Das multinationale Kapital sollte heute eigentlich keinen großen Respekt vor der Geographie haben, öffnet der Abbau räumlicher Schranken ihm doch die ganze Welt wie eine Profit versprechende Auster. Doch hat dieser Abbau auch den entgegengesetzten Effekt: kleinräumige und minimale Unterschiede zwischen den Qualitäten einzelner Orte (was Arbeitskräfte, Infrastruktur, politische Empfänglichkeit, Ressourcenmix, Marktnischen etc. angeht) werden noch wichtiger, weil das internationale Kapital sie nunmehr besser ausnutzen kann. Aus eben diesem Grund kümmern sich Orte auf einmal um ein „gutes Geschäftsklima" und der Wettbewerb zwischen Orten gewinnt weiter an Bedeutung. So wird die lokale Imageproduktion (wie bei Baltimores *Inner Harbor*) zu einem festen Bestandteil der interurbanen Konkurrenz (Harvey 1989b). Die Sorge um die realen und fiktiven Qualitäten des Ortes nehmen in einer Phase der kapitalistischen Entwicklung zu, in der die Macht über den Raum zu verfügen – insbesondere was Kapital- und Geldströme angeht – wichtiger wurde denn je zuvor. Die Bedeutung einer Geopolitik des Ortes nimmt deshalb tendenziell nicht ab sondern vielmehr zu. Auf diese Weise bringt die vermeintlich egalisierende Globalisierung ihr genaues Gegenteil hervor, nämlich geopolitische Konkurrenz in einer feindseligen Welt. Die Bedrohung durch geopolitische Fragmentierungen in einer globalisierten Welt – zwischen geopolitischen Machtblöcken wie der europäischen und der nordamerikanischen Freihandelszone und dem japanischen Handelsimperium – sind alles andere als harmlos.

Aus diesem Grund ist es auch so wichtig sich mit der historischen Geographie von Raum und Zeit im Kapitalismus zu befassen. Die dialektische Opposition von Ort und Raum und zwischen kurzen und langen Zeithorizonten sind Teil tiefer liegender Veränderungen der Raum-Zeit-Dimensionalität, die wiederum aus den grundlegenden Anforderungen des Kapitalismus nach der Beschleunigung der Umschlagzeit und der Vernichtung des Raums durch die Zeit resultieren. Wenn wir den Umgang mit dieser Raum-Zeit-Verdichtung untersuchen, können wir feststellen, wie Veränderungen von Raum- und Zeiterfahrungen zu neuen Auseinandersetzungen in Bereichen wie Ästhetik und kultureller Repräsentation führen und wie sehr der grundlegende Prozess der gesellschaftlichen Reproduktion, ebenso wie jener der Produktion, in den Veränderungen von Raum- und Zeithorizonten enthalten sind. […] [153]

## GEOGRAPHIE UND IHR VERHÄLTNIS ZU GESELLSCHAFTS- UND ÄSTHETISCHER THEORIE

Von der epistemologischen und ontologischen Basis eines historisch-geographischen Materialismus aus können wir uns anschicken die theoretischen und philosophischen Raum- und Zeitkonzepte zu enträtseln, die bestimmte gesellschaftliche Entwürfe und Interpretationen der Welt stützen. Dabei ist es sinnvoll, mit einem entscheidenden Unterschied im westlichen Denken zwischen Gesellschafts- und ästhetischer Theorie zu beginnen.

Die Gesellschaftstheorie in den Traditionen von Adam Smith, Marx oder Weber privilegiert tendenziell die Zeit gegenüber dem Raum und reflektiert und legitimiert Formulierungen, in denen die Welt durch die Brille raumloser Doktrinen von Fortschritt und Revolution gesehen wird. In den vergangenen Jahren haben sich zahlreiche Geograph/inn/en darum bemüht diese defizitäre Sicht zu korrigieren und das Konzept des Raums zum Verständnis gesellschaftlicher Prozesse als nicht nur wichtig sondern als entscheidend wiedereinzuführen (Gregory & Urry 1985, Soja 1989). Diese Bemühungen fielen bei einigen Gesellschaftstheoretiker/inne/n insofern auf fruchtbaren Boden, als auch sie davon ausgehen, dass der Raum tatsächlich wichtig ist (vgl. etwa Giddens 1988). Aber damit ist die Aufgabe nur zum Teil erledigt. Um hinter den Warenfetischismus zu gelangen, müssen wir die historische Geographie von Raum und Zeit vollständig in unser Verständnis von Konstruktion und Wandel von Gesellschaften integrieren. Um das zu leisten, müssen wir uns noch intensiver mit Gesellschaftstheorie auseinandersetzen. Das setzt allerdings voraus, dass Geograph/inn/en auch tatsächlich dazu ausgebildet werden, sich mit Gesellschaftstheorie zu befassen und sie es anpacken das schwierige Terrain entlang der Berührung von Gesellschaft und der gesellschaftlichen Produktion von Raum und Zeit zu bearbeiten.

Zugleich gibt es einen weiteren Bereich der Theoriebildung, der – abgesehen von partiellen und unbefriedigenden Versuchen – weitgehend unbearbeitet ist: Die Berührungspunkte von Geographie und ästhetischer Theorie. Letztere ist – ganz im Gegensatz zur Gesellschaftstheorie – sehr an der „Verräumlichung der Zeit" interessiert, allerdings vor allem im Hinblick darauf, wie diese Erfahrung mit denkenden und fühlenden Individuen kommuniziert und von diesen verarbeitet wird. Architekt/inn/en etwa, um das offensichtlichste Beispiel heranzuziehen, versuchen mittels der Konstruktion räumlicher Formen bestimmte Werte zu kommunizieren. Der Architektur geht es nicht nur, wie Karsten Harries (1982) schreibt, um die Domestizierung des Raums und darum ihm Orte abzuringen und zu formen, in denen man leben kann. Sie sei auch eine Verteidigung gegen den „Terror der Zeit". Die „Sprache der Schönheit" sei „die Sprache einer zeitlosen Realität". Etwas Schönes zu erschaffen bedeute „Zeit und Ewigkeit miteinander zu verbinden", um uns von der Tyrannei der Zeit zu erlösen. Das Ziel der Raumkonstruktion sei es nicht „die temporale Wirklichkeit so aufzuhel-[154] len, dass wir uns zu Hause fühlen, sondern […] die Zeit in der Zeit abzuschaffen, wenn auch nur für eine gewisse Zeit". Das gilt, so Bourdieu (1977: 315), auch für die Schrift, „die die Praxis und die Rede der Dauer (durée) entreißt".

Natürlich liegen von ästhetischer Theorie mindestens ebenso viele Varianten vor wie von der Gesellschaftstheorie (vgl. den brillanten Überblick bei Eagleton 1994). Ich habe die Ausführungen von Harries zitiert, um anhand ihrer eines der Hauptthemen zu verdeutlichen, mit der sich die ästhetische Theorie herumschlägt: Wie räumliche Konstrukte als fixierte Markierungen in einer Welt schneller Veränderungen erschaffen und genutzt werden. Aus der ästhetischen Theorie gibt es viel darüber zu lernen, wie verschiedenen Formen des produzierten Raums die Möglichkeit sozialen Wandels innewohnt. Interessanterweise stoßen Geograph/inn/en bei ihrer Arbeit heute auf mehr Unterstützung seitens einiger Literaturtheoretiker/innen (Jameson 1984, Ross 1988) als durch Sozialtheoretiker/innen. Gleichwohl ist von der Sozialtheorie viel über die gesellschaftlichen Veränderungen zu lernen, mit der die ästhetische Theorie zurechtzukommen versucht. Indem die historische Geographie am Schnittpunkt beider Dimensionen angesiedelt ist, beinhaltet sie ein immenses Potential, um zum Verständnis beider beizutragen. Wenn wir uns mit beiden Bereichen auseinandersetzen, können wir hoffen einen allgemeingültigeren theoretischen Rahmen zur Interpretation der historischen Geographie von Raum und Zeit zu entwerfen und gleichzeitig herauszufinden, wie kulturelle und ästhetische Praktiken – Verräumlichungen – in die polit-ökonomische Dynamik gesellschaftlichen und politischen Wandels eingreifen.

Ich will die politische Bedeutung eines solchen Ansatzes demonstrieren. Ästhetische Urteile (ebenso wie die „erlösenden" künstlerischen Praktiken, die mit ihnen zusammenhängen) werden häufig als machtvolle Kriterien politischen und gesellschaftlichen Handelns in Anschlag gebracht. Kant hat argumentiert, dass unabhängiges ästhetisches Urteilen als Vermittlung zwischen objektiv-wissenschaftlichen und subjektiv-moralischen Urteilen fungieren kann. Wenn in solchen ästhetischen Urteilen der Raum gegenüber der Zeit Priorität genießt, dann folgt daraus, dass räumliche Praxen und Konzepte unter bestimmten Umständen wichtig für soziales Handeln werden können.

In dieser Hinsicht stellt der Philosoph Heidegger eine interessante Figur dar. Weil er die Kant'sche Unterscheidung von Subjekt und Objekt ablehnte und das Nietzsche'sche Abgleiten in den Nihilismus fürchtete, stellte er die Permanenz des *Seins* über die Vergänglichkeit des *Werdens* und schloss sich der traditionalistischen Vision des wahrhaft ästhetischen Staates an (Chytry 1989). Seine Überlegungen führten ihn weg von den Universalien der Moderne und des jüdisch-christlichen Weltbildes und hin zum intensiven und kreativen Nationalismus des vorsokratischen Denkens. Alle Metaphysik und Philosophie erhält demnach ihren Sinn nur im Zusammenhang mit dem Schicksal eines Volkes (Heidegger 1953). Die geopolitische Lage Deutschlands in der Zwischenkriegszeit in der „großen Zange" (ebd.: 28) zwischen Russland [155] und Amerika bedrohe die Suche nach diesem Sinn. „Gerade wenn die große Entscheidung über Europa nicht auf dem Wege der Vernichtung fallen soll", schreibt Heidegger, „dann kann sie nur fallen durch die Entfaltung neuer geschichtlich *geistiger* Kräfte aus der Mitte" (ebd.: 29). Dazu sei es nötig, dass die deutsche Nation „sich selbst und damit die Geschichte des Abendlandes aus der Mitte ihres künftigen Geschehens hinausstellt in den ursprünglichen Bereich der Mächte des Seins" (ebd.). Hierin lag für Heidegger die „innere Wahrheit und Großartigkeit der nationalsozialistischen Bewegung" (Blitz 1981: 217).

Dass ein großer Philosoph des 20. Jahrhunderts, der übrigens das Denken des zitierten Harries ebenso beeinflusst hat wie einen großen Teil der geographischen Arbeiten über die Bedeutung des konkreten Ortes (Relph 1976, Seamon & Mugerauer 1989), sich politisch so kompromittiert und den Nazis anschließt, ist zutiefst beunruhigend. Gleichwohl will ich anhand seines Denkens eine Reihe nützlicher Argumente entwickeln. Heideggers Arbeiten sind zutiefst durchtränkt von einem ästhetischen Gefühl, das das *Sein* und die spezifischen Qualitäten des Ortes gegenüber dem *Werden* und den universellen Absichten des Fortschritts der Moderne im universellen Raum vorzieht. Er lehnte jüdisch-christliche Werte, den Mythos der Maschinenrationalität und jeden Internationalismus vollständig ab. Die Position, der er sich anschloss, war aktiv und revolutionär eben weil er im erlösenden Handeln eine Notwendigkeit sah, die auf der Wiederherstellung der Kraft des Mythischen beruhte (von Blut und Boden, Rasse und Vaterland, Schicksal und Ort) und gleichzeitig die ganze Symbolik gesellschaftlichen Fortschritts auf das Projekt erhabener nationaler Vollendung hin mobilisierte. Die Anwendung dieses speziellen ästhetischen Gefühls auf die Politik trug dazu bei die historische Geographie des Kapitalismus nachhaltig zu beeinflussen.

An die qualvolle Geschichte geopolitischen Denkens und Handelns im 20. Jahrhundert muss ich Geograph/inn/en wohl ebenso wenig erinnern wie an die Schwierigkeiten innerhalb des Faches, die damit verbundenen Fragen anzugehen. Ich will lediglich erwähnen, dass Hartshornes (1939) *The Nature of Geography*, das er unmittelbar nach dem „Anschluss" in Wien schrieb, für die Geographie jegliche Bedeutung der Ästhetik vollständig zurückwies und für sie und die Mythologien der Landschaftsgeographie nur beißende Kritik bereithielt. Hartshorne, darin Hettner folgend, scheint jegliche Öffnung in Richtung einer Politisierung der wissenschaftlichen Geographie verhindern zu wollen – und das zu einem Zeitpunkt, zu dem jede Geographie mit Politik überzogen war und zu dem Empfindungen im Bezug auf Orte und Ästhetik von den Nazis aktiv mobilisiert wurden. Das Problem an diesem Vorgehen war natürlich, dass das Vermeiden des Problems dieses gerade nicht aus der Welt schafft, noch nicht einmal in der wissenschaftlichen Geographie.

Damit will ich nicht behaupten, dass jeder, der sich seit Hartshorne um die Wiedereinführung einer ästhetischen Dimension in die Geographie bemüht hat, ein [156] Krypto-Faschist ist. Denn, wie Eagleton (1994: 30) erläutert, war das Ästhetische schon immer „ein widersprüchliches, zweischneidiges Konzept". Einerseits „erweist es sich als eine genuin emanzipatorische Kraft – als ein Gemeinschaftsgefühl von Subjekten, die durch ihren sinnlichen Antrieb und durch ein Zusammengehörigkeitsgefühl [...] verbunden sind". Andererseits kann es dazu benutzt werden Repression zu verinnerlichen indem es „gesellschaftliche Macht tiefer in die Körper derjenigen hinab[senkt], die diese Macht sich unterwirft. Es kann daher als eine überaus effektive Art der politischen Hegemonie fungieren." Aus eben diesem Grund hat die Ästhetisierung der Politik eine lange Geschichte, die in Bezug auf gesellschaftlichen Fortschritt gleichermaßen Probleme und Potentiale beinhaltet. Es gibt sie in rechten ebenso wie in linken Versionen (immerhin haben die Sandinisten Politik um die Figur Sandinos herum ästhetisiert und die Schriften von Marx sind voller Bezüge auf ein grundlegendes Projekt der Befreiung der kreativen Sinne). Am deutlichsten wird das problematische Potential, wenn mittels Ästhetik die Schwerpunkte der Politik vom historischen Fortschritt und seinen Ideologien weg und hin auf Praktiken verlagert wird, die im Dienste nationaler (oder sogar lokaler) Schicksale und Kulturen stehen sollen, was häufig geopolitische Konflikte auslöst. Die Berufung auf Mythen des Ortes, der Person oder der Tradition, also auf die Ästhetik, haben in der geopolitischen Geschichte eine entscheidende Rolle gespielt.

Hier, so glaube ich, liegt die Bedeutung der Verbindung von Perspektiven von ästhetischer und Gesellschaftstheorie, von Ansätzen, die dem Raum den Vorrang vor der Zeit einräumen, und solchen, die ihn bei der Zeit sehen. Die historische Geographie insgesamt und insbesondere die historische Geographie von Raum und Zeit liegen an genau diesem Berührungspunkt. Deshalb kann sie eine wichtige intellektuelle, theoretische, politische und praktische Rolle für das Verständnis der Gesellschaft spielen. Indem wir die Untersuchung der Geographie zwischen Raum und Zeit ansiedeln haben wir also ebenso viel zu lernen wie beizutragen.

## DIE GEOGRAPHISCHE IMAGINATION

Ich will mit einem kurzen Kommentar schließen, was dies für die Geographie und für die recht übersichtliche Gruppe von Akademiker/inne/n bedeutet, die sich in der wissenschaftlichen Arbeitsteilung in der Nische namens „Geographen" tummelt.

Diese Arbeitsteilung ist das Ergebnis von Bedingungen und Interessen des 19. Jahrhunderts. Es gibt keinen Grund für die Annahme, dass die damals gezogenen Disziplingrenzen (die in der Folge durch Professionalisierung und Institutionalisierung versteinert sind) mit heutigen Bedingungen und Bedürfnissen korrespondieren. Teilweise als Reaktion auf diese Problemlage ist die Wissenschaft durch eine zunehmende Fragmentierung, die Entstehung neuer Disziplinen zwischen den alten und vermehrte themenbezogene Zusammenarbeit über Fächergrenzen hinweg gekennzeichnet. Diese [157] Entwicklung erinnert stark an die gesellschaftliche Arbeitsteilung insgesamt. Zunehmende funktionale Spezialisierung, Produktdifferenzierung, Vernetzung der Produktion und Suche nach horizontalen Verbindungen zeichnen multinationale Konzerne ebenso aus wie große Universitäten. Innerhalb der Geographie hat sich dieser Prozess seit Mitte der 1960er Jahre beschleunigt. Die Folge dessen war, dass es zunehmend schwieriger wurde, die verbindende Logik zu identifizieren, die mit dem Wort „Disziplin" verbunden wird.

Auch hat sich die Umschlagszeit in den Wissenschaften beschleunigt. Vor nicht allzu langer Zeit galt die Publikation von mehr als zwei Büchern im Leben als überambitioniert. Heute scheint es so, als müssten Wissenschaftler/innen alle zwei Jahre ein Buch auf den Markt bringen, um zu beweisen, dass sie noch am Leben sind. Maßzahlen der Produktivität und des Ausstoßes werden in den Wissenschaften immer strikter angewandt und Karrieren werden immer mehr auf diese Weise gemessen. Natürlich überschneiden sich hier Forschung und Erfordernisse von Konzernen und Staat, Wissenschaft und Verlagswesen sowie das Aufkommen von Bildung als einem der Wachstumssektoren fortgeschrittener kapitalistischer Gesellschaften in gewisser Weise. Das erhöhte Tempo der Ideenproduktion spiegelt den allgemeinen Trend zur Beschleunigung des Umschlags im Kapitalismus wider. Doch muss der zunehmende Ausstoß an Büchern und Fachzeitschriften auf der Produktion neuen Wissens aufbauen, weshalb es zu einer verstärkten Konkurrenz bei der Suche nach neuen Ideen und einem größeren Interesse an „Eigentum" an ihnen kommt. Solch fieberhafte Aktivitäten können nur dann hoffen, auf so etwas wie „Wahrheit" zu stoßen, wenn Adam Smiths „unsichtbare Hand" in der Wissenschaft tatsächlich das leisten sollte, was sie in anderen Märkten offenbar nicht zustand bekommt. In der Praxis führt das aggressive Anpreisen von Ideen, Theorien, Modellen und Themen zu „Farbe-des-Monats"-Moden, die schnellen Umschlag, Beschleunigung und Flüchtigkeit erschweren anstatt sie zu verbessern. Letztes Jahr Positivismus und Marxismus, dieses Jahr Strukturationismus, nächstes Jahr Realismus, im Jahr darauf dann Konstruktivismus, Postmodernismus oder was auch immer – es ist leichter mit den Farbwechseln bei Benetton mitzuhalten als mit der Rotation flüchtiger Ideen, die heute in der Welt der Wissenschaft umgeschlagen werden. Es ist schwer zu sagen, was wir gegen derartige Trends tun können, selbst wenn wir sie bedauern. In Stellenausschreibungen wird selten ein „intellektueller Geograph" gesucht; vielmehr werden sehr enge Qualifikationen gewünscht, seien es rein technische Fertigkeiten (wie Fernerkundung und GIS) oder Expert/inn/en für Transportsystemmodellierung, industrielle Standortwahl, Grundwassermodellierung, die Geographie der Sowjetunion, oder aktuelle Modeerscheinungen (Nachhaltigkeit, Chaostheorie, Fraktalgeometrie oder sonst etwas). Das Beste worauf wir hoffen können sind Spezialist/inn/en, die sich auch für die Disziplin als Ganze interessieren. Die scheinbare Unfähigkeit oder der scheinbare Unwille dieser Fragmentierung und Verflüchtigung zu widerstehen verweist auf Bedingungen, [158] die uns etwas aufzwingen, was außerhalb unserer Kontrolle liegt. In diesem Zusammenhang würde ich mir wünschen, dass diejenigen, die die Macht des individuellen Handelns ausrufen, zeigten, wie ihr individuelles oder unser gemeinsames spezifisches Handeln diese Makroverschiebung unserer Lebens- und Arbeitsbedingungen ausgelöst haben. Sind wir lediglich Opfer gesellschaftlicher Prozesse oder deren tatsächliche Urheber? Wenn ich auch hier die Marx'sche Konzeption von Individuen bevorzuge, die sich bemühen ihre Geschichte selbst zu machen, aber eben nicht unter selbst gewählten Umständen, dann weil wir alle genau diese Situation aus unserem bisherigen Leben so gut kennen.

Dieselbe Frage stellt sich angesichts des wieder aufkommenden Interesses an Ästhetik, Landschaftsgeographie und konkreten Orten als zentralen Themen der Geographie. Die Forderung, den Platz der Geographie in den Wissenschaften durch ein Festhalten am Kernkonzept des konkreten Ortes (der sogar noch als einmalige Konfiguration von Elementen verstanden wird) zu sichern, ist in eben der Phase kapitalistischer Entwicklung lauter geworden, in der sich auch das internationale Kapital verstärkt für die spezifischen Qualitäten einzelner Orte interessiert, und in der ein erneutes Interesse an lokalen Politiken und Images als scheinbaren (und tatsächlich fiktionalen) Konstanten inmitten machtvoller Raum-Zeit-Verdichtung zu verzeichnen ist. Die gesellschaftliche Suche nach Identität und den eigenen Wurzeln an konkreten Orten ist in die Geographie erneut als Leitmotiv eingedrungen und wird zugleich benutzt, um innerhalb der Disziplin eine tragfähige (aber ebenso fiktive) Identität in einer sich schnell verändernden Welt zu garantieren.

Ein genauerer Blick auf die historische Geographie von Raum und Zeit mag dazu beitragen etwas mehr darüber zu erfahren, warum die Disziplin sich hier und jetzt derartigen Forschungsfragen zuwendet. Diese historische Geographie hält eine kritische Perspektive bereit, um unsere Reaktionen auf den gesellschaftlichen Druck zu beurteilen, der uns umgibt und der unser aller Leben überzieht. Wenn wir unreflektiert akzeptieren, dass der konkrete Ort zentral für unsere Disziplin ist, laufen wir dann Gefahr unbewusst die Wiederkehr einer ästhetisierten Geopolitik zu unterstützen? Mit dieser Frage will ich nicht andeuten, dass wir dem Thema der Ästhetik ausweichen sollten, sondern dass wir uns ihm auf der Basis einer Konzeptualisierung der Geographie am Schnittpunkt von Gesellschafts- und ästhetischer Theorie stellen sollten.

Die historische Geographie von Raum und Zeit erleichtert uns die Reflektion dessen, wer wir sind und wofür wir möglicherweise kämpfen. Welche Raum- und Zeitkonzepte versuchen wir durchzusetzen? Wie verhalten diese sich zur sich verändernden historischen Geographie von Raum und Zeit im Kapitalismus? Wie würden Raum und Zeit in einer sozialistischen oder in einer ökologisch verantwortungsvollen Gesellschaft aussehen? Immerhin tragen Geograph/inn/en (mitunter machtvoll und an wichtiger Stelle) zu Fragen der Räumlichkeit und ihrer Bedeutung bei. Historische [159] Geograph/inn/en mit ihrem potentiellen Interesse an Raum und Zeit haben unendliches Potential, um nicht nur die Geschichte dieses oder jenes Ortes zu untersuchen, sondern das ganze Rätsel der sich verändernden Erfahrungen von Raum und Zeit im gesellschaftlichen Leben und in der sozialen Reproduktion zu erforschen. Die kritische Reflektion der historischen Geographie von Raum und Zeit stellt die Geschichte von Raum und Zeit in ihren materiellen, gesellschaftlichen und politischen Kontext. Hartshorne hat *The Nature of Geography* eben nicht im politischen Vakuum verfasst, sondern im Wien nach dem „Anschluss", und dies hat (obschon das im Zusammenhang mit diesem Buch nie erwähnt wird) mit Sicherheit seinen Inhalt und seine Wirkung beeinflusst. Dieser Text hier ist selbst vor dem Hintergrund einer bestimmten Erfahrung von Raum-Zeit-Verdichtung und sich verändernder politischer und gesellschaftlicher Umgangsformen entstanden. Selbst der große Kant hat seine Ideen von Raum und Zeit und seine Unterscheidung von ästhetischem, moralischem und wissenschaftlichem Urteil nicht in einem politischen Vakuum entwickelt. Vielmehr versuchte er die offensichtlichen Widersprüche der bürgerlichen Logik der Aufklärung, wie sie sich um ihn herum inmitten revolutionärer Regungen in ganz Europa entfalteten, festzuschreiben und zu synthetisieren. Dabei zeigt sich unmittelbar das spezifische und ganz praktische Interesse der damaligen Gesellschaft, Raum und Zeit rational und mit mathematischer Präzision zu beherrschen, während gleichzeitig dieselbe Gesellschaft so viele frustrierende und widersprüchliche Erfahrungen mit dem Versuch der Verwirklichung einer solchen rationalen Ordnung angesichts der aufkommenden kapitalistischen Gesellschaftsverhältnisse erfuhr. Wenn Hegel Kant kritisiert (und zwar in jeder Hinsicht, von der Ästhetik bis zur Theorie der Geschichte), und wenn Marx sowohl Hegel als auch Kant kritisiert (und zwar erneut in jeder Hinsicht, von der Ästhetik bis zur Theorie der Geschichte), dann hatten diese Debatten sehr viel damit zu tun, Möglichkeiten für gesellschaftliche Veränderungen zu eröffnen. Und wenn ich als Marxist noch immer am Streben nach einer gesellschaftlichen Revolution festhalte, die die Widersprüche, manifesten Ungerechtigkeiten und die sinnlose Logik von „Akkumulation um der Akkumulation willen" im Kapitalismus überwindet, dann lege ich mich damit auch auf einen Kampf um die Neubestimmung der Bedeutung von Raum und Zeit fest. Und wenn ich mich damit innerhalb der Wissenschaft, die vom Neukantianismus beherrscht wird (ohne, so muss man hinzufügen, dass den meisten Wissenschaftler/inne/n das bewusst wäre), noch immer in einer ziemlichen Minderheitenposition befinde, dann zeugt das von der Dominanz kapitalistischer gesellschaftlicher Verhältnisse und der davon abgeleiteten bourgeoisen Ideen (einschließlich derer, die Raum und Zeit definieren und verobjektivieren).

    Einer bestimmten Definition von Raum und Zeit anzuhängen ist eine politische Entscheidung und die historische Geographie von Raum und Zeit zeigt eben dies. Welche Art von Raum und Zeit vertreten wir als Geograph/inn/en? Auf welche Pro- [160] zesse gesellschaftlicher Reproduktion beziehen sich diese Konzepte unausgesprochen aber hartnäckig? Wie unterrichten wir Geographie? Wollen wir lediglich, dass unsere Student/inn/en wissen, an wie viele Staaten der Tschad grenzt? Lehren wir das statische ptolemäische Denken und behaupten damit, Geographie sei nichts als GIS, was die aktuelle Version der alten Hartshorn'sche Regel darstellt, nach der alles, was kartierbar ist, auch Geographie ist? Oder unterrichten wir die mannigfaltige Sprache der Ware mit all der ihr innewohnenden Geschichte sozialer und räumlicher Bezüge, die von unserem Abendessen bis zurück in beinahe jede Ecke des Lebens in der modernen Welt reicht? Und gehen wir von da aus weiter und unterrichten wir die reiche und komplexe Sprache ungleicher geographischer Entwicklung und ökologischer Transformation (Abholzung der Wälder, Bodendegradation, hydrologische Veränderungen, Klimawandel), deren historische Geographie noch am Anfang steht? Können wir noch einen Schritt weiter gehen und die Aufmerksamkeit darauf richten, wie soziale Prozesse in politischen Debatten in ästhetischer Form präsentiert werden können und welche Gefahren das beinhaltet? Kann es uns gelingen eine Sprache – ja eine ganze Disziplin – um die ökologische, die räumliche und die soziale Bedeutung der historischen Geographie von Raum und Zeit herum zu erschaffen?

All diese Möglichkeiten gilt es zu erforschen. Doch in welche Richtung wir uns auch entwickeln wollen, dies erfordert politische Entscheidungen für bestimmte Raum- und Zeitkonzepte. Wir handeln stets auch politisch und müssen uns dessen bewusst sein. Diese politische Dimension begegnet uns jeden Tag. [...]

Auch als Geograph/inn/en können wir uns dem Terror dieser Zeiten nicht entziehen. Und wir können nicht verhindern, im weitesten Sinn zu den Opfern und nicht zu den Sieger/inne/n der Geschichte zu gehören. Doch wir können mit Sicherheit für andere gesellschaftliche Visionen und für eine andere Zukunft kämpfen, wenn auch niemals unter selbst gewählten Umständen. Indem wir die Geographie zwischen Raum und Zeit ansiedeln, und indem wir uns selbst als aktive Teilnehmer/innen an der historischen Geographie von Raum und Zeit begreifen, können wir, so glaube ich, einen klareren Sinn unseres Tuns entdecken, ein Gebiet ernstzunehmender wissenschaftlicher Debatte und Untersuchung begründen und dabei wichtige intellektuelle und politische Beiträge in einer zutiefst problembelasteten Welt leisten.

*Übersetzung: Bernd Belina*

## LITERATUR

Baudelaire, Carles (1981): *Selected Writings on Art and Artists*. Cambridge.
Bell, Daniel (1976): *Die Zukunft der westlichen Welt*. Frankfurt.
Berman, Marshal (1982): *All that is solid melts into air*. New York.
Birringer, Johannes (1989): Invisible cities/transcultural ages. In: *Performing Arts Journal* 12: 33–34 & 120–138.
Blitz, Mark (1981): *Heidegger's being and time: The possibility of political philosophy*. Ithaca.
Bourdieu, Pierre (1977): *Outline of a Theory of Practice*, Cambridge.
Chytry, Josef (1989): *The aesthetic state: A quest in modern German thought*. Cambridge.

Debord, Guy (1978): *Die Gesellschaft des Spektakels*. Hamburg [1967].
Durkheim, Émile (1981): *Die elementaren Formen des religiösen Lebens*. Frankfurt [1912].
Eagleton, Terry (1994): *Ästhetik. Die Geschichte ihrer Ideologie*. Stuttgart [1990].
Forman, Frieda mit Caoran Sowton (1989) (Hrsg.): *Taking our Time: Feminist perspectives on temporality*. Oxford.
Giddens, Anthony (1988): *Die Konstitution der Gesellschaft*. Frankfurt & New York [1984].
Gregory, Derek/Urry, John (1985) (Hrsg.): *Social Relations and Spatial Structures*. Basingstoke.
Hall, Edward (1966): *The Hidden Dimension*. New York.
Hallowell, Al (1955): *Culture and experience*. Philadelphia.
Hareven, Tamara K. (1982): *Family time and industrial time*. Cambridge.
Harries, Karsten (1982): Building and the terror of time. In: *Perspecta: The Yale Architectural Journal* 19, 59–69.
Hartshorne, Richard (1939): *The nature of geography*. Lancaster.
Harvey, David (1982): *The Limits to Capital*. Oxford.
– (1985a): *The Urbanization of Capital*. Oxford.
– (1989a): *The Condition of Postmodernity*. Oxford.
– (1989b): From Managerialism to Enterpreneurialism. The Transformation in Urban Governance in Late Capitalism. In: *Geografiska Annaler B* 71: 3–17.
Heidegger, Martin (1953): *Einführung in die Metaphysik*. Tübingen [1935].
Helgerson, Richard (1986): The Land Speaks: Cartography, Chorography, and Subversion in Renaissance England. In: *Representations* 16: 50–85.
Jameson, Frederic (1984): Postmodernism, or the cultural logic of late capitalism. In: *New Left Review* 146: 53–92.
Kern, Stephen (1983): *The culture of time and space, 1880–1914*. London.
Landes, David (1983): *Revolution in time: Clocks and the making of the modern world*. Cambridge.
Le Goff, Jacques (1970): *Kultur des europäischen Mittelalters*. München & Zürich [1964].
– (1980): *Time, work and culture in the middle ages*. Chicago.
Lefebvre, Henri (1974a): *La Production de l'Espace*. Paris.
Levine, Marc (1987): Downtown Redevelopment as an Urban Growth Strategy: A Critical Appraisal of the Baltimore Renaissance. In: *Journal of Urban Affairs* 9(2): 103–123.
Lévi-Strauss, Claude (1967): *Strukturale Anthropologie*. Frankfurt.
Marx, Karl/Engels, Friedrich (1969ff.): *Werke*. Berlin. zit. als MEW.
McLuhan, Marshall (1968): *Die magischen Kanäle*. Düsseldorf [1964].
Mitchell, Timothy (1988): *Colonising Egypt*. Cambridge.
Moore, Henrietta (1986): *Space, text and gender*. Cambridge.
Pearce, David/Markandya, Anil/Barbier, Edward B. (1989): *Blueprint for a green economy*. London.
Relph, Edward (1976): *Place and placelessness*. London.
Ross, Kristin (1988): *The emergence of social space: Rimbaud and the Commune*. Minneapolis.
Sack, Robert (1986): *Human territoriality: Its theory and history*. Cambridge.
Said, Edward W. (1981): *Orientalismus*. Frankfurt a.M. [1978].
Schivelbusch, Wolfgang (2000): *Geschichte der Eisenbahnreise*. Frankfurt a.M. [1977].
Seamon, David/Mugerauer, Robert (1989) (Hrsg.): *Dwelling, place and environement*. New York.
Smith, Neil (2007): The production of space. In: Belina, Bernd/Miachel, Boris (Hrsg.): Raumproduktionen. Beiträge der Radical Geography. Münster: 61–76.
Soja, Edward (1989): *Postmodern Geographies. The Reassertion of Space in Critical Social Theory*. London.
Stone, Jeffrey (1988): Imperialism, colonialism and cartography. In: *Transactions of the Institute of British Geographers* 13: 57–64.
Szanton, Peter (1986): *Baltimore 2000*. Baltimore.
Toffler, Alvin (1970): *Der Zukunftsschock*. München.
Tuan, Yi-Fu (1977): *Space and Place*. Minneapolis.

# A GLOBAL SENSE OF PLACE

*Doreen Massey*

The world is increasingly dominated by movement – of people, images and information. *Doreen Massey* examines the nature of mobility in the era of globalisation and what this means for our sense of place.

This is an era – it is often said – when things are speeding up, and spreading out. Capital is going through a new phase of internationalisation, especially in its financial parts. More people travel more frequently and for longer distances. Your clothes have probably been made in a range of countries from Latin America to South East Asia. Dinner consists of food shipped in from all over the world. And if you have a screen in your office, instead of opening a letter which – care of Her Majesty's Post Office – has taken some days to wend its way across the country, you now get interrupted by e-mail.

This view of the current age is one now frequently found in a wide range of books and journals. Much of what is written about space, place and post modern times emphasises a new phase in what Marx once called 'the annihilation of space by time'. The process is argued, or – more usually – asserted, to have gained a new momentum, to have reached a new stage. It is a phenomenon which has been called 'time-space-compression'. And the general acceptance that something of the sort is going on is marked by the almost obligatory use in the literature of terms and phrases such as speed-up, global village, overcoming spatial barriers, the disruption of horizons, and so forth.

One of the results of this is an increasing uncertainty about what we mean by 'places' and how we relate to them. How, in the face of all this movement and intermixing, can we retain any sense of a local place and its particularity? An (idealised) notion of an era when places were (supposedly) inhabited by coherent and homogeneous communities is set against the current fragmentation and disruption. The counterposition is anyway dubious, of course; 'place' and 'community' have only rarely been coterminous. But the occasional longing for such coherence is nonetheless a sign of the geographical fragmentation, the spatial disruption, of our times. And occasionally, too, it has been part of what has given rise to defensive and reactionary responses – certain forms of nationalism, sentimentalised recovering of sanitised 'heritages', and outright antagonism to newcomers and 'outsiders'. One of the effects of such responses is that place itself, the seeking after a sense of place, has come to be seen by some as necessarily reactionary.

But is that necessarily so? Can't we re-think our sense of place? Is it not possible for a sense of place to be progressive; not self-enclosing and defensive, but outward-looking? A sense of place which is adequate to this era of time-space-compression? To begin with, there are some questions to be asked about time-space-compression itself. Who is it that experiences it, and how? Do we all benefit and suffer from it in the same way?

For instance, to what extent does the currently popular characterisation of time-space-compression represent very much a Western, coloniser's, view? The sense of dislocation which some feel at the sight of a once well-known local street now lined with a succession of cultural imports – the pizzeria, the kebab house, the branch of the Middle-Eastern bank – must have been felt for centuries, though from a very different point of view, by colonised peoples all over the world as they watched the importation, maybe even used, the products of, first, European colonisation, maybe British (from new forms of transport to liver salts and custard powder), later US, as they learned to eat wheat instead of rice or corn, to drink Coca Cola, just as today we try out enchiladas.

Moreover, as well as querying the ethnocentricity of the idea of time-space-compression and its current acceleration, we also need to ask about its causes: what is it that determines our degrees of mobility, that influences the sense we have of space and place? Time-space-compression refers to movement and communication across space, to the geographical stretching-out of social relations, and to our experience of all this. The usual interpretation is that it results overwhelmingly from the actions of capital, and from its currently-increasing internationalisation. On this interpretation, then, it is time space and money which make the world go round, and us go round (or not) the world. It is capitalism and its developments which are argued to determine our understanding and our experience of space.

But surely this is insufficient. Among the many other things which clearly influence that experience, there are, for instance, race and gender. The degree to which we can move between countries, or walk about the streets at night, or venture out of hotels in foreign cities, is not just influenced by 'capital'. Survey after survey has shown how women's mobility, for instance, is restricted – in a thousand different ways, from physical violence to being ogled at or made to feel quite simply 'out of place' – not by 'capital', but by men. Or, to take a more complicated example, Birkett, reviewing books on women adventurers and travellers in the 19th and 20th centuries, suggests that 'it is far, far more demanding for a woman to wander now than ever before'.[1] The reasons she gives for this argument are a complex mix of colonialism, ex-colonialism, racism, changing gender-relations, and relative wealth. A simple resort to explanation in terms of 'money' or 'capital' alone could not begin to get to grips with the issue. The current speed-up may be strongly determined by economic forces, but it is not the economy [125] alone which determines our experience of space and place. In other words, and put simply, there is a lot more determining how we experience space than what 'capital' gets up to.

What is more, of course, that last example indicated that 'time-space-compression' has not been happening for everyone in all spheres of activity. Birkett again, this time writing of the Pacific Ocean: 'Jumbos have enabled Korean computer consultants to fly to Silicon Valley as if popping next door, and Singaporean entre-

---

1   D Birkett, *New Statesman And Society*, 13 June 1990, pp 41–2.

preneurs to reach Seattle in a day. The borders of the world's greatest ocean have been joined as never before. And Boeing has brought these people together. But what about those they fly over, on their islands five miles below? How has the mighty 747 brought them greater communion with those whose shores are washed by the same water? It hasn't, of course. Air travel might enable businessmen to buzz across the ocean, but the concurrent decline in shipping has only increased the isolation of many island communities... Pitcairn, like many other Pacific islands, has never felt so far from its neighbours.'[2]

In other words, and most broadly, time-space-compression needs differentiating socially. This is not just a moral or political point about inequality, although that would be sufficient reason to mention it; it is also a conceptual point.

Imagine for a moment that you are on a satellite, further out and beyond all actual satellites; you can see 'planet earth' from a distance and, rarely for someone with only peaceful intentions, you are equipped with the kind of technology which allows you to see the colours of people's eyes and the numbers on their numberplates. You can see all the movement and tune-in to all the communication that is going on. Furthest out are the satellites, then aeroplanes, the long haul between London and Tokyo and the hop from San Salvador to Guatemala City. Some of this is people moving, some of it is physical trade, some is media broadcasting. There are faxes, e-mail, film-distribution networks, financial flows and transactions. Look in closer and there are ships and trains, steam trains slogging laboriously up hills somewhere in Asia. Look in closer still and there are lorries and cars and buses, and on down further, somewhere in sub-Saharan Africa, there's a woman on foot who still spends hours a day collecting water.

Now, I want to make one simple point here, and that is about what one might call the *power-geometry* of it all; the power geometry of time-space compression. For different social groups, and different individuals, are placed in very distinct ways in relation to these flows and interconnections. This point concerns not merely the issue of who moves and who doesn't, although that is an important element of it; it is also about power in relation *to* the flows and [126] the movement. Different social groups have distinct relationships to this anyway differentiated mobility: some people are more in charge of it than others; some initiate flows and movement, others don't; some are more on the receiving-end of it than others; some are effectively imprisoned by it.

In a sense at the end of all the spectra are those who are both doing the moving and the communicating and who are in some way in a position of control in relation to it – the jet-setters, the ones sending and receiving the faxes and the e-mail, holding the international conference calls, the ones distributing the films, controlling the news, organising the investments and the international currency transactions. These are the groups who are really in a sense in charge of time-space-compression, who can really use it and turn it to advantage, whose power and influence it very definitely increases. On its more prosaic fringes this group probably includes a fair

---

2   D Birkett, *New Statesman And Society*, 15 March 1991, p 38.

number of Western academics and journalists – those, in other words, who write most about it.

But there are also groups who are also doing a lot of physical moving, but who are not 'in charge' of the process in the same way at all. The refugees from El Salvador or Guatemala and the undocumented migrant workers from Michoacán in Mexico, crowding into Tijuana to make a perhaps fatal dash for it across the border into the US to grab a chance of a new life. Here the experience of movement, and indeed of a confusing plurality of cultures, is very different. And there are those from India, Pakistan, Bangladesh, the Caribbean, who come half way round the world only to get held up in an interrogation room at Heathrow.

Or – a different case again – there are those who are simply on the receiving end of time-space-compression. The pensioner in a bed-sit in any inner city in this country, eating British working-class-style fish and chips from a Chinese take-away, watching a US film on a Japanese television; and not daring to go out after dark. And anyway the public transport's been cut.

Or – one final example to illustrate a different kind of complexity – there are the people who live in the favelas of Rio, who know global football like the back of their hand, and have produced some of its players; who have contributed massively to global music, who gave us the samba and produced the lambada that everyone was dancing to last year in the clubs of Paris and London; and who have never, or hardly ever, been to downtown Rio. At one level they have been tremendous contributors to what we call time-space-compression; and at another level they are imprisoned in it.

This is, in other words, a highly complex social differentiation. There are differences in the degree of movement and communication, but also in the degree of control and of initiation. The ways in which people are placed within 'time-space-compression' are highly complicated and extremely varied.

But this in turn immediately raises questions of politics. If time-space-compression can be imagined in that more socially formed, socially evaluative and differentiated way, then there may be here the possibility of developing a politics of mobility and access. For it does seem that mobility and control over mobility both reflects and reinforces power. It is not simply a question of unequal distribution, that some people move more than others, and that some have more control than others. It is that the mobility and control of some groups can actively weaken other people. Differential mobility can weaken the leverage of the already weak. The time-space-compression of some groups can undermine the power of others.

This is well established and often noted in the relationship between capital and labour. Capital's ability to roam the world further strengthens it in relation to relatively immobile workers, enables it to play off the plant at Genk against the plant at Dagenham. It also strengthens its hand against struggling local economies the world over as they compete for the favour of some investment. The 747s that fly computer scientists across the Pacific are part of the reason for the greater isolation today of the island of Pitcairn. But also, every time someone uses a car, and thereby increases their personal mobility, they reduce both the social rationale and the financial viability of the public transport system – and thereby also potentially reduce the mobility of those who rely on that system. Every time you drive to that out-of-town shopping centre you contribute to the rising prices, even hasten the demise, of the corner shop. And the 'time-space-compression' which is involved in producing and reproducing the daily lives of the comfortably-off in First World societies – not just their own travel but the resources they draw on, from all over the world, to feed their lives – may entail environmental consequences, or hit constraints, which will limit the lives of others before their own. We need to ask, in other words, whether our relative mobility and power over mobility and communication entrenches the spatial imprisonment of other groups.

But this way of thinking about time-space-compression also returns us to the question of place and a sense of place. How, in the context of all these socially-varied time-space-changes do we think about 'places'? In an era when, it is argued, 'local communities' seem to be increasingly broken up, when you can go abroad and find the same shops, the same music as at home, or eat your favourite foreign-holiday food at a restaurant down the road – and when everyone has a different experience of all this – how then do we think about 'locality'?

Many of those who write about time-space-compression emphasise the insecurity and unsettling impact of its effects, the feelings of vulnerability which it can produce. Some therefore go on from this to argue that, in the middle of all this flux, people desperately need a bit of peace and quiet – and that a strong sense of place, of locality, can form one kind of refuge from the hubbub. So the search after the 'real' meanings of places, the unearthing of heritages and so forth, is interpreted as being, in part, a response to desire for fixity and for security of identity in the middle of all the movement and change. A 'sense of place', of rootedness, can provide – in this form and on this interpretation – stability and a source of unproblematical identity. In that guise, however, place and the spatially local are then rejected by many progressive people as almost necessarily reactionary. They are interpreted as an evasion; as a retreat from the (actually unavoidable) dynamic and change of 'real life', which is what we must seize if we are to change things for the better. On this reading, place and locality are foci for a form of romanticised escapism from the real business of the world. While 'time' is equated with movement and progress, 'space'/'place' is equated with stasis and reaction.

There are some serious inadequacies in this argument. There is the question of why it is assumed that time-space-compression will produce insecurity. There is the need to face up to – rather than simply deny – people's need for attachment of some sort, whether through place or anything else. Nonetheless, it is certainly the case that there is indeed at the moment a recrudescence of some very problematical senses of place, from reactionary nationalisms, to competitive localisms, to introverted obsessions with 'heritage'. We need, therefore, to think through what might be an adequately progressive sense of place, one which would fit in with the current global-local times and the feelings and relations they give rise to, *and* which would be useful in what are, after all, political struggles often inevitably based on place. The question is how to hold on to that notion of geographical difference, of uniqueness, even of rootedness if people want that, without it being reactionary.

There are a number of distinct ways in which the 'reactionary' notion of place described above is problematical. One is the idea that places have single, essential, identities. Another is the idea that identity of place – the sense of place – is constructed out of an introverted, inward-looking history based on delving into the past for internalised origins, translating the name from the Domesday Book. Thus Wright recounts the construction and appropriation of Stoke Newington and its past by the arriving middle class (the Domesday Book registers the place as 'Newtowne' … 'There is land for two ploughs and a half… There are four villanes and thirty seven cottagers with ten acres', pp 227 and 231), and contrasts this version with that of other groups – the white working class and the large number of important minority communities.[3] A particular problem with this conception of place is that it seems to require the drawing of boundaries. Geographers have long been exercised by the problem of defining regions, and this question of 'definition' has almost always been reduced to the issue of drawing lines around a place. I remember some of my most painful times as a geographer have been spent unwillingly struggling to think how one could draw a boundary around somewhere like the 'East Midlands'. But that kind of boundary around an area precisely distinguishes between an inside and an outside. It can so easily be yet another way of constructing a counterposition between 'us' and 'them'.

And yet if one considers almost any real place, and certainly one not defined primarily by administrative or political boundaries, these supposed characteristics have little real purchase.

Take, for instance, a walk down Kilburn High Road, my local shopping centre. It is a pretty ordinary place, north west of the centre of London. Under the railway bridge the newspaper stand sells papers from every county of what my neighbours, many of whom come from there, still often call the Irish Free State. The postboxes down the High Road, and many an empty space on a wall, are adorned with the letters IRA. Other available spaces are plastered this week with posters for a special meeting in remembrance: Ten Years after the Hunger Strike. At the local theatre Eamon Morrissey has a one-man show; the National Club has the Wolfe Tones on, and at the Black Lion there's Finnegan's Wake. In two shops I notice this week's lottery ticket winners: in one the name is Teresa Gleeson, in the other, Chouman Hassan.

Thread your way through the often almost stationary traffic diagonally across the road from the newsstand and there's a shop which as long as I can remember has displayed saris in the window. Four life-sized models of Indian women, and reams of cloth. On the door a notice announces a forthcoming concert at Wembley Arena: Anand Miland presents Rekha, live, with Aamir Khan, Salman Khan, Jahi Chawla and Raveena Tandon. On another ad, for the end of the month, is written 'All Hindus are cordially invited'. In another newsagents I chat with the man who keeps it, a Muslim unutterably depressed by events in the Gulf, silently chafing at having to sell *The Sun*. Overhead there is always at least one aeroplane – we seem to be on a flight-path to Heathrow and by the time they're over Kilburn you can see them

---

3   P Wright, *On Living In An Old Country*, Verso, 1985.

clearly enough to tell the airline and wonder as you struggle with your shopping where they're coming from. Below, the reason the traffic is snarled up (another odd effect of time-space-compression!) is in part because this is one of the main entrances to and escape-routes from London, the road to Staples Corner and the beginning of the M1 to the North.

This is just the beginnings of a sketch from immediate impressions but a proper analysis could be done, of the links between Kilburn and the world. And so it could for almost any place.

Kilburn is a place for which I have a great affection; I have lived there many years. It certainly has 'a character of its own'. But it is possible to feel all this without subscribing to any of the static and defensive – and in that sense reactionary – notions of 'place' which were referred to above. First, while Kilburn may have a character of its own, it is absolutely not a seamless, coherent identity, a single sense of place which everyone shares. It could hardly be less so. People's routes through the place, their favourite haunts within it, the connections they make (physically, or by phone or post, or in memory and imagination) between here and the rest of the world vary enormously. If it is now recognised that people have multiple identities then the same point can be made in relation to places. Moreover, such multiple identities can either be a source of richness or a source of conflict, or both.

One of the problems here has been a persistent identification of place with 'community'. Yet this is a misidentification. On the one hand communities can exist without being in the same place – from networks of friends with like interests, to major religious, ethnic or political communities. On the other hand, the instances of places housing single 'communities' in the sense of coherent social groups are probably – and, I would argue, have for long been – quite rare. Moreover, even where they do exist this in no way implies a single sense of place. For people occupy different positions within any community. We could counterpose to the chaotic mix of Kilburn the relatively stable and homogeneous community (at least in popular imagery) of a small mining village. Homogeneous? 'Communities' too have internal structures. To take the most obvious example, I'm sure a woman's sense of place in a mining village – the spaces through which she normally moves, the meeting places, the connections outside – are different from a man's. Their 'senses of the place' will be different.

Moreover, not only does 'Kilburn', then, have many identities (or its full identity is a complex mix of all these) it is also, looked at in this way, absolutely *not* introverted. It is (or ought to be) impossible even to begin thinking about Kilburn High Road without bringing into play half the world and a considerable amount of British imperialist history (and this certainly goes for mining villages too). Imagining it this way provokes in you (or at least in me) a really global sense of place.

And finally, in contrasting this way of looking at places with the defensive reactionary view, I certainly could not begin to, nor would I want to, define 'Kilburn' by drawing its enclosing boundaries.

So, at this point in the argument, get back in your mind's eye on a satellite; go right out again and look back at the globe. This time, however, imagine not just all the physical movement, nor even all the often invisible communications, but also and especially all the social relations, all the links between people. Fill it in with all those different experiences of time-space-compression. For what is happening is that the geography of social relations is changing. In many cases such relations are increasingly stretched out over space. Economic, political and cultural social relations, each full of power and with internal structures of domination and subordination, stretched out over the planet at every different level, from the household to the local area to the international.

It is from that perspective that it is possible to envisage an alternative interpretation of place. In this interpretation, what gives a place its specificity is not some long internalised history but the fact that it is constructed out of a particular constellation of social relations, meeting and weaving together at a particular locus. If one moves in from the satellite towards the globe, holding all those networks of social relations and movements and communications in one's head, then each 'place' can be seen as a particular, unique, point of their intersection. It is, indeed, a *meeting* place. Instead then, of thinking of places as areas with boundaries around, they can be imagined as articulated moments in networks of social relations and understandings, but where a large proportion of those relations, experiences and understandings are constructed on a far larger scale than what we happen to define for that moment as the place itself, whether that be a street, or a region or even a continent. And this in turn allows a sense of place which is extroverted, which includes a consciousness of its links with the wider world, which integrates in a positive way the global and the local.

This is not a question of making the ritualistic connections to 'the wider system' – the people in the local meeting who bring up international capitalism every time you try to have a discussion about rubbish-collection – the point is that there are real relations with real content – economic, political, cultural – between any local place and the wider world in which it is set. In economic geography the argument has long been accepted that it is not possible to understand the 'inner city', for instance its loss of jobs, the decline of manufacturing employment there, by looking only at the inner city. Any adequate explanation has to set the inner city in its wider geographical context. Perhaps it is appropriate to think how that kind of understanding could be extended to the [|29] notion of a sense of place.

These arguments, then, highlight a number of ways in which a progressive concept of place might be developed. First of all, it is absolutely not static. If places can be conceptualised in terms of the social interactions which they tie together, then it is also the case that these interactions themselves are not motionless things, frozen in time. They are processes. One of the great one-liners in marxist exchanges has for long been 'ah, but capital is not a thing, it's a process'. Perhaps this should be said also about places; that places are processes, too.

Second, places do not have to have boundaries in the sense of divisions which frame simple enclosures. 'Boundaries' may of course be necessary, for the purposes of certain types of studies for instance, but they are not necessary for the conceptualisation of a place it self. Definition in this sense does not have to be through simple counterposition to the outside; it can come, in part, precisely through the particularity of linkage *to* that 'outside' which is therefore itself part of what constitutes the place. This helps get away from the common association between penetrability and vulnerability. For it is this kind of association which makes invasion by newcomers so threatening.

Third, clearly places do not have single, unique 'identities'; they are full of internal conflicts. Just think, for instance, about London's Docklands, a place which is at the moment quite clearly *defined* by conflict: a conflict over what its past has been (the nature of its 'heritage'), conflict over what should be its present development, conflict over what could be its future.

Fourth, and finally, none of this denies place nor the importance of the uniqueness of place. The specificity of place is continually reproduced, but it is not a specificity which results from some long, internalised history. There are a number of sources of this specificity – the uniqueness of place.[4] There is the fact that the wider social relations in which places are set are themselves geographically differentiated. Globalisation (in the economy, or in culture, or in anything else) does not entail simply homogenisation. On the contrary, the globalisation of social relations is yet another source of (the reproduction of) geographical uneven development, and thus of the uniqueness of place. There is the specificity of place which derives from the fact that each place is the focus of a distinct *mixture* of wider and more local social relations. There is the fact that this very mixture together in one place may produce effects which would not have happened otherwise. And finally, all these relations interact with and take a further element of specificity from the accumulated history of a place, with that history itself imagined as the product of layer upon layer of different sets of linkages, both local and to the wider world.

In her portrait of Corsica, *Granite Island*, Dorothy Carrington travels the island seeking out the roots of its character.[5] All the different layers of peoples and cultures are explored; the long and tumultuous relationship with France, with Genoa and Aragon in the 13th, 14th and 15th centuries, back through the much earlier incorporation into the Byzantine Empire, and before that domination by the Vandals, before that being part of the Roman Empire, before that the colonisation and settlements of the Carthaginians and the Greeks... until we find... that even the megalith builders had come to Corsica from somewhere else.

It is a sense of place, an understanding of 'its character', which can only be constructed by linking that place to places beyond. A progressive sense of place would recognise that, without being threatened by it. What we need, it seems to me, is a global sense of the local, a global sense of place.

---

4    D Massey, *Spatial Divisions Of Labour: Social Structures And The Geography Of Production*, Macmillan, 1984.
5    D Carrington, *Granite Island: A Portrait Of Corsica*, Penguin.

# NACHWEIS DER DRUCKORTE

GERHARD HARD (2003): Eine »Raum«-Klärung für aufgeweckte Studenten (1977, gemeinsam mit Dietrich Bartels).
In: HARD, GERHARD (Hrsg.): Dimensionen geographischen Denkens. Aufsätze zur Theorie der Geographie. Band 2 (= Osnabrücker Studien zur Geographie 23). Göttingen: 15–28.

BENNO WERLEN (1993): Gibt es eine Geographie ohne Raum?
In: Erdkunde 47 (4): 241–255.

PETER WEICHHART (1999): Die Räume zwischen den Welten und die Welt der Räume. Zur Konzeption eines Schlüsselbegriffs der Geographie.
In: MEUSBURGER, P. (Hrsg.): Handlungszentrierte Sozialgeographie. Benno Werlens Entwurf in kritischer Diskussion (= Erdkundliches Wissen 130). Stuttgart: 67–94.

ANDREAS POTT (2007): Systemtheoretische Raumkonzeption.
IN: POTT, A.: Orte des Tourismus. Eine raum- und gesellschaftstheoretische Untersuchung. Bielefeld: 25–46.

PIERRE BOURDIEU (2009): Ortseffekte.
In: BOURDIEU P. et al. (Hrsg.): Das Elend der Welt. Konstanz: 117–126.

MICHEL FOUCAULT (1987): Andere Räume.
In: Senator für Bau- und Wohnungswesen (Hrsg.): Idee, Prozess, Ergebnis. Die Reparatur und Rekonstruktion der Stadt. Katalog zur internationalen Bauausstellung Berlin. Berlin: 337–340.

YI-FU TUAN (1974): Space and place: humanistic perspective.
In: BOARD C., R. J. CHORLEY, P. HAGGETT und D. R. STODDART (Hrsg.): Progress in Geography. Band 6. London: 211–252.

DAVID HARVEY (2007): Zwischen Raum und Zeit: Reflektionen zur Geographischen Imagination.
In: BELINA, B. und B. MICHEL (Hrsg.): Raumproduktionen. Beiträge der Radical Geography: Eine Zwischenbilanz. Münster: 36–60.

DOREEN MASSEY (1991): A global sense of place.
In: Marxism Today (June 1991): 24–29.

# BIBLIOGRAPHIE

Abler, R., J. S. Adams und P. Gold (1971): Spatial Organization: The Geographer's View of the World. Englewood Cliffs, N.J.

Adams, P. C., J. Craine und J. Dittmer (Hrsg.) (2014): The Ashgate Research Companion to Media Geography. Burlington, VT.

Adams, P. C., S. Hoelscher und K. Till (Hrsg.) (2001): Textures of Place. Exploring Humanist Geographies. Minneapolis.

Agnew, J. A. (2011): Space and Place. In: Agnew, J. A. und D. N. Livingstone (Hrsg.): Handbook of Geographical Knowledge. London: 1–32.

Angermüller, J. (2004): »French Theory«. Die diskursive Artikulation institutionellen Wandels und symbolischer Produktion in einer internationalen Theoriekonjunktur. In: Sociologia Internationalis. Internationale Zeitschrift für Soziologie, Kommunikations- und Kulturforschung 42 (1): 71–101.

Augé, M. (2010): Nicht-Orte. München.

Bachmann-Medick, D. (1998): Dritter Raum. Annäherungen an ein Medium kultureller Übersetzung und Kartierung. In: Breger, C. und T. Döring (Hrsg.): Figuren der/des Dritten. Erkundungen kultureller Zwischenräume. Amsterdam und Atlanta: 19–36.

Baier, F. X. ($^2$2000): Raum. Prolegomena zu einer Architektur des gelebten Raumes (= Kunstwissenschaftliche Bibliothek 2). Köln.

Bartels, D. (1970): Einleitung. In: Bartels, D. (Hrsg.): Wirtschafts- und Sozialgeographie. Köln und Berlin: 13–45.

Bartels, D. (1974): Schwierigkeiten mit dem Raumbegriff in der Geographie. In: Geographica Helvetica, Beiheft zu Nr. 2/3: 7–21.

Bartels, D. und G. Hard (1975): Lotsenbuch für das Studium der Geographie als Lehrfach. Bonn und Kiel.

Belina, B. (2013): Raum. Zu den Grundlagen eines historisch-geographischen Materialismus. Münster.

Belina, B. und B. Michel (Hrsg.) (2007): Raumproduktionen. Beiträge der Radical Geography: eine Zwischenbilanz. Münster.

Bennett, T. und P. Joyce (Hrsg.) (2010): Material Powers. Cultural Studies, History and the Material Turn. London.

Blotevogel, H. H. (1996): Auf dem Wege zu einer »Theorie der Regionalität«. Die Region als Forschungsobjekt der Geographie. In: Brunn, G. (Hrsg.): Region und Regionsbildung in Europa. Konzeptionen der Forschung und empirische Befunde (= Schriftenreihe des Instituts für Europäische Regionalforschungen 1). Baden-Baden: 44–68.

Blotevogel, H. H. ($^4$2005): Raum. In: Akademie für Raumforschung und Landesplanung (Hrsg.): Handwörterbuch der Raumordnung. Hannover: 831–841.

Boeckler, M. (2014): Neogeographie, Ortsmedien und der Ort der Geographie im digitalen Zeitalter. In: Geographische Rundschau 66 (6): 4–10.

Bourdieu, P. (1976): Entwurf einer Theorie der Praxis. Auf der ethnologischen Grundlage der kabylischen Gesellschaft. Frankfurt am Main.

Bourdieu, P. (1982): Die feinen Unterschiede. Kritik der gesellschaftlichen Urteilskraft. Frankfurt am Main.

Bourdieu, P. (1991): Physischer, sozialer und angeeigneter Raum. In: Wentz, M. (Hrsg.): Stadt-Räume. Frankfurt am Main und New York: 25–34.

Bourdieu, P. (1993): La Misère du Monde. Paris.

Bourdieu, P. (1997): Ortseffekte. In: Bourdieu, P. und A. Accardo: Das Elend der Welt. Zeugnisse und Diagnosen alltäglichen Leidens an der Gesellschaft Konstanz (= UVK-Soziologie 9). Konstanz: 159–167.

Bourdieu, P. (1998): Praktische Vernunft. Zur Theorie des Handelns. Frankfurt am Main.
Butz, D. und J. Eyles (1997): Reconceptualizing Senses of Place: Social Relations, Ideology and Ecology. In: Geografiska Annaler. Series B: Human Geography 79 (1): 1–25.
Certeau, M. de (1988): Kunst des Handelns. Berlin.
Christaller, W. (1933): Die zentralen Orte in Süddeutschland: eine ökonomisch-geographische Untersuchung über die Gesetzmäßigkeit der Verbreitung und Entwicklung der Siedlungen mit städtischen Funktionen. Jena.
Christaller, W. (1941): Raumtheorie und Raumordnung. In: Archiv für Wirtschaftsplanung 1: 116–135.
Coole, D. und S. Frost (2010): Introducing the New Materialisms. In: Coole, D. und S. Frost (Hrsg.): New Materialisms. Ontology, Agency, and Politics. Durham: 1–43.
Crampton, J. W. und S. Elden (2007): Space. Knowledge and Power. Foucault and Geography. Burlington.
Crang, M. und N. Thrift (Hrsg.) (2000): Thinking Space (= Critical Geographies 9). London und New York.
Crang, M. (2005): Time:Space. In: Cloke, P. und R. Johnston (Hrsg.): Spaces of Geographical Thought. Deconstructing Human Geography's Binaries. London: 199–217.
Cresswell, T. ($^2$2014): Place. An Introduction. Hoboken.
Dachs, G. (Hrsg.) (2001): Orte und Räume. Frankfurt am Main.
Dangschat, J. S. (2007): Raumkonzept zwischen struktureller Produktion und individueller Konstruktion. In: EthnoScripts 9 (1): 24–44.
Döring, J. (2010): Spatial Turn. In: Günzel, S. (Hrsg.): Raum. Ein interdisziplinäres Handbuch. Stuttgart: 90–99.
Döring, J. und T. Thielmann (Hrsg.) (2008): Spatial Turn. Das Raumparadigma in den Kultur- und Sozialwissenschaften. Bielefeld.
Dünne, J. und S. Günzel (Hrsg.) (2006): Raumtheorie. Grundlagentexte aus Philosophie und Kulturwissenschaften. Frankfurt am Main.
Dürr, H. und H. Zepp (2012): Geographie verstehen. Ein Lotsen- und Arbeitsbuch. Paderborn.
Eisel, U. (1982): Regionalismus und Industrie. Über die Unmöglichkeit einer Gesellschaftswissenschaft als Raumwissenschaft und die Perspektive einer Raumwissenschaft als Gesellschaftswissenschaft. In: Sedlacek, P. (Hrsg.): Kultur-/, Sozialgeographie: Beiträge zu ihrer wissenschaftstheoretischen Grundlegung. Paderborn: 125–150.
Escher, A. und C. Weick (2004): »Raum und Ritual« im Kontext von Karten kultureller Ordnung. In: Berichte zur deutschen Landeskunde 78 (2): 251–268.
Eyles, J. (1985): Senses of Place. Warrington.
Flitner, M. und J. Lossau (2005): Ortsbesichtigung. Eine Einleitung. In: Flitner, M. und J. Lossau (Hrsg.): Themenorte (= Geographie 17). Münster und Berlin: 7–23.
Foucault, M. (1967): Andere Räume. In: Barck, K., P. Gente, H. Paris und S. Richter (Hrsg.): ($^5$1993): Aisthesis: Wahrnehmung heute oder Perspektiven einer anderen Ästhetik. Essais. Leipzig: 34–46.
Foucault, M. (1987): Andere Räume. In: Senator für Bau- und Wohnungswesen (Hrsg.): Idee, Prozess, Ergebnis. Die Reparatur und Rekonstruktion der Stadt. Katalog zur internationalen Bauausstellung Berlin. Berlin: 337–340.
Füller, H. und B. Michel (2012): Die Ordnung der Räume. Geographische Forschung im Anschluss an Michel Foucault. Münster.
Germes, M. und S. Petermann (2010): Dialog über eine Differenz. Neue (Kultur)Geographie in Deutschland und Frankreich. Internet: http://www.raumnachrichten.de/images/PDF-Files/petermann_germes.pdf (17.06.2015).
Giddens, A. (1988): Die Konstitution der Gesellschaft: Grundzüge einer Theorie der Strukturierung (= Theorie und Gesellschaft 1). Frankfurt am Main.
Günzel, S. (Hrsg.) (2009): Raumwissenschaften. Frankfurt am Main.
Günzel, S. (Hrsg.) (2010): Raum. Ein interdisziplinäres Handbuch. Stuttgart.
Günzel, S. (Hrsg.) (2012a): Lexikon der Raumphilosophie. Darmstadt.

Günzel, S. (2012b): Raum Bild. Zur Logik des Medialen. Berlin.
Hard, G. (1970): Die »Landschaft« der Sprache und die »Landschaft« der Geographen: semantische und forschungslogische Studien zu einigen zentralen Denkfiguren in der deutschen geographischen Literatur (= Colloquium Geographicum 11). Bonn.
Hard, G. (1987a): Auf der Suche nach dem verlorenen Raum. In: Hard, G. (2002): Landschaft und Raum. Aufsätze zur Theorie der Geographie 1 (= Osnabrücker Studien zur Geographie 22). Osnabrück: 211–233.
Hard, G. (1987b): »Bewußtseinsräume«. Interpretationen zu geographischen Versuchen, regionales Bewußtsein zu erforschen. In: Geographische Zeitschrift 75 (3): 127–148.
Hard, G. (1992): Über Räume reden. Zum Gebrauch des Wortes »Raum« in sozialwissenschaftlichem Zusammenhang. In: Hard, G. (2002): Landschaft und Raum. Aufsätze zur Theorie der Geographie 1 (= Osnabrücker Studien zur Geographie 22). Osnabrück: 235–252.
Hard, G. (1999): Raumfragen. Über Raumreflexionen bei Geographen, Soziologen und Angelologen. In: Hard, G. (2002): Landschaft und Raum. Aufsätze zur Theorie der Geographie 1 (= Osnabrücker Studien zur Geographie 22). Osnabrück: 253–302.
Hard, G. (2003): Eine »Raum«-Klärung für aufgeweckte Studenten (1977, gemeinsam mit Dietrich Bartels). In: Hard, G. (2003): Dimensionen geographischen Denkens. Aufsätze zur Theorie der Geographie 2 (= Osnabrücker Studien zur Geographie 23). Göttingen: 15–28.
Hard, G. (2008): Der Spatial Turn, von der Geographie her beobachtet. In: Döring, J. und T. Thielmann (Hrsg.): Spatial Turn. Das Raumparadigma in den Kultur- und Sozialwissenschaften. Bielefeld: 263–315.
Harvey, D. (1987): Flexible Accumulation through Urbanization. Reflections on 'post-modernism' in the American City. In: Antipode 19 (3): 260–286.
Harvey, D. (1989): The Condition of Postmodernity. An Enquiry into the Origins of Cultural Change. Oxford.
Harvey, D. (2007): Zwischen Raum und Zeit: Reflektionen zur Geographischen Imagination. In: Belina, B. und B. Michel (Hrsg.): Raumproduktionen. Beiträge der Radical Geography: Eine Zwischenbilanz. Münster: 36–60.
Helbrecht, I. (2014): Der Kieler Geographentag 1969: Wunden und Wunder. In: Geographica Helvetica 69: 319–320.
Heuner, U. (Hrsg.) ($^4$2010): Klassische Texte zum Raum (= Klassische Texte Parodos 2). Berlin.
Hillier, B. und J. Hanson (1984): The Social Logic of Space. Cambridge.
Hubbard, P. und R. Kitchin (Hrsg.) ($^2$2011): Key Thinkers on Space and Place. London.
Jackson, P. (2000): Rematerializing Social and Cultural Geography. In: Social & Cultural Geography 1 (1): 9–14.
Jones, J. P. und W. Natter (1999): Space 'and' Representation. In: Buttimer, A., S. B. Brunn und U. Wardenga (Hrsg.): Text and Image. Social Construction of Regional Knowledges (= Beiträge zur Regionalen Geographie 49). Leipzig: 239–247.
Kessel, F. und R. Reutlinger (2007): Sozialraum. Eine Einführung. Wiesbaden.
Klüter, H. (1994): Raum als Objekt menschlicher Wahrnehmung und Raum als Element sozialer Kommunikation. Vergleich zweier humangeographischer Ansätze. In: Mitteilungen der Österreichischen Geographischen Gesellschaft 136: 143–178.
Klüter, H. (2002): Raum und Kompatibilität. In: Geographische Zeitschrift 90 (3–4): 142–156.
Krämer-Badoni, T. und K. Kuhn (Hrsg.) (2003): Die Gesellschaft und ihr Raum. Raum als Gegenstand der Soziologie (= Stadt, Raum und Gesellschaft 21). Opladen.
Krah, H. (1999): Räume, Grenzen, Grenzüberschreitungen. Einführende Überlegungen. In: KODIKAS/CODE. Ars Semeiotica 22 (1+2): 3–12.
Läpple, D. (1991): Essay über den Raum. Für ein gesellschaftswissenschaftliches Raumkonzept. In: Häußermann, H. et al. (Hrsg.): Stadt und Raum. Soziologische Analysen. Pfaffenweiler: 157–207.
Lagopoulos, A. (2003): Raum und Metapher. In: Zeitschrift für Semiotik 25 (3–4): 353–392.
Latour, B. (2002): Zirkulierende Referenz. Bodenstichproben aus dem Urwald im Amazonas. In: Latour, B.: Die Hoffnung der Pandora: Untersuchungen zur Wirklichkeit der Wissenschaft. Frankfurt: 36–95.

Lefebvre, H. (1974): La Production de l'Espace. Paris.
Lefebvre, H. (1977): Die Produktion des städtischen Raums. In: ARCH+ 34: 52–57.
Lefebvre, H. (1979): Space. Social Product and Use Value. In: Freiberg, J. W. (Hrsg.): Critical Sociology. European Perspectives. Irvington und New York: 285–295.
Löw, M. (2001): Raumsoziologie (= Suhrkamp Taschenbuch Wissenschaft 1506). Frankfurt.
Löw, M. (2004): Raum – Die topologischen Dimensionen der Kultur. In: Jaeger, F., B. Liebsch und J. Rüsen (Hrsg.): Handbuch der Kulturwissenschaften 1: Grundlagen und Schlüsselbegriffe. Stuttgart: 46–59.
Lossau, J. und R. Lippuner (2004): Geographie und Spatial Turn. In: Erdkunde 58 (3): 201–211.
Low, S. M. und D. Lawrence-Zúñinga ($^9$2009): The Anthropology of Space and Place. Locating Culture. Oxford.
Massey, D. (1991): A Global Sense of Place. In: Marxism Today (June): 24–29.
Massey, D. (1993): Raum, Ort und Geschlecht. Feministische Kritik geographischer Konzepte. In: Bühler, E. et al. (Hrsg.): Ortssuche. Zur Geographie der Geschlechterdifferenz (= Schriftenreihe des Vereins Feministische Wissenschaft). Dortmund und Zürich: 109–122.
Massey, D. (2001): Talking of Space-Time. In: Transactions of the Institute of British Geographers. New Series 26 (2): 257–261.
Massey, D. (2006): Space, Time and Political Responsibility in the Midst of Global Inequality. In: Erdkunde 60 (2): 89–95.
Michel, P. (Hrsg.) (1997): Symbolik von Ort und Raum (= Schriften zur Symbolforschung 11). Bern.
Miggelbrink, J. (2002): Der gezähmte Blick. Zum Wandel des Diskurses über »Raum« und »Region« in humangeographischen Forschungsansätzen des ausgehenden 20. Jahrhunderts (= Beiträge zur regionalen Geographie 55). Leipzig.
Otremba, E. (1962): Das Spiel der Räume. In: Geographische Rundschau 13 (4): 130–135.
Pérez, R. (2005): Love and Hatred of »French Theory« in America. In: borderlands. e-journal 4.1. Internet: www.borderlands.net.au/vol4no1_2005/perez_love.htm (31.05.2015).
Petermann, S. (2007): Rituale machen Räume. Zum kollektiven Gedenken der Schlacht von Verdun und der Landung in der Normandie. Bielefeld.
Pohl, J. (1993): Kann es eine Geographie ohne Raum geben? Zum Verhältnis von Theoriediskussion und Disziplinpolitik. In: Erdkunde 47 (4): 255–266.
Pott, A. (2007): Systemtheoretische Raumkonzeption. In: Pott, A.: Orte des Tourismus. Eine raum- und gesellschaftstheoretische Untersuchung. Bielefeld: 25–46.
Rhode-Jüchtern, T. (1998): Raum des ‚Wirklichen' und Raum des ‚Möglichen'. Versuche zum Ausstieg aus dem ‚Container'-Denken. In: Erdkunde 52 (1): 1–13.
Rhode-Jüchtern, T. (2006): Wo die grünen Ameisen träumen… Zur Bedeutungsvielfalt von Räumen. In: Praxis Geographie 36 (4): 4–8.
Riege, M. und H. Schubert (2005): Zur Analyse sozialer Räume. Ein interdisziplinärer Integrationsversuch. In: Riege, M. und H. Schubert (Hrsg.) ($^2$2005): Sozialraumanalyse. Grundlagen – Methoden – Praxis. Wiesbaden: 7–68.
Ritter, C. (1852): Über das historische Element in der geographischen Wissenschaft. In: Ritter, C. (Hrsg.): Einleitung zur allgemeinen vergleichenden Geographie und Abhandlungen zur Begründung einer mehr wissenschaftlichen Behandlung der Erdkunde. Berlin: 152–181.
Schmid, C. (2005): Stadt, Raum und Gesellschaft. Henri Lefebvre und die Theorie der Produktion des Raumes. Stuttgart.
Schroer, M. (2006): Räume, Orte, Grenzen. Auf dem Weg zu einer Soziologie des Raums. Frankfurt am Main.
Schultz, H.-D. (1997): Räume sind nicht, Räume werden gemacht. Zur Genese »Mitteleuropas« in der deutschen Geographie. In: Europa Regional 5 (1): 2–14.
Schultz, H.-D. (2000): Land – Volk – Staat. Der geografische Anteil an der »Erfindung« der Nation. In: Geschichte in Wissenschaft und Unterricht 51: 4–16.
Smith, J. Z. (1992): To Take Place. Toward Theory in Ritual (= Chicago Studies in the History of Judaism). Chicago und London.

Soja, E. W. (1980): The Socio-Spatial Dialectic. In: Annals of the Association of American Geographers 70 (2): 207–225.
Soja, E. W. (1996): Thirdspace. Malden, Mass.
Soja, E. W. (2003): Thirdspace – Die Erweiterung des Geographischen Blicks. In: Gebhardt, H., P. Reuber und G. Wolkersdorfer (Hrsg.): Kulturgeographie. Aktuelle Ansätze und Entwicklungen. Heidelberg und Berlin: 269–288.
Soja, E. W. (2008): Vom »Zeitgeist« zum »Raumgeist«. New Twists on the Spatial Turn. In: Döring, J. und T. Thielmann (Hrsg.): Spatial Turn. Das Raumparadigma in den Kultur- und Sozialwissenschaften. Bielefeld: 241–262.
Tuan, Y.-F. (1974): Space and Place: Humanistic Perspective. In: Board, C., R. J. Chorley, P. Haggett und D. R. Stoddart (Hrsg.): Progress in Geography: International Reviews and Current Research 6. London: 211–252.
Tuan, Y.-F. (1991): Language and the Making of Place: A Narrative-Descriptive Approach. In: Annals of the Association of American Geographers 81 (4): 684–696.
Waldenfels, B. (2001): Leibliches Wohnen im Raum. In: Schröder, G. und H. Breuninger (Hrsg.): Kulturtheorien der Gegenwart. Ansätze und Positionen. Frankfurt: 179–201.
Wardenga, U. (2002): Alte und neue Raumkonzepte für den Geographieunterricht. In: Geographie heute 23 (200): 8–11.
Weichhart, P. (1999): Die Räume zwischen den Welten und die Welt der Räume. Zur Konzeption eines Schlüsselbegriffs der Geographie. In: Meusburger, P. (Hrsg.): Handlungszentrierte Sozialgeographie. Benno Werlens Entwurf in kritischer Diskussion (= Erdkundliches Wissen 130). Stuttgart: 67–94.
Weichhart, P. (2006): »Action Settings«. DFG-Rundgespräch »Methodische und konzeptionelle Probleme der Gesellschaft-Umwelt-Forschung«. Internet: www.slideplayer.org/slide/891476/ (31.05.2015).
Wentz, M. (Hrsg.) (1991): Stadt-Räume (= Die Zukunft des Städtischen 2). Frankfurt am Main und New York.
Werlen, B. (1988): Handeln und Raum. Die Raumproblematik aus der Sicht handlungstheoretischer Sozialgeographie. In: Werlen, B.: Gesellschaftliche Räumlichkeit 2: Konstitution geographischer Wirklichkeiten. Stuttgart: 1–13.
Werlen, B. (1993): Gibt es eine Geographie ohne Raum? In: Erdkunde 47 (4): 241–255.
Werlen, B. (2002): Handlungsorientierte Geographie. Eine neue geographische Ordnung der Dinge. In: Geographie heute 23 (200): 12–15.

# PERSONENREGISTER

Adams, P. C. 19, 24, 203
Agnew, J. A. 7, 203
Angermüller, J. 13, 203
Baecker, D. 93, 96, 103, 110, 111
Bahrenberg, G. 93, 110
Bartels, D. 5, 8, 9, 27, 29, 51, 52, 60, 72, 73, 90, 201
Beck, U. 54, 55, 60
Belina, B. 7, 19, 189, 190, 201, 203, 205
Berger, P. L. 94, 110
Blotevogel, H. H. 38, 72, 90, 203
Bobek, H. 65, 90
Boeckler, M. 23, 203
Bommes, M. 93, 96, 110
Bourdieu, P. 5, 8, 13, 14, 15, 22, 23, 30, 59, 60, 100, 101, 110, 115, 167, 183, 189, 201, 203, 204
Braudel, F. 45, 60
Bunge, W. 162
Buroker, J. V. 48, 49, 60
Buttimer, A. 146, 162, 163, 205
Cassirer, E. 111, 142, 163
Certeau, M. de 13, 204
Christaller, W. 8, 9, 73, 204
Cipolla, C. M. 45, 60
Claval, P. 58, 60, 146, 163
Crampton, J. W. 16, 204
Descartes, R. 48, 60, 67, 68
Döring, J. 7, 18, 204, 205, 207
Downs, R. M. 134, 163
Dünne, J. 14, 204
Durkheim, E. 56, 61, 147, 163, 167, 189
Escher, A. 5, 7, 204
Foerster, H. v. 94, 110
Foucault, M. 5, 8, 13, 15, 16, 17, 22, 23, 30, 59, 61, 123, 201, 204
Gellner, E. 159, 163
Giddens, A. 10, 45, 46, 53, 54, 55, 61, 69, 90, 91, 183, 190, 204
Glasersfeld, E. v. 94, 110
Günzel, S. 14, 204, 205
Hägerstrand, T. 149, 163
Hall, E. T. 134, 163, 167
Hard, G. 5, 8, 9, 10, 22, 23, 27, 40, 57, 61, 63, 64, 66, 68, 80, 82/83, 90, 93, 96, 97, 108, 109, 110, 201, 203, 205
Hartke, G. 47, 52, 58, 61

Harvey, D. 8, 19, 20, 21, 22, 23, 54, 167, 172, 177, 178, 179, 182, 190, 201, 205
Hasse, J. 78, 86
Heidegger, M. 135, 184, 189, 190
Helbrecht, I. 8, 91, 92, 205
Hettner, A. 17, 44, 46, 47, 48, 49, 50, 61, 185
Hoelscher, S. 19, 203
Kant, I. 44, 48, 49, 50, 56, 60, 61, 79, 88, 95, 107, 136, 164, 184, 188
Klüter, H. 64, 68, 91, 93, 108, 110, 205
Kuhm, K. 93, 96, 97, 98, 102, 103, 105, 108, 110, 111, 112
Lacoste, Y. 60
Läpple, D. 102, 111, 205
Latour, B. 13, 24, 205
Lefebvre, H. 8, 13, 14, 17, 51, 61, 178, 190, 206
Leibniz, G. W. 49, 61, 103, 111
Lippuner, R. 7, 106, 111, 206,
Lossau, J. 7, 204, 206
Löw, M. 39, 96, 103, 107, 111, 206
Luckmann, T. 94, 110
Luhmann, N. 12, 13, 64, 77, 91, 93, 94, 95, 96, 97, 98, 99, 103, 105, 107, 108, 110, 111
Lynch, K. 158, 161, 164
Maresch, R. 39, 41, 110
Massey, D. 6, 8, 20, 21, 22, 23, 81, 91, 191, 199, 201, 206
Maturana, H. R. 94, 111
Mauss, M. 147, 163
McLuhan, M. 178, 190
Miggelbrink, J. 93, 96, 106, 111, 206
Newton, I. 48, 49, 61, 73, 103, 111, 163
Ortega y Gasset, J. 143, 164
Otremba, E. 8, 9, 51, 61, 206
Pérez, R. 13, 206
Petermann, S. 5, 7, 14, 204, 206
Pohl, J. 50, 61, 206
Popper, K. R. 11, 63, 66, 67, 68, 69, 91
Pott, A. 5, 8, 12, 13, 22, 23, 93, 109, 110, 111, 201, 206
Redepenning, M. 93, 95, 105, 111
Relph, E. 134, 165, 184, 190
Rhode-Jüchtern, T. 7, 206
Ricoeur, P. 135, 165
Ritter, C. 8, 9, 206
Robertson, R. 54, 61

Sack, R. D. 51, 61, 169, 190
Schlottmann, A. 102, 104, 111
Schmid, C. 14, 206
Schmitthüsen, J. 65, 90
Schroer, M. 100, 111, 206
Schütz, A. 57, 61, 63, 66, 91
Serres, M. 13/14, 94
Shields, R. 54, 55, 57
Simmel, G. 54, 61, 99, 112
Soja, E. W. 7, 8, 17, 51, 62, 183, 190, 207
Sopher, D. E. 134, 165
Sorokin, P.A. 151, 165
Spencer Brown, G. 98, 112
Stichweh, R. 93, 96, 97, 99, 100, 101, 104, 105, 106, 112
Stockar, T. V. 55, 62

Thielmann, T. 18, 204, 205, 207
Thrift, N. J. 81, 91, 204
Till, K. 19, 203
Tuan, Yi-Fu 5, 8, 18, 19, 22, 23, 24, 133, 167, 190, 201, 207
Varela, F. J. 94, 111
Wardenga, U. 7, 205, 207
Weichhart, P. 5, 8, 11, 12, 22, 23, 63, 65, 66, 68, 75, 76, 77, 81, 83, 86, 87, 88, 89, 90, 91, 92, 201, 207
Wentz, M. 203, 207
Werlen, B. 5, 7, 8, 10, 11, 22, 23, 43, 51, 57, 62, 63, 64, 66, 69, 70, 78, 79, 87, 92, 103, 112, 201, 207
Wright, J. K. 133, 166, 196
Zierhofer, W. 63, 64, 66, 67, 69, 74, 76, 88, 92

# SACHREGISTER

Akkumulation 19, 119, 123, 177, 178, 181, 188
Akteur 14, 15, 24, 32, 37, 41, 81, 89, 100, 116, 117, 120, 121
Akteur-Netzwerk-Theorie 24
Analyse 8, 11, 23, 32, 34, 51, 55, 57, 64, 68, 77, 79, 80, 84, 102, 106, 109, 111, 112, 115, 118, 125, 126, 174, 181, 205, 206
Ästhetik 19, 182, 185, 187, 188, 190, 204
ästhetisch 19, 179, 182, 183, 184, 185, 187, 188, 189
Aufklärung 46, 53, 111, 176, 188
Ausdifferenzierung 21
*Banlieues* 115, 122
Barrieren 19, 20, 177, 180, 181
*Basic Human Concern* 24
Basis 8, 12, 16, 17, 22, 24, 33, 39, 46, 54, 69, 84, 90, 103, 112, 122, 170, 172, 175, 176, 177, 179, 182, 187
Bedingung 10, 18, 21, 23, 30, 43, 44, 45, 46, 47, 49, 51, 52, 53, 55, 56, 57, 58, 59, 60, 70, 76, 79, 83, 94, 95, 99, 101, 106, 108, 109, 120, 121, 169, 174, 175, 186, 187
Begründung 8, 11, 12, 43, 68, 69, 87, 105, 206
Beobachter 12, 13, 74, 93, 94, 95, 98, 99, 100, 101, 103, 105, 107, 117
Beobachtung 12, 13, 17, 93, 94, 95, 96, 97, 98, 99, 100, 101, 104, 105, 106, 107, 111
Bewegung 15, 18, 22, 23, 24, 45, 57, 61, 67, 68, 73, 108, 118, 124, 171, 177, 178, 179, 180, 181, 184
Binnendifferenzierung 107
Chaostheorie 187
Container 28, 39, 40, 73, 74, 88, 177, 206
*Cyberspace* 24, 100, 111
*Cyborg* 24
Debatte 7, 15, 20, 23, 48, 49, 179, 180, 188, 189
Definition 13, 17, 19, 20, 49, 50, 56, 59, 71, 86, 87, 88, 95, 151, 160, 161, 167, 168, 169, 171, 173, 175, 176, 180, 188, 196, 198
Dekonstruktion 14
Deutschland 9, 14, 184, 204
Differenz 12, 62, 64, 66, 67, 69, 98, 103, 106, 173, 204
Differenzbeziehung 22
Differenzen 9, 28, 52, 65, 68, 97, 111, 116, 120
differenzierbar 46
differenziert 21, 48, 51, 58, 59

Differenzierung 10, 47, 56, 60, 68, 79, 98, 105, 107, 111, 168, 169
Differenzierungsform 107
Differenzierungsmaß 45
Digitalisierung 17
*Dimension* 132, 141, 143, 146, 150, 162, 163, 164, 190
Dimension 7, 10, 18, 21, 23, 45, 54, 70, 74, 77, 102, 183, 185, 189, 201, 205, 206
Dimensionalität 178, 179, 182
Ding 11, 12, 14, 28, 35, 37, 39, 40, 48, 49, 50, 56, 57, 59, 60, 66, 67, 68, 73, 74, 75, 77, 78, 81, 82, 85, 89, 91, 94, 98, 99, 103, 116, 123, 125, 207
*dislocation* 192
Distanz 14, 15, 18, 22, 29, 32, 41, 54, 55, 75, 115, 116, 117, 118, 119, 120
dreidimensional 9, 14, 72, 73, 100, 102, 123
Drei-Welten-Theorie 11, 63, 66, 68, 69, 90
Einzigartigkeit 19, 21, 22, 117
Empirie 35, 36
Entankerung 10, 54, 56
Entwicklung 9, 21, 48, 55, 62, 66, 71, 80, 90, 91, 93, 102, 122, 123, 130, 169, 171, 173, 177, 180, 182, 186, 187, 189, 204, 207
Epistemologie 94
Epoche 8, 9, 16, 53, 123, 124, 127, 128, 175
*equidimensional* 145
Erdoberfläche 8, 12, 28, 33, 50, 72, 73, 75, 76, 78, 86, 100, 101
Ereignis 18, 73, 107, 180
Erkenntnis 10, 13, 18, 24, 38, 49, 50, 64, 65, 70, 75, 76, 78, 80, 81, 83, 94, 103, 110, 111
Erkenntnistheorie 110
*Espace* 14, 61, 163, 190, 206
Feld 14, 20, 33, 38, 56, 58, 65, 75, 116, 117, 119, 168, 170
Feldforschung 14
Forschungsgegenstand 44, 71
Forschungskonzept 10, 11, 44
Forschungsperspektive 9, 33, 34, 35, 36, 57
Forschungsstrategie 51
*French Theory* 5, 13, 113, 203, 206
Gefüge 7, 15, 28, 32, 41, 78, 89
Gegenstand 8, 9, 10, 11, 13, 24, 28, 30, 33, 37, 39, 44, 49, 56, 60, 65, 66, 71, 74, 75, 78, 79, 89, 95, 100, 103, 106, 110, 111, 112, 119, 120, 174, 181, 205

Gegenstandsbereich 86
Gegenstandsstruktur 37
Gegenstandswahrnehmung 49, 79
Gemeinschaft 21, 44, 172, 179, 180, 185
Geographie-Machen 10, 24, 44
Geschichte 10, 16, 35, 37, 39, 44, 50, 58, 60, 61, 70, 75, 88, 120, 123, 125, 127, 129, 170, 172, 176, 178, 184, 185, 187, 188, 189, 190, 206
Geschlechterdifferenz 206
Geschwindigkeit 21, 177, 178, 179, 180
Gesellschaftskritik 17
Gesellschaftsordnung 15, 118, 178
Gesellschaftstheorie 101/102, 182, 183, 184
Grenze 19, 21, 22, 31, 32, 34, 47, 61, 72, 83, 86, 87, 95, 104, 107, 116, 126, 186, 205, 206
Gruppe 15, 16, 21, 31, 32, 34, 39, 74, 76, 77, 87, 117, 122, 126, 168, 171, 181, 186
Habitus 14, 121
Handlungstheorie 63, 64, 69, 85
Heterotopie 16, 17, 125, 126, 127, 128, 129, 130
Humangeographie 7, 8, 12, 24, 43, 56, 57, 58, 63, 89, 91, 92, 111
Idee 8, 18, 37, 46, 48, 49, 66, 69, 74, 82, 116, 128, 167, 172, 174, 177, 186, 188, 201, 204
Identität 21, 22, 36, 61, 62, 70, 78, 82, 83, 92, 98, 101, 168, 181, 187
Identität, raumbezogene 34
Identitätsbestandteil 21
Identitätskrise 181
identitätsstiftend 47, 53
Imagination 5, 17, 19, 37, 130, 135, 164, 167, 186, 197, 201, 205
Innovation 22, 163, 177, 179
Intention 10, 55, 66, 69, 96, 134, 135, 145, 193
Interesse 11, 16, 58, 59, 66, 70, 75, 76, 82, 85, 88, 173, 175, 176, 181, 186, 187, 188
Kapitalismus 14, 19, 20, 23, 168, 169, 170, 175, 176, 177, 178, 179, 180, 181, 182, 185, 186, 187, 188
Kapitalismuskritik 10, 19
Kategorie 7, 9, 12, 14, 15, 17, 20, 43, 46, 48, 52, 53, 56, 58, 64, 70, 74, 102, 118, 119, 172
Kieler Geographentag 8, 65, 205
Konstruktivismus 13, 93, 94, 103, 110, 186
Kontrolle 21, 59, 112, 171, 181, 187
Körperlichkeit 11, 18, 23, 24, 39, 57, 77, 85, 102
Kritik 9, 14, 17, 19, 48, 61, 76, 90, 110, 115, 118, 185, 203, 206
Kulturgeographie 14, 34, 40, 61, 207

Kulturlandschaft 31, 34, 61, 80, 90, 91
Kulturtheorie 14, 207
Kulturwissenschaft 14, 18, 34, 204, 206
Kunsttheorie 95
Lagerung 16, 75, 81, 123, 124
Lagerungsqualität 75, 81
Landschaft 8, 27, 28, 30, 33, 34, 35, 37, 39, 40, 47, 65, 71, 80, 82, 85, 86, 87, 90, 91, 110, 119, 180, 205
Landschafts- und Länderkunde 11, 64, 80
Landschaftsbegriff 65, 71, 86, 90
Landschaftsgeographie 33, 71, 80, 185, 187
Landschaftskunde 33
Landschaftsraum 40
Lebenswelt 14, 24, 75
Lerngegenstand 39
Lesestrategie 20
*location* 133, 134, 142, 144, 151, 152, 153, 154, 158, 161, 162, 165
Lokalität 21
Macht 15, 20, 22, 39, 41, 59, 60, 61, 107, 109, 110, 116, 118, 119, 122, 167, 168, 169, 171, 172, 173, 176, 182, 185, 187
Machtbeziehung 21
Machtblock 182
Mächte 37, 41, 184
Mächte des Raumes 32, 33
Machtgeometrie 21
Machtkomponente 11, 58, 59
Machtkontrolle 59
Machtlosigkeit 173
Machtmechanismen 11
Machtmittel 170
Machtposition 44, 58
Machtstruktur 15
Machtsymbolik 119
Machtverhältnis 22, 58, 59
machtvoll 169, 172, 177, 180, 184, 187, 188
Mathematik 12, 102
Medien 11, 23, 24, 45, 54, 55, 60, 77, 78, 97, 98, 99, 101, 108, 203
Medien-Mensch-Materie 23
mehrdimensional 29, 32, 96, 100
Mehrwert 10, 22
Moderne 17, 34, 40, 47, 50, 54, 60, 75, 90, 91, 107, 110, 111, 112, 121, 127, 167, 169, 180, 184, 189
Natur 11, 28, 33, 34, 39, 40, 47, 48, 50, 61, 64, 65, 68, 78, 83, 90, 100, 103, 111, 116, 117
Naturphilosophie 111
n-dimensional 102
Neogeographie 23, 203
*New Cultural Geography* 13

# Sachregister

Objektdifferenzen 99, 103, 104
Objektivität 12, 13, 94, 95, 110
*one-dimensional* 136
Operationalisierung 22, 88
Ordnen 24, 30, 74, 78, 91, 175
Ordnung 9, 14, 16, 24, 39, 47, 49, 50, 56, 57, 58, 59, 65, 69, 74, 89, 90, 95, 96, 101, 103, 104, 106, 107, 116, 118, 124, 130, 168, 169, 172, 176, 188, 204, 207
Ordnungsdimension 74
Ortskonzept 21, 22
Paradigma 11, 64, 85, 88, 204, 205, 207
Partizipation 21
Persönlichkeit 19, 32, 87, 172
Philosophie 11, 12, 14, 15, 60, 61, 66, 73, 79, 111, 163, 165, 180, 184, 204
*place* 5, 6, 7, 13, 17, 18, 19, 20, 21, 22, 23, 24, 131, 133, 134, 136, 137, 142, 143, 144, 145, 146, 147, 151, 152, 153, 154, 155, 156, 157, 158, 159, 161, 162, 163, 164, 165, 168, 190, 191, 192, 195, 196, 197, 198, 199, 201, 203, 204, 205, 206, 207
*placelessness* 190
Pluridimensionalität 106
Postmoderne 14, 16, 53, 169
Praktiken 20, 23, 111, 122, 124, 168, 169, 171, 175, 176, 177, 178, 180, 184, 185
Prämoderne 44, 45
Problemdimension 85
Produktdifferenzierung 186
Psychologie 15
Raum und Ort 7, 8, 10, 14, 17, 18, 19, 22, 23, 24, 181
Raumdimension 32, 96
Raum-Erfahren 18, 19
Raum-Fühlen 18
Raumkonzept 9, 10, 11, 12, 17, 29, 30, 33, 34, 35, 36, 37, 38, 40, 41, 63, 64, 65, 69, 70, 72, 73, 74, 76, 77, 78, 79, 80, 82, 83, 85, 87, 89, 90, 91, 102, 204, 205, 207
Raumkonzeption 5, 12, 44, 48, 49, 50, 64, 73, 79, 93, 96, 103, 106, 108, 109, 110, 201, 206
Raum-Machen 18, 19, 23
Raumordnung 9, 90, 203, 204
Raumphilosophie 204
Raumtheorie 9, 14, 39, 90, 204
Raumverdichtung 17
Raumwahrnehmung 51
Raumwissenschaft 9, 30, 48, 50, 51, 63, 85, 204
raumwissenschaftlich 22, 33, 44, 45, 50, 51, 52, 56, 73, 75, 87
Raum-Zeit-Verdichtung 19, 179, 180, 181, 182, 187, 188

Relationalität 12, 74, 78, 81, 89
Renaissance 14, 30, 176, 190
Rezeption 14, 17
Sachdimension 96
*Sense of Place* 5, 6, 17, 18, 19, 20, 21, 22, 23, 130, 133, 134, 152, 153, 158, 159, 161, 191, 193, 195, 196, 197, 198, 199, 201, 206
Sinndimension 96, 109
Sinneswahrnehmung 18
Sinnlichkeit 18, 23, 38
Sozialdimension 96
Sozialgeographie 11, 12, 31, 33, 34, 46, 51, 56, 57, 59, 60, 61, 62, 63, 64, 68, 85, 86, 91, 92, 112, 201, 203, 204, 207
Sozialphilosophie 13
Sozialraum 14, 15, 115, 116, 117, 118, 119, 120, 121, 205, 206
sozialräumlich 22, 33, 168
Sozialtheorie 40, 183
Sozialwissenschaft 7, 8, 63, 69, 77, 85, 88, 204, 205, 207
Sozialwissenschaftler 27, 38
sozialwissenschaftlich 13, 34, 63, 64, 70, 76, 85, 86, 88, 89, 90, 103, 107, 205
*space* 5, 7, 12, 13, 16, 17, 18, 24, 32, 43, 48, 60, 61, 62, 90, 91, 106, 116, 131, 133, 134, 135, 136, 137, 138, 139, 140, 141, 142, 143, 144, 145, 146, 147, 148, 149, 150, 151, 153, 156, 158, 160, 161, 162, 163, 164, 165, 169, 190, 191, 192, 193, 194, 195, 196, 197, 198, 201, 203, 204, 205, 206, 207
*Space and Place* 5, 7, 13, 17, 18, 131, 133, 161, 162, 190, 192, 201, 203, 205, 206, 207
*spatial dimension* 137, 138
*Spatial Turn* 7, 8, 17, 18, 93, 204, 205, 206, 207
Spätmoderne 10, 11, 17, 53, 54, 55, 56, 57, 58, 60, 61
Spiel 9, 19, 32, 61, 122, 167, 201, 206
Sprachphilosophie 37, 71
Stellendifferenzen 99, 103, 104
Strukturationstheorie 10
Substanz 11, 13, 35, 37, 41, 48, 49, 65, 78, 81, 84, 98, 99, 103
Systemtheorie 12, 13, 93, 95, 97, 98, 105, 108, 109, 110, 111, 112
Technik 23, 32, 90, 124, 179
Technologie 20, 45, 111, 177
Theorie 13, 24, 29, 35, 36, 38, 40, 61, 66, 67, 68, 69, 91, 93, 99, 110, 111, 123, 171, 178, 182, 183, 186, 187, 188, 201, 203, 204, 205, 206

Theorie der Praxis 15
Theorieanlage 102
Theorieansatz 73
Theoriebildung 12, 105, 183
Theoriediskussion 206
Theoriekern 80
Theoriekonjunktur 203
Theorierahmen 97, 107
*Theory* 5, 13, 61, 90, 113, 165, 189, 190, 203, 206
*Thirdspace* 17, 207
*time-space-compression* 191, 192, 193, 194, 195, 197, 198
Transzendentalphilosophie 79
Trialektik 17
Umweltpsychologie 78, 87
Untersuchungsgegenstand 97, 109
Utopie 16, 125, 126
Verortung 13, 101, 120
Virtualität 23, 24
Wahrnehmung 10, 12, 15, 49, 77, 79, 95, 96, 97, 99, 102, 102, 104, 105, 107, 110, 118, 124, 204, 205

Wahrnehmungsfigur 38
Wahrnehmungsgeographie 34, 90
Wahrnehmungsgesamtheit 28
Wahrnehmungsmedium 96, 103, 109
Wahrnehmungsperspektive 78
Wahrnehmungsprozesse 77
Wahrnehmungsverweigerung 36
Wahrscheinlichkeit 15
Wechselwirkung 9, 10, 11, 14, 22, 33, 65, 66, 67, 68
Weltbild 46, 61, 92, 175
Wettbewerb 19, 20, 86, 88, 177, 182
Widerspruch 12, 20, 48, 67, 72, 128, 178, 181, 185, 188
Wirklichkeit 10, 12, 13, 35, 36, 37, 38, 44, 56, 66, 73, 77, 78, 91, 94, 95, 110, 115, 117, 120, 170, 183, 205, 207
wirkmächtig 105
Zeitdimension 96
Zeithorizont 19, 170, 171, 177, 178, 182
Zuschreibung 19, 20, 21, 22, 71, 77, 78, 86, 89
zweidimensional 28, 100, 123

Manfred Rolfes

# Kriminalität, Sicherheit und Raum

Humangeographische Perspektiven der Sicherheits- und Kriminalitätsforschung

Sozialgeographie kompakt – Band 3

Erstmals für den deutschsprachigen Raum liegt ein geographisches Lehrbuch vor, dass sich in kompakter Form mit den Zusammenhängen von (Un-) Sicherheit, Kriminalität und Raum befasst. Auf Basis einer umfassenden Quellenrecherche skizziert und diskutiert Manfred Rolfes aus einer konstruktivistischen Perspektive die zentralen Aspekte einer humangeographischen Sicherheits- und Kriminalitätsforschung.

Traditionelle und zeitgenössische Ansätze der Kriminalgeographie werden ebenso kritisch in den Blick genommen wie Methoden zur Beob- achtung und Analyse des Zusammenhangs von Sicherheit, Kriminalität und Raum, raumorientierte Präventionspolitiken und Sicherheitsproduktionen oder Beobachtungen über urbane (Un-) Sicherheiten.

Ein Blick auf das Forschungsfeld aus globaler und geopolitischer Perspektive runden die Einführung ab. Alle behandelten Themenbereiche werden (raum-) theoretisch durchleuchtet und mit anschaulichen Fallbeispielen verdeutlicht.

..................................................................

## Aus dem Inhalt

Subjektive Sicherheit und ihre Bestimmungsfaktoren | Riskante Entscheidungen und (Un-)Sicherheitskommunikation | Kriminalität, abweichendes Verhalten und ihre sozialen Bedingungen | Rolle der Medien bei der Produktion von Sicherheit, Risikoeinschätzungen und Kriminalität | Raumkonzeptionelle Überlegungen im Themenkontext von Sicherheit und Kriminalität | Raumbezogene Kriminalitäts- und Sicherheitsanalysen | Crime Mapping – Einsatz von Karten und Geographischen Informationssystemen zur Kriminalitätsanalyse | Zum Kontext der Entstehung raumbasierter Präventions- und Sicherheitspolitiken | Technikbasierte Beobachtung und Kontrolle von Räumen und Mobilitätsmustern | Städte als Orte der Verunsicherung | Strategien und Mechanismen urbaner Sicherheitsproduktion | Beobachtung von Sicherheit und Unsicherheit aus globaler und geopolitischer Perspektive | (Un-)Sicherheiten und Anschlussfähigkeiten

www.steiner-verlag.de

---

**Franz Steiner Verlag**

Manfred Rolfes
Kriminalität, Sicherheit und Raum

2015.
211 Seiten mit 40 Abbildungen.
Kartoniert.
978-3-515-10635-1
@ 978-3-515-10870-6

Peter Weichhart

# Entwicklungslinien der Sozialgeographie

Von Hans Bobek bis Benno Werlen

Sozialgeographie kompakt – Band 1

Peter Weichhart skizziert mit vielen Beispielen aus der Forschung die verschiedenen sozialgeographischen Ansätze von der Begründung der Sozialgeographie durch Hans Bobek in den 1940er Jahren über die Wien-Münchener Schule zur handlungstheoretischen Sozialgeographie Benno Werlens. Auch poststrukturalistische Ansätze und die Neue Kulturgeographie werden als jüngste Entwicklungslinien des Faches diskutiert.

Das mit reichhaltigem Anschauungsmaterial ausgestattete Lehrbuch stellt so in prägnanter Form die wichtigsten Konzepte und Denk- modelle der Sozialgeographie vor und bietet Studierenden eine übersichtliche Einführung in Entwicklung und neue Forschungsansätze der Disziplin.

..........................................................................

## Aus dem Inhalt

Sozialgeographie zwischen Anspruch und Wirklichkeit – ein erster Befund | Die Begründung der Sozialgeographie durch Hans Bobek | Die „Wien-Münchener Schule der Sozialgeographie" | Sozialgeographie – eine „Neuerfindung" der Soziologie durch Geographen? | Raum, Räumlichkeit, die „drei Welten" und der Zusammenhang zwischen Sinn und Materie | Der Aufbruch der Sozialgeographie im englischen Sprachraum | Perspektiven und Entwicklungslinien der Sozialgeographie – eine erste Übersicht | Die klassische Sozialraumanalyse | Mikroanalytische Ansätze I: „Wahrnehmungsgeographie" | Mikroanalytische Ansätze II: handlungsorientierte Sozialgeographie | Der Poststrukturalismus und die „Neue Kulturgeographie" | Sozialgeographie – quo vadis? | Literaturverzeichnis | Index

**Franz Steiner Verlag**

Peter Weichhart
Entwicklungslinien
der Sozialgeographie

439 Seiten mit 84 Abbildungen.
Kartoniert.
978-3-515-08798-8
978-3-515-09483-2

www.steiner-verlag.de